AF573354

Mike Michalowicz

Prio 1 – Die Bedürfnispyramide deines Unternehmens

Unternehmer sind Superhelden.
Schließlich dient Ihr unserer Welt.
Dieses Buch ist Dir gewidmet, Superheld!

Mike Michalowicz

Prio 1 – Die Bedürfnispyramide deines Unternehmens

Mit Fix This Next jederzeit das richtige Problem lösen

Aus dem Englischen übersetzt von Barbara Budrich

budrich Inspirited
Opladen • Berlin • Toronto 2021

Bibliografische Information der Deutschen Nationalbibliothek
Die Deutsche Nationalbibliothek verzeichnet diese Publikation in der Deutschen Nationalbibliografie; detaillierte bibliografische Daten sind im Internet über http://dnb.d-nb.de abrufbar.

Gedruckt auf säurefreiem und alterungsbeständigem Papier.

Titel des englischen Originals: Fix This Next. Make the Vital Change That Will Level Up Your Business.

ISBN 978-3-8474-2503-8 (Hardcover)
eISBN 978-3-8474-1748-4 (EPUB)
eISBN 978-3-8474-1652-4 (PDF)

Umschlaggestaltung: Bettina Lehfeldt, Kleinmachnow – www.lehfeldtgraphic.de
Titelbildnachweis: istock.com
Lektorat: Frauke Möbius, Kiel – fm@buesteppe.de
Satz: Ulrike Weingärtner, Gründau – info@textakzente.de
Druck: paper & tinta, Warschau
Printed in Europe

Inhaltsverzeichnis

Als Leser oder Leserin dieses Buches bekommst du die zum Buch gehörenden Ressourcen und die Fix This Next-Auswertungswerkzeuge kostenlos auf FixThisNext.com (englischsprachig).

Einführung

„Ich schulde dir ein Bier!"

Der Betreff von Dave Rinns E-Mail ließ mich aufhorchen. Ich las weiter.

„Ich saß hier und ertrank in Arbeit. Ich hatte einen Mitarbeiter verloren, der zu einem Konkurrenten gegangen war. Ein anderer sitzt auf Hawaii. Also stemmten wir die Arbeit hier nicht mehr zu dritt, sondern ich war hier alleine und ging vollkommen unter. Wir nahmen einfach jeden Auftrag an, der zu uns kam, aber ohne meine beiden Mitstreiter war klar, dass die Methode, alles mit gleicher Priorität zu bearbeiten, einfach nicht mehr funktionierte. Wir mussten die richtigen Dinge tun, nicht einfach alles. Zugleich fühlte ich mich angesichts der Vielzahl von Möglichkeiten wie gelähmt. Es war so, als wollte ich versuchen, alle verfügbaren Wege gleichzeitig zu verfolgen. Ich wusste nicht, was ich als nächstes tun sollte."

In Arbeit ertrinken. Sich wie gelähmt fühlen. Nicht zu wissen, was als nächstes zu tun ist. Ja. Das klingt ungefähr richtig. Einige Unternehmer fühlen sich gelegentlich genauso. Die meisten Unternehmer fühlen sich andauernd so. Unternehmer tragen unabhängig von ihrem Erfahrungshorizont und ihrem Erfolg schwer an der Bürde, von all den Problemen, die ständig gelöst werden müssen, gnadenlos überfordert zu sein. Ob du mit deinem Unternehmen gerade anfängst oder ob dein Unternehmen Branchenführer ist, ob du dich abmühst, die Gehälter zu zahlen oder schier im Gewinn badest, dieses dringende Bedürfnis, alles zu regeln, und zwar jetzt, kann dazu führen, dass du erstarrst. Welches Problem solltest du als erstes angehen?

Dave hat ein erfolgreiches Coaching- und Finanzmanagement-Unternehmen. An den meisten Tagen war seine Antwort auf Überforderung instinktiv: mehr Leute anstellen, um mehr Sachen zu erledigen. Doch als ihn zwei Leute aus seinem Team verließen, wurde er mit der Einsicht gesegnet, dass nicht alles gleich wichtig ist. Plötzlich musste er sich mit allen Aspekten seines Unternehmens befassen: Kundenannahme, Buchhaltung, Terminvereinbarungen, Coachinggespräche führen, Kundendaten einsammeln – alles. Durch den Verlust von zwei Mitarbeitern wurden die Schwachstellen sichtbar, die es schon immer gegeben hatte. Sie wurden größer und entwickelten sich zur Krise.

Warum also sagte Dave, er schulde mir ein Bier?

„Ich bin früher immer meinem Buchgefühl gefolgt. Ich glaubte, dass jedes Problem ein Problem war, um das man sich kümmern müsse. Jede Gelegenheit war eine Gelegenheit, die es zu ergreifen galt", erklärte Dave in einem späteren Telefonat. „In Momenten wie diesem wäre ich einfach in den Feuerwehreinsatz-Modus übergegangen und hätte die Feuer gelöscht, die mir den Arsch verbrannten. Ich hätte auf denjenigen reagiert, der am lautesten geschrien hätte. Und wenn das Team wieder verfügbar gewesen wäre, hätte ich vom Feuerwehreinsatz-Modus umgeschaltet in den Notfall-Einsatzleiter-Modus. Wir hätten die gleichen Probleme gehabt, nur dass ich nun meinem Team gesagt hätte, welches Feuer sie hätten löschen sollen. Weil wir durch den niemals endenden Strom an dringenden Dingen vollkommen ausgelastet waren, hatten wir keine Vorstellung, wie wir wachsen sollten."

Doch jetzt hatte Dave eine Geheimwaffe. Ein einfaches Werkzeug, nicht in seiner Werkzeugkiste, sondern ausgedruckt und an seine Wand gepappt.

„Diesmal aber schaute ich rüber auf meine Wand und sah das Werkzeug, das du mir bei unserem letzten Treffen gegeben hattest. Es erinnerte mich daran, innezuhalten, meine instinktive Reaktion zu unterbrechen und mich zu fragen, „Ok, was sollte ich jetzt gezielt bearbeiten, um mein Unternehmen voranzubringen, anstatt mich in vielen kleinen, einzelnen Aktionen in allen Bereichen zu verzetteln?"

Das Werkzeug, das an Daves Wand hängt, ist etwas, das ich – angelehnt an den Titel der amerikanischen Originalausgabe – die Fix This Next (FTN)-Analyse nenne und ich hatte sie Dave vor einigen Jahren gegeben, als er Teil einer Beta-Tester-Gruppe war. Als er es einsetzte, bemerkte Dave, dass es vier Aspekte gab, die mit seinem aktuellen Problem in Verbindung standen: zwei hatten mit dem Vertrieb und Verpflichtungen Klienten gegenüber zu tun und zwei betrafen die allgemeine Effektivität, was ich „Ordnung" nenne. Innerhalb von Minuten war ihm klar, welches Problem er als nächstes angehen musste, um einen Fortschritt zu erzielen, der etwas bringt, und wie er das angehen könnte. Er fand sofort Lösungen dafür, die Probleme im System zu lösen – die Verpflichtungen gegenüber den Klienten und den Workflow seines Unternehmens anzupassen.

Dave erzählte mir, „Das bloße Nachdenken war bereits ein Prozess, der mich zur Ruhe brachte. Ich hörte auf, wie blöde durch die Gegend zu toben.

Ich dachte, „Ich krieg das hin. Jetzt kenne ich den Weg." Das brachte mich aus dem Gefühl heraus, in Arbeit zu ertrinken. Und ich war in der Lage, innezuhalten und darüber nachzudenken, was uns fehlte und was wir tun konnten, um das zu regeln."

„Die Lösung, die ich fand, war nicht bloß eine kurzfristige", fuhr Dave fort. „Es war eine Anpassung des Unternehmens, sodass ich das Problem lösen konnte und nicht wieder und wieder in diese Überforderung rutschen musste. Diese Lösung hilft mir jetzt und sie wird mir auch nächstes Jahr helfen. Ich bin in der Lage, die aktuellen Schwierigkeiten meines Unternehmens so anzugehen, dass dies meinem Unternehmen auch in Zukunft zu Gute kommt. Wenn ich mich jetzt in der Situation befinde, dass ich mich frage, was ich tun soll, halte ich einen Moment inne, und prüfe mithilfe der FTN-Analyse, worum ich mich kümmern sollte. Und schon habe ich selbst wieder die Kontrolle und mein Unternehmen entwickelt sich weiter."

Wenn Unternehmer sich an mich wenden, dann bitten sie zumeist um Hilfe bei einer großen Veränderung oder beim Lösen eines großen Problems. Manche sind mit ihrem Umsatz auf einem Plateau gelandet und kommen nicht auf die nächste Ebene – was auch immer sie anstellen. Oder sie kommen nicht ohne Hilfe aus einem Finanzloch. Vielleicht hast du ja ähnliche Probleme mit deinem Unternehmen. Vielleicht ist dein Team vollständig und du bist trotzdem hundemüde. Oder du hast die Leidenschaft für dein Unternehmen verloren, weil du nicht siehst, dass du die Spuren hinterlässt, die du dir erhofft hattest. Oder du suchst vielleicht nach einem Weg, etwas Handfestes für nachfolgende Generationen zu hinterlassen, weißt aber nicht, wie du das anstellen sollst. Ob du im Krisenmodus bist, dein Unternehmenswachstum voranbringen möchtest oder einen bleibenden Eindruck auf unserem Planeten hinterlassen möchtest, Fix This Next spürt die entscheidenden Probleme auf, die du zu lösen hast – und zwar – als nächstes! Wenn du im Feuerwehreinsatz-Modus bist, gibt dir FTN die notwendige Ruhe, um dein zentrales Problem zu identifizieren. Wenn die Dinge zwar laufen, du aber nicht vernünftig voran kommst, dann zeigt dir FTN deinen eigenen Nordpol an.

Ich hatte das System schon hunderten von Unternehmern erläutert und viele hindurch gecoacht. Ich wusste, dass es im Labor funktionierte, doch dies war die erste Mail, die ich bekam, die zeigte, dass FTN auch „in der freien Wildbahn" funktionierte. Ohne dass ich danach gefragt oder einen Rat gegeben hätte. Zu hören, dass ein Werkzeug, dass ich entwickelt und in meinen Unternehmen über Jahre ausprobiert hatte, auch für einen anderen Unternehmer funktionierte, versüßte mir den Tag. (Ich schulde *dir* ein Bier, Dave!) Auch von Hunderten anderen zu hören, wie ich dies über die kommenden Monate tun sollte, dass das System sowohl für die kurzfristige Panikattacke als auch die langfristigen Wachstumsstrategien funktionierte, versüßte mir das ganze Jahr. Und zu erfahren, dass ein einziges Stück Papier, das du neben deinen Schreibtisch hängst, wie dies bei mir der Fall ist, dir die vollkommene Kontrolle über dein gesamtes Unternehmen geben kann ... das, mein Freund – *das* – mag mir gut und gern mein gesamtes Leben versüßt haben.

Ob es um Mitarbeiterangelegenheiten geht oder den Versuch, die Gehälter zu bezahlen oder darum, das ambitionierte Ziel zu verkünden, Umsatz oder Effektivität oder Gewinn zu steigern oder alles auf einmal – die meisten Unternehmer verbringen ihre Tage damit, sich um die offensichtlichen Probleme zu kümmern. Wir wissen, dass wir zentrale Herausforderungen haben, um die wir uns kümmern müssen, und Probleme, die gelöst werden müssen, aber wir sind nicht sicher, worauf wir uns als erstes konzentrieren sollen, also kümmern wir uns um das Nächstliegende. Wir schauen uns das Offensichtlichste an, das offenbar sofort angegangen werden muss und sagen uns, dass wir uns „um den ganzen andern Kram" später kümmern. Du weißt schon, wenn wir mehr Zeit haben. (Du kannst meinen Sarkasmus vermutlich selbst aus dem All noch spüren.)

Seit ich die fünf Bücher vor diesem hier verfasst habe, von denen sich jedes mit einer anderen Herausforderung für Unternehmer befasst, ist die Frage, die ich am häufigsten von Unternehmern zu hören bekomme: „Mike, welches Buch sollte ich zuerst lesen?" Eine gute Frage, auf die ich immer eine nichtssagende Antwort gegeben habe. Oft sagte ich, „Du musst „Clockwork" lesen." Oder welches Buch meiner offensichtlichen Voreingenommenheit als erstes in den Sinn kam. Meine Antworten richteten sich nicht so sehr darauf, was für meine Leser das Beste gewesen wäre, sondern eher darauf, was mich im Moment am meisten anfixte. Du weißt schon – das Offensichtliche.

Heute beantworte ich diese Frage mit einer Gegenfrage. Wenn ich gefragt werde: „Welches Buch sollte ich jetzt lesen?", frage ich, „Welches Problem in deinem Unternehmen möchtest du als nächstes angehen?" Wenn du deine Umsätze und die Zahl deiner Kunden steigern möchtest, dann glaube ich, dass du im „Pumpkin Plan"[1] eine erprobte Strategie finden wirst, um

1 Auf PumpkinPlanYourBiz.com findest du kostenlose Ressourcen auf Englisch und Zugang zu zertifizierten Pumpkin-Plan-Coaches.

genau das zu erreichen. Ich bin dadurch gesegnet, dass ich jeden Tag von einem anderen Unternehmen höre, das mithilfe des „Pumpkin Plan" sein gesundes Wachstum mit großem Erfolg angeschoben hat. Wenn deine Umsätze stimmen, du aber noch immer darum kämpfst, Geld mit nach Hause zu nehmen, dann würde ich in aller Bescheidenheit vorschlagen, dass „Profit First"[2] deine nächste Lektüre darstellen sollte. Ich bin stolz, fühle mich geehrt und bin sehr demütig – alles zugleich –, weil ich sagen kann, dass Hunderttausende Unternehmer jetzt rentable Unternehmen haben, weil sie den Methoden gefolgt sind, die ich in diesem Buch erläutere. Und wenn du noch immer an deinen Schreibtisch gekettet bist und dich fragst, wann du jemals aus dem Hamsterrad wirst aussteigen können, zu dem dein Unternehmen geworden ist, und endlich wieder an die Arbeit gehen darfst, die du liebst, dann ist „Clockwork"[3] das Mittel der Wahl. Unternehmer auf der ganzen Welt – mich eingeschlossen – organisieren ihre Unternehmen so, dass sie von alleine laufen. Sie nehmen jedes Jahr vier Wochen Urlaub – weil sie die Systeme einsetzen, die ich in diesem Buch einführe. Falls du Probleme mit dem Personal hast, mit der Führung, mit Verkaufstechniken oder einer von dutzenden weiterer verbreiteter Herausforderungen, dann liegt die Lösung da draußen in einem der vielen außergewöhnlichen Bücher, die meine Zeitgenossen verfasst haben.

Und doch: Die Frage bleibt. Welches Problem musst Du als nächstes angehen? Die Antwort auf diese einfache Frage ist von entscheidender Bedeutung, doch nur wenige Unternehmer wissen, wie sie zu beantworten ist. Bei all den Herausforderungen, denen wir uns gegenüber sehen, sind wir nicht sicher, welche *im Moment* die wichtigste ist. Das ist eine ernste Angelegenheit. Wie kannst du sicher sein, welches Problem oder welche Gelegenheit du als erstes anzugehen hast, wenn du so viele Punkte auf deiner Liste hast? Wenn du dich auf das Offensichtliche konzentrierst, würdest du das wählen, das aktuell das Nächstliegende zu sein scheint. Korrekt, oder? Du weißt, welche Angelegenheit dies ist, weil dein Bauch dir das sagt oder weil du emotional am Ergebnis hängst oder weil es das einfachste ist.

Und jetzt möchtest du, dass ich dir sage, um welche Sache du dich zuerst kümmern sollst. (Wie ich später ausführen werde, ist es nicht unbe-

2 Auf ProfitFirstProfessionals.de kannst du Kontakt zu zertifizierten Profit-First-Professionals aufnehmen. Auf ProfitFirstProfessionals.com findest du die englischsprachigen Ressourcen und Kontakte.

3 Du hast es vermutet! Kostenlose englischsprachige Ressourcen und Expertenunterstützung kannst du auf RunLikeClockwork.com finden.

dingt der Gewinn, auch wenn mein Buch „Profit First" (Gewinn zuerst) dir etwas anderes suggerieren mag.) Bloß: Ich weiß nicht, welche Sache das ist. Ehrlich gesagt, glaube ich, dass auch du nicht weißt, welche es ist.

Aus diesem Grund habe ich ein Werkzeug entwickelt, um die größten Herausforderungen und Chancen für jedes Unternehmen rasch zu identifizieren und zwar jederzeit. Ich selbst folge diesen Prinzipien seit Jahren und du findest das in meinen Büchern auch reflektiert. Aber zunächst wusste ich nicht, wie ich dies für andere Unternehmer handhabbar machen konnte.

Das Werkzeug, das ich entwickelt habe, bringt dich rasch aus dem Rate-Modus in schnelles, wirkungsvolles und kontrolliertes Handeln. Ich habe knappe drei Jahre gebraucht, um das Tool zu perfektionieren und habe es in meinen eigenen Unternehmen und mit anderen Unternehmern vielfach durchgetestet. Jetzt musst du es nur noch nachvollziehen und einem vierstufigen Prozess folgen. Ernsthaft, so einfach ist das. Und du kannst das in vier Minuten durchziehen. (Und ja, ich habe eine Geschichte dazu in diesem Buch.) Das Tool ist so einfach, dass du bis Kapitel 3 die Grundlagen beherrschen wirst und bereit sein wirst, es täglich anzuwenden. Genauer gesagt: Würdest du das Werkzeug in diesem Augenblick herunterladen (FixThisNext.com[4]), könntest du es über deinen Schreibtisch hängen und darauf zurückgreifen, wann immer du das Bedürfnis verspürst – genau wie Dave. Ich hoffe, es wird dein allerbestester Freund, dein Vertrauter, der in dein Ohr flüstert, bevor du eine Entscheidung triffst.

Warum ist dieses Fix This Next-Werkzeug so wirkungsvoll? Es funktioniert, weil es nicht so sehr an dein Bauchgefühl andockt sondern an die Bedürfnisse deines Unternehmens – die grundlegenden Bedürfnisse, die alle Unternehmen haben, unabhängig von Größe und Branche. Und es bietet dir eine Rangfolge, in der sie abgearbeitet werden müssen. Wenn wir uns um das Offensichtliche kümmern, übersehen wir vielleicht ein existenzielles Bedürfnis, das wir *zuerst* befriedigen müssen. Wenn wir uns darum kümmern, können das Offensichtliche und andere nicht-so-offensichtliche Dinge möglicherweise von selbst verschwinden.

Stell dir das so vor: Du baust ein Haus von unten nach oben. Du brauchst zunächst ein starkes Fundament, dann ein stabiles Erdgeschoss, einen starken ersten Stock und so weiter. Wenn du nicht darüber nachdenkst, was worauf und in welcher Reihenfolge aufbaut, wird das Ganze zusammenbrechen. Das gleiche gilt für dein Unternehmen. Die Konzentration auf das

4 Die deutschen Materialien findest du auf inspirited.de/prio1.

Offensichtliche ist gleichbedeutend mit dem Austauschen von Fenstern im dritten Stock, während der Keller kurz vor dem Zusammenbruch steht, weil die Risse im Fundament immer größer werden.

In jedem Buch, das ich geschrieben habe, war mein Hauptanliegen, einen unternehmerischen Aspekt so zu vereinfachen, dass du die Systeme und Strategien, die ich liefere, leicht umsetzen kannst, um deine eigenen Unternehmensziele zu erreichen. Unzählige Unternehmer haben mir von der Transformation ihrer Unternehmen erzählt, die einsetzte, weil sie eines oder mehrere meiner Tools aus meinen früheren Büchern eingesetzt hatten. Und dieses Buch hier? Nach meiner eigenen (offensichtlich) nicht so bescheidenen Einschätzung findest du in diesem Buch die Mutter aller Tools.

Wenn ich jetzt gefragt werde, welches Buch man als erstes lesen möge, dann fällt mir die Antwort jetzt sehr leicht. *Dieses Buch.* Beginne mit „Prio 1".

Wie viel Zeit habe ich mit Feuerwehreinsätzen zugebracht und damit, beliebige Ziele für mein Unternehmen festzulegen? Bevor ich selbst angefangen habe, die Grundsätze anzuwenden, auf denen das FTN-Tool basiert, habe ich den größten Teil meiner Zeit mit dem Offensichtlichen zugebracht. Nachdem ich einmal herausgefunden hatte, wie ich festlegen kann, worauf ich mich als nächstes zu konzentrieren hatte, wuchsen meine Unternehmen schneller und waren gesünder. Seit ich das Tool entwickelt habe, verlasse ich mich nicht mehr allein auf meinen Instinkt und nutze dieses System, um auf die wahren Bedürfnisse meines Unternehmens zu hören und sie zu befriedigen. Am wichtigsten ist dabei, dass ich mich verpflichtet fühle, dich, mein Freund, in ebendiese Lage zu versetzen, sodass auch du nie wieder eine Gelegenheit verpassen musst. Ich hoffe, dieses Buch ist eine Ressource, die du wieder und wieder nutzen wirst, denn dieses Tool hört niemals auf zu funktionieren. Du kannst immer wieder zu ihm zurückkehren und deine größte Herausforderung klar identifizieren, sie als nächstes angehen und dann die darauf folgende angehen. Auf diese Art und Weise baust du dein wundervolles Unternehmen auf, Stein auf Stein. Und wer weiß, vielleicht schulde auch ich dir eines Tages ein Bier[5].

Unternehmenserfolg ist eine Reise, etwas, das du für das dauerhafte Überleben deines Unternehmens immer steuern musst. Ich bin davon überzeugt, dass dieses Werkzeug, das du in diesem Buch entdecken wirst, dein ultimativer Leitstern sein wird. Mir ist auch klar, dass das Lesen dieser paar

5 Ich nehme auch sehr gern einen Tequila Gimlet oder einen Old-Fashioned, falls dir das lieber ist.

Hundert Seiten oder das Hören einiger Stunden eines Hörbuchs nicht die beste Art ist, deine Zeit zu verbringen. Deshalb habe ich eine Sammlung von Ressourcen als schnelle Einsatztruppe kreiert. Du findest ein einseitiges Erläuterungs-Tool, die aktuelle Online-Evaluation (die regelmäßig aktualisiert wird), Zugang zu zertifizierten Coaches, die FTN verwenden und mehr. All das ist kostenlos und jetzt auf Englisch verfügbar auf FixThisNext.com.

Du bist deinen Zielen viel näher, als du glaubst. Du musst lediglich in die richtige Richtung gehen. Möge dieses Buch dein Kompass sein.

Kapitel 1
Der Unternehmerkompass

Du kommst morgens an deinen Schreibtisch, steigst in deinen Feuerwehranzug (deine Brille, dein E-Mail-Programm und eine Tasse Kaffee mit einem doppelten Espresso) und beginnst deine Feuerwehreinsätze. Du beruhigst einen sauren Kunden. Verschickst das verspätete Angebot. Mühst dich ab, um die Gehälter zahlen zu können – direkt nachdem du eine Ansprache über die „großartige Zukunft“ deines Unternehmens an dein Team gehalten hast. Während du die ganze Zeit wegen dieser dritten Tasse Kaffee die Beine zusammenpresst, weil: Wer hat schon Zeit, aufs Klo zu gehen? #habichrecht?

Selbst wenn du die Zeit findest, dich einem großen Projekt zu widmen, das du schon eine Weile vor dir hergeschoben hast, nagt der Zweifel an dir: „Spielt das eine Rolle?“ Diese eine große Sache, die du endlich angehst, wird sie wirklich spürbare Auswirkungen haben?

Mehr als ein gutes Jahrzehnt schien es so, als ginge es bei den meisten Feuern, die ich kurzfristig zu löschen hatte, um Geldmangel. Ich hatte einen Megakredit bis zum Anschlag, wahnsinnige Kreditkartenschulden, eine erneute Hypothek auf meinem Haus, um für die Gehälter aufkommen zu können. Und das konstante Druckgefühl in meiner Brust, als hätte ich einen Herzinfarkt nach dem nächsten, stündlich, Tag für Tag und Monat für Monat. Ich musst mir von Freunden Geld leihen, um die Miete für mein Büro zu decken, während es mir unangenehm war, zu sagen, dies sei eine Investition in das Unternehmenswachstum. Und ich glaubte dies selbst nur so halb. Ich sammelte meine Kreditkartenabrechnungen ungeöffnet in meiner Schublade, weil ich Angst davor hatte, zu sehen, wie hoch die Schulden wirklich waren. Ich öffnete sie nur, wenn die Mahnanrufe kamen. Meine Kreditkartenschulden betrugen mehr als 75.000 US-Dollar ... ohne Privat- und Unternehmenskredite.

In meinem Zustand der Hoffnungslosigkeit konzentrierte ich mich auf die sehr offensichtliche Lösung: Umsatz. Ich tat alles, was in meiner Macht stand, um mehr Zeug an mehr Kunden zu verkaufen. Zugegeben, ich versuchte, jedem alles zu verkaufen. Während mehr Umsatz eine sehr offensichtliche Lösung schien, wuchs zwar der Umsatz, nicht aber der Gewinn. Je mehr Umsatz mein Unternehmen machte, umso mehr Schulden häufte ich an, was mir unerklärlich war. Ich war in allen Kreditbereichen am Anschlag und hatte 365.000 US-Dollar an *privaten* Schulden. Ja, mein Unternehmen brachte mehr Umsatz. Zeitgleich grub ich mir mein finanzielles Grab. Was zum Teufel ging hier vor? Warum brachte der erhöhte Umsatz mein Unternehmen nicht auf Spur? Das alles ergab für mich überhaupt keinen Sinn.

Wenn du meine anderen Bücher kennst, dann kennst du vielleicht auch meine Geschichte schon. Und ich begriff mit der Zeit, dass ein Mehr an Umsatz einem Unternehmen nicht unbedingt hilft. Im Gegenteil: Es schadet. Bisher habe ich die Geschichte noch nicht erzählt, wie ich schließlich verstanden hatte, dass ich auf einem anderen Niveau nach der Lösung suchen müsste.

Ich steckte im tiefsten Tief meiner tiefsten Verzweiflung, als ich eine Eingebung hatte. Eines schicksalhaften Morgens streikte mein Drucker und ich bekam ihn nicht wieder ans Laufen. Ich holte das Papierfach heraus und den Toner, öffnete jeden Deckel und packte alles wieder zurück an seinen Platz. Immer noch nichts. Dann versuchte ich diese „Reparatur" erneut. Papierfach und Toner raus, jeden Deckel aufmachen, dann alles auf Anfang. Immer noch nichts. Ich versuchte es wieder mit dem gleichen Ablauf, heftiger. Ich riss das Papierfach auf und schmiss es wieder zu. Ich riss den Toner heraus, schüttelte ihn wie eine Sprühdose und warf ihn wieder hinein. Ich zerrte an all diesen blöden Deckeln und schlug sie wieder zu. Dies tat ich auch ein viertes und fünftes Mal, jedes Mal heftiger und frustrierter (und vielleicht begleitet von dem ein oder anderen Fluch), bis mir klar wurde, dass ich instinktiv die gleichen fruchtlosen Schritte wieder und wieder unternahm. Und das ich als nächstes etwas anderes ausprobieren sollte. Also warf ich den Drucker nicht als nächstes aus dem Fenster, was ich sehr gern getan hätte, sondern ich hielt inne und dachte nach. Weil das, was ich tat, nicht funktionierte, und weil die Kraft, die ich dabei anwandte, das Ganze vermutlich schlimmer machte – was sonst konnte es sein?

Ich stocherte im Drucker herum und fand ein winziges Stück verknülltes Papier, das sich im Papiereinzug verhakt hatte. Ich entfernte die Blockade mit einer Kombo aus Schere, Büroklammer und meisterlichem Handyoga – und die Kiste lief wieder. Großartige Offenbarung! Wenn also die Herangehensweise, die ich anwendete, um ein Problem zu lösen, nicht funktionierte, egal, wie oft ich sie wiederholte und unabhängig davon, wie sehr mein Bauch darauf beharrte, ich müsse das Ganze nur mit mehr Kraft durchführen, dann, so wurde mir klar, ist das wohl nicht die Lösung. Genau an diesem Punkt fragte ich mich, was wäre, wenn die Probleme meines Unternehmens nicht auf der Umsatzseite lägen? Was, wenn ein anderer Teil meines Unternehmens feststeckte? Anstatt also zurückzukehren zu „mehr verkaufen – mit mehr Kraft verkaufen", hielt ich inne und überlegte, an welcher Stelle die Unternehmensblockade wirklich saß.

Mir wurde klar, dass das offensichtliche Umsatzproblem, das ich hatte, kein Umsatzproblem war. Ich hatte ein Problem mit meinem Unternehmensgewinn. Die ganze Arbeit, die ich in das Generieren von neuem Umsatz steckte, würde unser Problem nicht lösen können, weil ich an dem falschen Problem arbeitete. Die Schritte, die ich als nächstes unternahm, entsprangen alle dieser Erkenntnis. Und sie retteten letztlich sowohl mich als auch mein Unternehmen.

Indem ich die Lösung anwendete, die ich fand, wurde mein Unternehmen dauerhaft rentabel – quasi über Nacht. Als dieses Buch im englischen Original erschien, konnte mein Unternehmen 45 (genau fünfund-f*cking-vierzig) kontinuierlich rentable Quartale vorweisen – mir, dem Unternehmensinhaber. Die Lösung war die Basis für Profit First, das Hunderttausenden Unternehmen geholfen hat, rentabel zu werden.

Das Lustige daran ist: Die Lösung, den Gewinn bei meinem Unternehmen an die erste Stelle zu setzen, ist möglicherweise einzigartig in seiner Einfachheit, aber ich bin sicher, dass ich nicht der Erste war, der auf diese Idee gekommen ist. Ich vermute, dass du möglicherweise schon ähnliche Ideen hattest. Es geht dabei nicht darum, Lösungen zu finden: Du hast die Lösung bereits im Kopf, oder jemand hat schon ein Buch dazu geschrieben. Der Trick ist das Timing. Wenn du die richtige Lösung zur falschen Zeit nutzt, dann bringt es dir vielleicht ein bisschen was, aber vor allem ein bisschen viel Frust. Der Schlüssel liegt darin, die richtige Lösung zur richtigen Zeit deiner Unternehmensentwicklung anzuwenden. Der Schlüssel liegt darin, zu wissen, was als nächstes dran ist.

In den vergangenen zwölf Jahren habe ich mich selbst dem Studium von Firmen und Unternehmertum gewidmet. Und ich lebe dies seit beinahe drei Jahrzehnten. Ich habe mittlerweile verstanden, dass alle Unternehmer kämpfen, und zwar auf jedem Level. Nur wenige können ihre großen Umsatzplanungen oder die Pläne zur Weltrettung wirklich erreichen, von Gewinn ganz zu schweigen. Und die wenigen, die dorthin kommen, scheinen sich unterwegs irgendwie zu verlieren. Das liegt nicht an mangelnder Erfahrung oder an Ressourcenknappheit, nicht einmal am Geld – die drei Dinge, die am häufigsten angegeben werden, wenn ein Unternehmen scheitert. Das größte Problem, das Unternehmer haben, ist, dass sie nicht wissen, was ihr größtes Problem ist. Lass mich das für die Leute in der letzten Reihe nochmal wiederholen:

Das größte Problem, das Unternehmer haben, ist, dass sie nicht wissen, was ihr größtes Problem ist.

Zum Teufel, das wissen wir nicht, denn jedes Problem sieht aus wie das große Problem – das Feuer, das wir rasch löschen müssen, bevor es ein flammendes Inferno wird. Ich vermute, dass du dich mit Blick auf dein Unternehmen im Moment genauso fühlst. Oder du denkst, du weißt genau, was du als nächstes tun musst, das Ding, das, wenn du es nur gebacken bekämst, endlich dafür sorgt, dass alles läuft. Verdammt, du hast vielleicht eine Liste, mit Hilfe derer du *all* die Dinge verfolgst, um die du dich kümmern musst, um endlich die Ziele zu erreichen, die du dir gesetzt hast. Du glaubst vielleicht sogar, dass die Lösung darin liegt, dass du dich einfach weiter zerreißt. (Da liegt sie nicht.) Doch selbst wenn du es schafft, ein Problem erfolgreich anzugehen oder sogar alle Probleme erfolgreich anzugehen, sieht es nicht so aus, als würde dies dein Unternehmen großartig voranbringen.

Früher bin ich häufig in die Falle getappt, genau das Problem zu lösen, das ich gerade vor der Nase hatte. Ob ich nur irgendwie durch den Tag kommen wollte oder versuchte, mein Unternehmen auf das nächste Level zu bringen – ich stürzte mich auf die offensichtlichen Probleme. Du weißt schon, den offensichtlichen Kram und die quietschenden Räder. Weil – und ich weiß, dass du das verstehst – es zu jeder Zeit einen Riesenhaufen an Problemen gibt, die deine Aufmerksamkeit brauchen. Also vertraute ich auf mein Bauchgefühl und kümmerte mich um das, was mir das Dringlichste erschien und konzentrierte mich darauf. In diesem Prozess, in dem ich mich um die offensichtlichen Dinge kümmerte, vernachlässigte ich diejenigen, die die größten Auswirkungen hatten. Das Ergebnis war ein kontinuierlicher Strom an Problemlösungen, während mein Unternehmen auf der Stelle trat.

Manchmal – selten, aber eben manchmal – löst du ein Problem und dein Unternehmen *macht* einen Sprung nach vorn. Puh. Welche Erleichterung. Du siehst eine positive Entwicklung. In diesem Augenblick erscheint die Zukunft so strahlend, dass du eine Sonnenbrille (aus Gold) brauchst. Alles ist perfekt. Bis es das nicht mehr ist.

Ehe du dich versiehst, steckt dein Unternehmen im nächsten Kampf. Deshalb ist dieses Ergebnis noch schlimmer – einen Hauch von Erfolg zu spüren, nur um dann wieder festzustecken, ist nicht nur frustrierend: Es ist teuer und demoralisierend. Ich nenne dies die Überlebensfalle. Leider ist es nach meiner Erfahrung die Situation, in der sich Unternehmer am allerhäufigsten befinden. Sie unternehmen die notwendigen (und häufig panikartigen) Schritte, um ihr Unternehmen heute am Leben zu erhalten. Und dann wiederholen sie das gleiche Muster morgen und übermorgen und so weiter. Das Ziel eines jeden Tages ist es, ihn zu überleben.

Die Überlebensfalle zeigt sich in vielen unterschiedlichen Arten und Weisen. Wenn du meine vorherigen Bücher gelesen hast, dann kennst du sie vielleicht. Angesichts des (häufig fehlenden) Cashflows unseres Unternehmens, setzen wir oft unsere wenigen übriggebliebenen Euros für die unmittelbaren Probleme und Chancen ein. In der Hoffnung, dass auf magische Weise daraus ein Gewinn resultiert. Was unsere eigene Zeit betrifft, verheizen wir uns selbst und unsere Leute, indem wir noch länger arbeiten, kontinuierlich Feuer löschen und irgendwelche beliebigen Quartalsziele verfolgen, anstatt nachhaltige Systeme zu installieren. Und angesichts der Aufgabe, unser Unternehmen dahin zu bekommen, dass es nachhaltig läuft, ertappen wir uns dabei, wie wir die offensichtlichen Probleme provisorisch flicken und uns dann wundern, warum sie wieder und wieder auftauchen.

Wenn dieser Zyklus etwas zu real scheint und du dich fragst, wie du da nur rauskommst, verzweifle nicht. Unternehmer sind geborene Problemlöser. Du bist ein geborener Problemlöser. Du kannst kein Unternehmen an den Start bringen, ohne einer zu sein. Es ist also nicht so, dass dein Unternehmen auf der Stelle tritt, weil du unlösbaren Problemen gegenüber stehst. Du kannst lösen, was auch immer dich zurückhält … wenn du nur weißt, worum du dich in welcher Reihenfolge kümmern musst.

Du *kannst* dein Unternehmen in großen Schritten voranbringen und zwar in kürzester Zeit. Deine Vision für dein Unternehmen *kann* wahr werden. Und sie *wird* wahr werden, sobald du herausgefunden hast, welches genau jetzt dein größtes Problem ist, und du dich dann der Lösung dieses Problems als nächstes widmest.

Nur mit deinem Instinkt findest du nicht aus dem dunklen Wald heraus

Amanda Eller wollte eine kurze Wanderung durch den Wald in Hawaii unternehmen. Letztlich wurde sie 17 Tage lang vermisst und musste um ihr Überleben kämpfen. Ellers Plan war, eine Wanderung von fünf Kilometern zu machen. Nach einiger Zeit setzte sie sich auf einen Baumstamm und meditierte. Als sie fertig war, wollte sie zu ihrem Auto zurück. Aber sie war desorientiert und wusste nicht, in welche Richtung sie laufen musste.

„Ich habe einen guten inneren Kompass, oder wie auch immer du das nennen möchtest – eine innere Stimme, einen Geist, jeder hat einen anderen Namen dafür", erzählte sie Reportern, nachdem die Rettungsmannschaft sie gefunden hatte. Nur dass es am Ende so aussah, als hätte ihr innerer Kompass an diesem Tag keinen Bock gehabt. Und so blieb es auch die nächsten 16 Tage. Sie probierte erst einen Pfad, dann einen anderen. Sie lief auch einen Pfad entlang, der nicht für Menschen gedacht war – einen Wildschweinpfad. Genau. Richtig gelesen. Ihr innerer Kompass führte sie auf einen Wildschweinpfad. Du weißt schon, diese Biester, die eine Mischung aus verwildertem Schwein und Mininashorn zu sein scheinen und die versuchen, dich zu aufzuspießen, wenn du sie falsch anschaust. Diese Art Wildschweinpfad.

Als die Retter Eller fanden, war sie ernsthaft verletzt (nicht von einem Wildschwein, was ein schwacher Trost war). Sie konnte sich kaum bewegen und hatte jede Hoffnung aufgegeben, je gefunden zu werden. Sie war nur wenige Meilen von ihrem Auto entfernt.

Was also hätte Eller geholfen haben können, um ihren Weg aus dem Wald zu finden? Später gab sie zu, dass sie unverantwortlich gehandelt hatte und ihr Handy sowie Wasser hätte mitnehmen sollen. Außerdem hatte sie keinen Kompass für den Fall, dass ihr Handy leer gewesen wäre oder sie kein ausreichendes Signal gehabt hätte, um die Karte auf ihrem Telefon zu nutzen. Die Magie eines Kompasses, wenn du einen hast, ist die, dass du weder eine Powerbank noch ein anderes Ladegerät oder GPS brauchst. Er funktioniert bei jedem Wetter und ist 24 Stunden am Tag, sieben Tage die Woche einsatzbereit – wann auch immer du ihn brauchen magst. Hätte Amanda bloß einen ganz einfachen Kompass bei sich gehabt, einen schlichten Kompass zum In-die-Tasche-Stecken ohne jeden Schnick-Schnack (und gewusst hätte, wie man ihn einsetzt), dann wäre sie gemütlich und pünktlich zum Abendessen zu Hause gewesen.

Ich war schon immer sehr davon überzeugt, dass es besser ist, *mit* der menschlichen Natur zu arbeiten, um meine Ziele zu erreichen. Ich halte nichts davon, zu versuchen, meine Verdrahtung zu ändern, um etwas zu schaffen. Warum sollte ich den langen Weg um den Block nehmen? Oder einen 17-tägigen, lebensbedrohlichen Umweg durch den Wald? Deshalb habe ich das Profit-First-System so entworfen, dass es mit unserer natürlichen Neigung arbeitet, das Unternehmen durch einen Blick auf unsere Kontenstände zu führen. In der Vergangenheit habe ich häufig alles ausgegeben, was ich hatte, auf der Basis des Betrags, den ich an diesem Tag auf meinem Konto gesehen hatte. Auch wenn ich wusste, dass ich einiges davon hätte auf Seite legen sollen für die Steuer oder eine große Anschaffung. Ich habe immer versucht, meinen Saldo *nicht* auszugeben, aber das war ein Spiel mit der Selbstdisziplin. Und das Spiel habe ich fast immer verloren.

Dadurch, dass ich meine Einnahmen einfach auf mein Gewinnkonto und weitere Konten verteilt habe, zum Beispiel eine Steuerrücklage, konnte ich sichergehen, dass ich selbst wenn ich mein gesamtes Betriebskostenkonto leergeräumt hatte, immer noch genug Geld für alles andere übrig hatte – vor allem für den Gewinn.

Was wir also wirklich brauchen, sind Systeme, die *mit* unseren menschlichen Neigungen arbeiten. Du kannst immer noch deinen Instinkt zum Navigieren nutzen, aber ein Kompass hilft dabei, deine Instinkte dafür zu nutzen, dich kontinuierlich in die richtige Richtung zu bewegen. Ein solch einfaches System ist auch FTN – es funktioniert wie ein Kompass für dein Unternehmen. Wenn ich das System nutze, dann nordet es mich immer auf die Richtung ein, in die ich gehen muss. Und ich nutze meinen Instinkt, um mich um das zu kümmern, was unmittelbar vor mir liegt. Genauso wirst du es auch machen.

Zu wissen, wo dein Unternehmen steht, beginnt damit, zu erkennen, was du als Hindernis für das Vorankommen deines Unternehmens siehst. Und dann kannst du in vier einfachen Schritten die Richtung herausarbeiten, in die du gehen solltest (also, das Problem, das du als nächstes angehen solltest).

Die Bedürfnispyramide des Unternehmens

Vermutlich hast du schon einmal davon gehört, dass die Dinge, die du tun solltest, um Wachstum zu initiieren, sich an der Umsatzgröße deines Unternehmens orientieren sollten. Zum Beispiel sagen „sie“, dass du ab 250.000

US-Dollar Jahresumsatz einen Vollzeitmitarbeiter brauchst. Bei einer Million musst du vermutlich die Nischenspezialisierung zur Meisterschaft getrieben haben. Bei 5 Millionen musst du einen Riesenhaufen Bares bereithalten. Bei 10 Millionen sind die Systeme das Ein und Alles. Ich kann diese Gedanken nachvollziehen. Und auch wenn diese Richtlinien gelegentlich anwendbar sind, sind sie in der heutigen Zeit nicht durchgehend gültig.

Für sich genommen ist Umsatz kein zuverlässiges Indiz für gesundes Unternehmenswachstum. Ein Unternehmen mit einem Jahresumsatz von 250.000 US-Dollar könnte gesünder sein, als ein Unternehmen, das 250 Millionen US-Dollar Jahresumsatz vorzuweisen hat.[6] Ein kleines Unternehmen kann tatsächlich seinen Inhabern mehr Spaß machen, eine höhere prozentuale Gewinnmarge vorweisen, effizienter sein, größeren Einfluss auf seine Branche und Umgebung haben und ein bemerkenswertes Erbe darstellen. Und damit einem großen Unternehmen mit einem hundertfach größeren Umsatz weit überlegen sein.

Das alte Modell der Unternehmensphasen, die mit dem Umsatz korrelieren, ist für moderne Unternehmen eine zu eng gefasste Sichtweise. Zudem basiert sie zumindest zum Teil auf dem Ego. Warum möchten wir ein Unternehmen mit vielen Millionen Umsatz? Weil diese Zahl vorher festgelegte persönliche und unternehmerische Ziele zu erreichen ermöglicht? Oder vielleicht, weil wir in der Lage sein möchten, zu *sagen*, dass wir ein Unternehmen aufgebaut haben, dass viele Millionen Dollar Umsatz macht? Wir müssen ehrlich mit uns selbst sein und zugeben, dass unsere Umsatzziele häufig sehr beliebig sind und manchmal, nur ganz selten, darauf basieren, dass wir unsere Freunde sagen hören möchten: „Mannomann! Das ist echt voll abgefahren cool, ey!“ (Oder wie auch immer deine merkwürdigen Kegelbrüder das sagen würden.)

Ich glaube, dass es ein besseres Modell gibt, um die richtige Business-Strategie herauszuarbeiten. Und möglicherweise kennst du sie bereits. 1943 identifizierte Abraham Maslow das, was mittlerweile als die Maslowsche Bedürfnispyramide bekannt ist. Im Original wurde diese Theorie als Zeitschriftenaufsatz unter dem Titel „A Theory of Human Motivation“ präsentiert. Maslows Theorie besagt, dass es fünf Kategorien menschlicher

6 Als ich diesen Abschnitt schrieb, musste ein sehr guter Freund von mir für sein von ihm selbst gegründetes und geleitetes Unternehmen mit 250 Millionen Umsatz Insolvenz anmelden. Das war sehr traurig. Sie scheiterten an der Unfähigkeit, ihre Dienstleistung so schnell anzubieten, wie es für sie notwendig gewesen wäre, um einen gesunden Cashflow zu gewährleisten.

Bedürfnisse gibt. Von den grundlegenden und zentralen Bedürfnissen nach Überleben bis hin zum höchsten Wunsch nach Glück und Erfüllung. Im Einzelnen:

1. ***Grundbedürfnisse:*** Dies sind die grundlegenden Bedürfnisse des Menschen zum Überleben und schließen Notwendigkeiten ein wie Luft, Nahrung, Wasser, Wohnung, Sex und Schlaf.
2. ***Sicherheit:*** In dieser zweiten Stufe konzentriert der Mensch sich auf eine sichere Umgebung, Gesundheit und finanzielle Sicherheit.
3. ***Zugehörigkeit:*** In der dritten Stufe wünschen wir uns Liebe, Freundschaft, Gemeinschaft, Familie und Intimität.
4. ***Anerkennung und Wertschätzung:*** In der vierten Stufe konzentriert der Mensch sich auf Selbstsicherheit und Selbstbewusstsein, Selbstwert, Erfolg und Respekt.
5. ***Selbstverwirklichung:*** Auf der fünften Stufe, dem höchsten Level, sehnt der Mensch sich nach Moral, Kreativität und Selbstverwirklichung. Und er verhilft anderen dazu, dass sie sich selbst verwirklichen können. Maslow behauptet, dass wir auf diesem Level aus unserem vollen Potenzial schöpfen.

Abb. 1. Maslows Bedürfnispyramide

Du bist echt clever; solltest du noch nie von Maslows Bedürfnispyramide gehört haben, kannst du vermutlich dennoch erkennen, dass wir, um eine höhere Stufe auf dieser Liste anzupeilen, zunächst dafür sorgen müssen, dass die darunterliegenden Stufen erreicht sind. Bevor du dich also darum kümmern kannst, dein Bedürfnis nach Liebe und Zugehörigkeit zu erfüllen, brauchst du die Basics: Luft zum Atmen, ausreichend Wasser und Nahrung und einen sicheren Ort zum Schlafen. Es ist ziemlich hart, dich um deine Selbstverwirklichung zu kümmern, wenn du müde *und* wütend und hungrig bist.

Selbst wenn wir Menschen alle unsere Basisbedürfnisse in unserem Alltag erfüllt finden, finden wir uns manchmal am Fuße der Pyramide wieder. Du könntest mit der Weltelite an deiner Selbstverwirklichung arbeiten, während du an einem doppelten Bacon-Cheeseburger knabberst. Und nichts wäre von Bedeutung, wenn plötzlich ein zweites Stück Angusrind deine Luftröhre blockiert. Ganz plötzlich bist du gezwungen, dich um eines der absolut grundlegenden Bedürfnisse zu kümmern: Luft. Dann geht es nicht mehr um intellektuelle Erörterungen. Jetzt geht es darum und zwar nur und ausschließlich darum, diesen Fleischbrocken aus deinem Hals zu kriegen.

Und was hat das mit Unternehmensmanagement zu tun? Als ich mir die Maslowsche Bedürfnispyramide anschaute, wurde mir klar, dass sie direkt mit den Fortschritten in der Unternehmensentwicklung zu tun hat: Was bringt dein Unternehmen voran, wo hakt es in deinem Unternehmen und wie bekommst du die Steine aus dem Weg, um das höchste Erfolgslevel zu erreichen, so wie du, der Unternehmer, es definierst. Das findet sich alles hier, in der Maslow'schen Pyramide. Nur mit ein paar Anpassungen und Veränderungen, um zur Dynamik eines Unternehmens zu passen.

Genau wie Maslow sagt, müssen wir zunächst unsere grundlegenden Bedürfnisse abdecken, bevor wir uns um die fortgeschrittenen Level wie Liebe, Zugehörigkeit und Selbstverwirklichung kümmern können. Ganz ähnlich muss sich ein gesundes Unternehmen zunächst um die grundlegenden Bedürfnisse wie Umsatz, Gewinn und Abläufe kümmern, bevor die Führung (du) sich um die fortgeschrittenen Aufgaben wie Wirksamkeit und Vermächtnis kümmern kann. Der Schlüssel zum Aufstieg ist einfach: Erfülle die *aktuellen* Bedürfnisse deines Unternehmens, nicht dadurch, dass du die offensichtlichen Alltagsbedürfnisse erfüllst, nicht dadurch, dass du die fortgeschrittenen Bedürfnisse vor die grundlegenden stellst und sicherlich nicht, indem du versuchst, alles auf einmal auf die Reihe zu bekommen. Um das anzugehen, nutzen wir das, was ich die Bedürfnispyramide des Unternehmens (Business Hierarchy of Needs, BHN) nenne.

Das Modell sieht folgendermaßen aus und beginnt mit dem grundlegendsten:

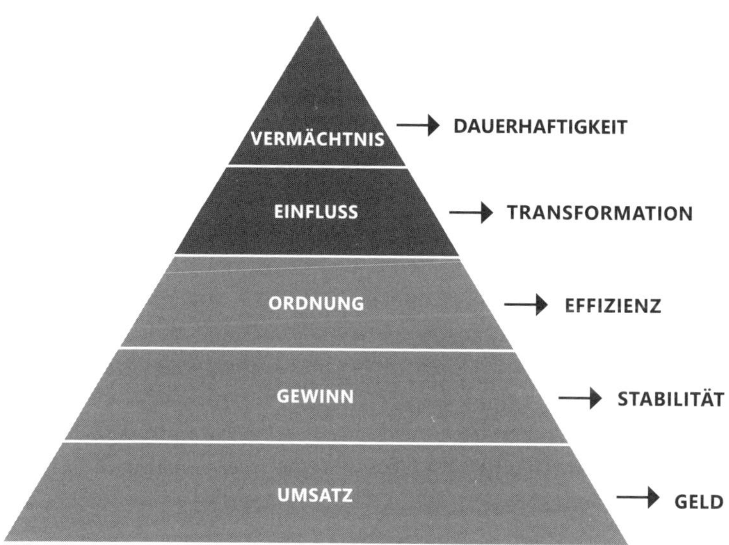

Abb. 2. Die Bedürfnispyramide des Unternehmens (BHN)

Auf jeder Ebene gibt es „Bedürfnisse", die du angemessen erfüllen musst, bevor du dich auf ein höheres Level konzentrieren kannst. So wie wir Menschen sicherstellen müssen, dass wir Nahrung und Wasser haben, bevor wir uns um unser Selbstbewusstsein kümmern können, so muss dein Unternehmen sich zunächst um seine grundlegenden Bedürfnisse kümmern. Nach drei Jahren Forschung und Wiederholungsschleifen (in denen ich meinen Kopf ein paar Mal gegen die Wand gehauen habe), habe ich die fünf zentralen Bedürfnisse innerhalb eines jeden BHN-Levels identifiziert. Ich führe sie untenstehend auf und kümmere mich um jedes einzelne im Detail in den Kapiteln 3 bis 8.

Umsatz

Auf diesem grundlegenden Level muss das Unternehmen sich darum kümmern, Cash zu generieren. Genau wie Menschen nicht ohne Sauerstoff, Nahrung und Wasser überleben können: Wenn du keinen Umsatz machst, ist dein Unternehmen nicht in der Lage, lange zu überleben. Ach, ohne Umsatz hast du überhaupt kein Unternehmen. Dich um die fünf Bedürfnisse des UMSATZ-Levels zu kümmern, stellt sicher, dass deine Basis solide funktioniert und das nächste Level trägt: GEWINN.

Hier sind die fünf zentralen Bedürfnisse und zugehörigen Fragen für das UMSATZ-Level:

1. ***Angemessener Lebensstil:*** Weißt du, wie hoch der Umsatz deines Unternehmens sein muss, damit es deinen persönlichen Lebensstil unterstützen kann?
2. ***Neukundengewinnung:*** Ziehst du ausreichend viele hochwertige Interessenten an, um ausreichend Umsatz zu generieren?
3. ***Abschlüsse:*** Werden ausreichend viele Interessenten der richtigen Sorte zu Kunden, damit du den benötigten Umsatz erreichen kannst?
4. ***Versprechen einhalten:*** Hältst du deine Zusagen deinen Kunden gegenüber ein?
5. ***Versprechen einfordern:*** Halten sich deine Kunden an ihre Zusagen dir gegenüber?

Gewinn

Auf dem GEWINN-Level verschiebt sich der Fokus auf den Faktor Stabilität. Auf dieser Stufe sind die Bedürfnisse des Unternehmens den menschlichen Bedürfnissen nach Gesundheit, finanzieller Stabilität und einem sicheren Umfeld ziemlich ähnlich. Gigantische Umsätze haben wenig Effekt wenn du keine Gewinne machst, keine Reserven aufbauen kannst und in Schulden versinkst. Wenn alle fünf Bedürfnisse auf dem GEWINN-Level befriedigt werden, bist du in der Position, dein Unternehmen ohne wirtschaftlichen Zusammenbruch zu skalieren.

Hier die fünf zentralen Bedürfnisse und entsprechenden Fragen für das GEWINN-Level:

1. ***Schuldentilgung:*** Tilgst du kontinuierlich deine Schulden und nimmst keine neuen auf?
2. ***Gesunde Marge:*** Hast du gesunde Gewinnmargen in all deinen Angeboten und suchst du beständig nach Wegen, sie zu verbessern?
3. ***Transaktionsfrequenz:*** Kaufen Kunden wiederholt eher bei dir als bei der Konkurrenz?
4. ***Rentabilitätshebel:*** Wenn du Schulden einsetzt, dann um eine prognostizierbar höhere Rentabilität zu erreichen?
5. ***Liquiditätsrücklagen:*** Hat dein Unternehmen ausreichende Rücklagen, um die Kosten von mindestens drei Monaten zu decken?

Ordnung

Auf diesem Level liegt der Fokus darauf, effizient zu arbeiten. Die Bedürfnisse sind damit verbunden, dass alles wie ein Uhrwerk reibungslos laufen möge. Sind alle organisatorischen Bedürfnisse erfüllt, kann dein Unternehmen laufen – und ja, sogar wachsen – unabhängig davon, wer in deinem Team ist. Es kann sogar ohne *dich*, den Inhaber, wachsen.

Hier sind die fünf zentralen Bedürfnisse und entsprechenden Fragen für das ORDNUNG-Level:

1. ***Minimale Verschwendung:*** Hast du laufende und funktionierende Modelle, um Engpässe, Schwachstellen und Ineffizienzen zu reduzieren?
2. ***Rollenpassung:*** Entsprechen die Rollen und Verantwortlichkeiten im Team den jeweiligen Stärken?
3. ***Ergebnisverantwortung:*** Sind die Leute, die einem Problem jeweils am nächsten sind, befugt, es zu lösen?
4. ***Vertretungsregeln:*** Ist dein Unternehmen so organisiert, dass es auch dann unvermindert weiterläuft, wenn wichtige Teammitglieder nicht verfügbar sind?
5. ***Meisterhafte Reputation:*** Bist du dafür bekannt, dass du mit dem, was du tust, der Beste deiner Branche bist?

Einfluss

Nun liegt der Fokus auf der Transformation. Viele Unternehmen kümmern sich niemals ernsthaft um die Bedürfnisse dieser Stufe, weil sie entweder nicht einmal wissen, dass dieses Level existiert, oder weil sie missverstehen, worum es hier geht. Wenn wir an Einfluss denken, dann denken wir daran, wie unser Unternehmen auf die Welt wirkt. Die Bedürfnisse jedoch, um die wir uns auf dieser Stufe zu kümmern haben, drehen sich um die Kundentransformation und darum, wie dein Unternehmen zu deinem Team, deinen Partnern und deiner Community steht. Es geht nicht um die große weite Welt.

Hier sind die fünf zentralen Bedürfnisse und entsprechenden Fragen für das EINFLUSS-Level:

1. ***Transformationsorientierung:*** Verhilft dein Unternehmen den Kunden zu einer Transformation über die Transaktion im engeren Sinne hinaus?
2. ***Motivation durch Mission:*** Sind alle Mitarbeiter (die Führung eingeschlossen) eher dadurch motiviert, dass sie die Mission erfüllen, als durch ihre je individuellen Rollen?
3. ***Traumpassung:*** Sind die individuellen Träume deiner Mitarbeiter mit der großen Vision des Unternehmens vereinbar?
4. ***Feedback-Integrität:*** Sind deine Mitarbeiter, Kunden und deine Community in der Lage sowohl kritisches als auch positives Feedback zu geben?
5. ***Unterstützernetzwerk:*** Sucht dein Unternehmen nach der Zusammenarbeit mit Partnern (inklusive Konkurrenten), die den gleichen Kunden dienen, um das Kauferlebnis zu verbessern?

Vermächtnis

Auf der höchsten Stufe liegt der Fokus auf Dauerhaftigkeit. Um sicherzustellen, dass dein Unternehmen und der Einfluss, den es hat, auch weitergeführt werden, wenn du weg bist, müssen spezifische Bedürfnisse erfüllt werden. Wenn du möchtest, dass dein Unternehmen auch für zukünftige Generationen gedeiht, musst du dich um die großen Fragen kümmern: Zum Beispiel darum, welche langfristige Vision dein Unternehmen hat und wie dein Unternehmen sich an die Veränderungen in der Branche, bei den Kundenbedürfnissen und in der Welt wird anpassen können.

Hier sind die fünf zentralen Bedürfnisse und entsprechenden Fragen für das VERMÄCHTNIS-Level:

1. ***Kontinuität der Community:*** Verteidigen, unterstützen und helfen deine Kunden deinem Unternehmen mit großem Eifer?
2. ***Bewusste Führungsplanung:*** Gibt es einen Plan zum Übergang der Führungsaufgaben und dazu, die Führung lebendig zu halten?

3. ***Gefühlsgeleitete Unterstützer:*** Wird die Organisation von Einzelnen innerhalb und außerhalb der Organisation unterstützt, ohne dass diese Menschen angeleitet werden müssen?
4. ***Quartalsdynamik:*** Hat dein Unternehmen eine klare Vision für die Zukunft und wird es quartalsweise daraufhin ausgerichtet, sich der Vision anzunähern?
5. ***Laufende Anpassung:*** Ist das Unternehmen so organisiert, dass es beständig angepasst und verbessert wird, was auch einschließt, dass das Unternehmen selbst Wege findet, immer besser zu werden?

Um es deutlich zu sagen, die BHN-Level entsprechen *nicht* den Stadien des Unternehmenswachstums. Sie sind Bedürfnis-Level. Dein Unternehmen wird diese Pyramide nicht gleichmäßig und Schritt für Schritt erklimmen, sondern es wird raufklettern und runterrutschen, während es sich entwickelt. Wie beim Errichten und beim Renovieren von Bauwerken, geht es nicht immer nur nach oben. Du gehst auch wieder in den Keller und verstärkst dort das Fundament, damit du höher bauen kannst. Während du also vielleicht mit einem Bedürfnis auf dem UMSATZ-Level beschäftigt bist, bedeutet dies nicht, dass dein Unternehmen noch im UMSATZ-Stadium ist. Du bist lediglich dabei, die Basis zu verstärken.

Ich bin ziemlich sicher, dass ich weiß, was du denkst: *Diese Aufzählung funktioniert vielleicht in deinem Unternehmen, aber mein Unternehmen ist anders.* Dein Unternehmen hat durchaus möglicherweise zusätzliche Bedürfnisse. Während diese Aufzählung wahrlich nicht vollständig ist, so sind doch die fünf zentralen Bedürfnisse auf jedem dieser fünf Level in jedem Unternehmen notwendig, damit es gesund ist und aufblüht. Solltest du ein Bedürfnis haben, das du nicht in den BHN aufgelistet findest, dann notiere es und lege es für später auf Seite. Ich bitte dich, dem Prozess zu vertrauen. Und in dieser ersten Runde konzentriere dich auf die fünf zentralen Dinge jedes Levels der BHN.

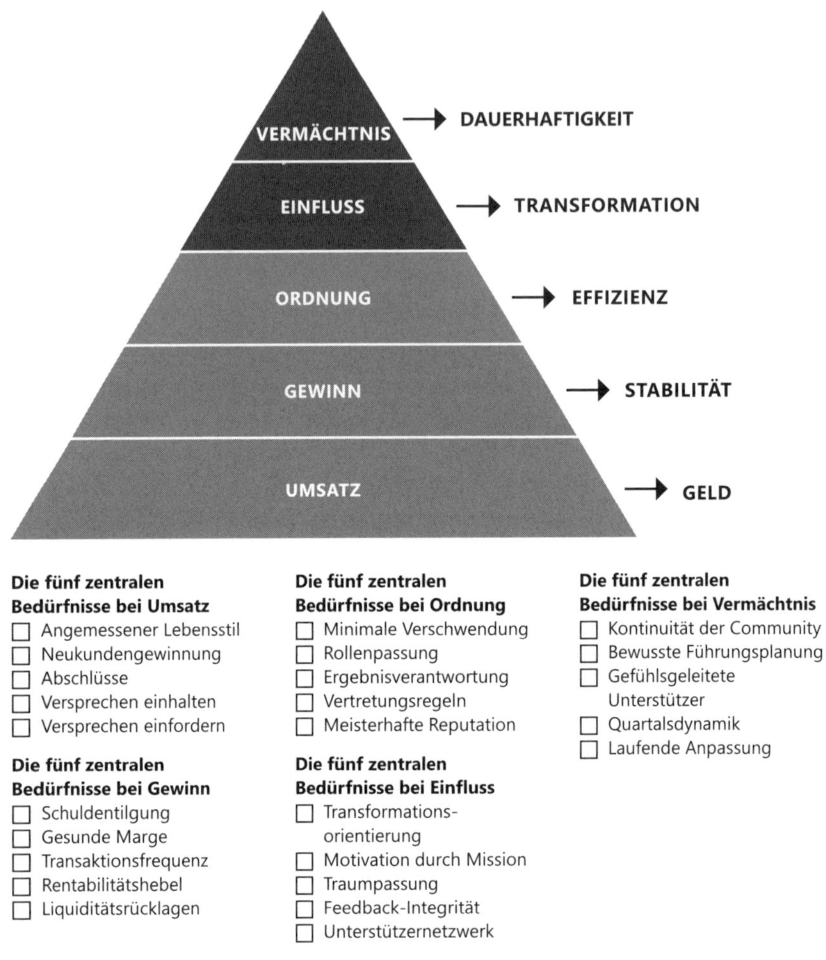

Abb. 3. Die BHN mit den fünf zentralen Bedürfnissen jedes Levels

Viele Unternehmer versuchen, alles auf einmal zu meistern. Das war über viele Jahre auch meine Vorgehensweise. Ich wollte *gleichzeitig* eine große Wirkung erzielen, viel Geld verdienen, arbeiten, wann ich wollte, ein Vermächtnis aufbauen und Kunden haben, die in meine Firma strömen. Die Sache ist nur die: Wenn du alles zugleich priorisierst, dann hat *nichts* Priorität. Wie in der Maslow'schen Pyramide, spielen alle diese Elemente zusammen. Du kannst jedoch deine Energie nur auf eine Sache auf einem Level zu jeder gegebenen Zeit konzentrieren. Die goldene Regel lautet, dass du das grundlegendste Bedürfnis befriedigen musst (jenes, das der Basis am nächsten ist), bevor du ein darüber liegendes Bedürfnis in den Blick nehmen kannst.

Angenommen, du hast einen gleichmäßigen Umsatzstrom, der die Ziele stützt, die du klar gesetzt hast. Wenn das zutrifft, dann hat dein Unternehmen das Äquivalent zu dem geschafft, was wir atmen nennen. Das nächste Level ist GEWINN, was so viel bedeutet wie Sicherheit. Wenn jemand versucht, dich auszurauben und dir dabei ein Messer an die Brust hält, dann kümmerst du dich nicht um Luft (UMSATZ), du kümmerst dich nur darum, der Gefahr zu entkommen. Aber wenn du und der Typ mit dem Messer plötzlich in einem Raum gefangen seid, in dem es keinen Sauerstoff gibt (UMSATZ), dann werdet ihr euch *beide* um das dringlichste Bedürfnis kümmern – an die Luft zu gelangen, die ihr zum Atmen braucht.

Die Luft zum Atmen zu finden, das Wasser und die Nahrung zum Überleben und das Meiden von Gefahr, sind Dinge, die du instinktiv tust. Doch für Unternehmer sind die Lösungen für die Unternehmensprobleme *nicht* im gleichen Maße instinktiv. Ein Unternehmen ist eine eigenständige Einheit, deshalb hast du keine biologischen Signale, die dir sagen, dass dein Unternehmen Hunger oder Durst hat oder dass es auf den Arm möchte. Wir *glauben*, dass wir unserem Unternehmen derart verbunden sind. (Sind wir aber nicht.) Deshalb „vertrauen" wir auf unseren „Instinkt" und treffen Wachstumsentscheidungen, die sich gerade richtig anfühlen.

Wenn du eine dunkle Gasse entlanggehst und irgendwas fühlt sich nicht richtig an, dann sagt dir dein Instinkt, dass irgendwas schiefläuft. Ich schlage vor, du drehst dich schnell um und findest einen anderen Weg, um an dein Ziel zu gelangen. Wenn du das nämlich nicht tust, dann landest du möglicherweise im Krankenhaus. Deine Sinne – sehen, hören, riechen – sind alle direkt mit deinem Hirn verbunden. So geben sie unmittelbare und hilfreiche Orientierung. Während wir also mit unserem Körper verbunden sind, sind wir mit unserem Unternehmen *nicht* auf diese Art verbunden. Und daraus ergibt sich ein Problem. Instinkt rettet Leben. Unternehmen? Eher nicht.

Die Sache ist die, dass wir *glauben*, wir hätten gute Unternehmensinstinkte – dass wir unserem Bauchgefühl trauen können, das uns dabei hilft, die richtigen Entscheidungen zu treffen. Und doch landen wir häufig in derselben Situation wie Amanda Eller, stolpern einen Wildschweinpfad entlang auf der Suche nach einem Ausweg. Wir lösen das *falsche Problem* zur *falschen Zeit*. Die am weitesten verbreitete, bauchgestützte Lösung, die ich bei Unternehmern sehe ist: mehr Umsatz. Ein Unternehmen mag beispielsweise einen relativ gleichmäßigen Umsatz haben, doch das Unternehmen läuft nicht rentabel. Anstatt sich nun um das GEWINN-Level zu kümmern, gehen wir fast alle hin und versuchen, mehr zu verkaufen, im Glauben, dass mehr UMSATZ (das Basis-Level) das GEWINN-Level in Ordnung bringen wird. In Maslows Pyramide ist das gleichbedeutend damit, sich in einer Schlägerei zu befinden (auf dem Sicherheitslevel) und nach Luft zu schnappen (eines der Grundbedürfnisse), um uns in Sicherheit zu bringen. Das ist einfach Unsinn. Obwohl wir auf der biologischen Ebene diesen Reflex haben, zu fliehen oder zu kämpfen, schnappen wir nach Luft, während wir eines auf die Fresse kriegen, wieder und wieder – weil wir mit unserem Unternehmen eben nicht auf dieser instinktiven Ebene verbunden sind. Ein anderes Mal schafft es das Unternehmen nicht, kontinuierlich pünktlich und in der versprochenen Qualität zu liefern, was ein Problem auf dem Niveau der ORDNUNG ist. Doch der Instinkt des Unternehmers sagt, mehr Umsatz, mehr Einnahmen und hofft, auf diese Art die Unternehmensprozesse irgendwie in Ordnung zu bringen. Das tut es nicht und es funktioniert so nicht.

Diese Hör-auf-deinen-Bauch- und Schieß-aus-der-Hüfte-Methoden des Unternehmenswachstums behindern sehr häufig den Erfolg. Einige Unternehmen sind nicht wegen sondern trotz des Unternehmers am Steuer erfolgreich. Ohne eine spezifische, wiederholbare Wachstumsstrategie gleicht ihr Erfolg aber eher einer Art Lottogewinn als einem ausgearbeiteten Plan.

Was wir brauchen, ist ein Kompass. Etwas, das wir einsetzen können, um zu prüfen, dass wir wirklich in Richtung Norden unterwegs sind. Diese Funktion übernimmt die BHN für dich.

Was wir glauben, stimmt vielleicht nicht

Vor kurzem begann ich mich für die Geschichte des Winchester Mystery House zu interessieren, einer großzügigen viktorianischen Villa im Queen Anne-Stil mit über 160 Zimmern in San Jose, Kalifornien. Nachdem ich etwas über dieses Haus gelesen hatte, buchte ich sofort einen Flug und machte eine Tour durch dieses bizarre Bauwerk. Und ich entdeckte eine unheimliche Parallele zur typischen Reise eines Unternehmers.

Als Sarah Winchesters Mann 1881 an Tuberkulose starb, hinterließ er ihr ein Vermögen, das heutzutage über 500 Millionen US-Dollar wert gewesen wäre. William Winchester war ein Waffen-Magnat und der Erbe der Winchester Repeating Arms Company. Der Legende nach glaubte Sarah, sie werde von den Geistern der Menschen verfolgt, die durch Winchester-Gewehre zu Tode gekommen waren. Deshalb müsse sie mehr und mehr Zimmer an ihr Haus anbauen, um die bösen Geister zu befrieden, die sie jagten (und um sich vor ihnen zu verstecken).

Sarah zog nach Kalifornien, kaufte ein zweistöckiges Farmhaus mit acht Zimmern und begann, anzubauen. Ohne Unterlass.

Nach 38 Jahren baute sie immer noch an.

Ohne Sinn und Verstand und ohne einen Architekten, der ihr bei der Planung half, ließ Sarah ein Zimmer nach dem anderen anbauen. Miranda vom *Spooky Little Halloween*-Blog schrieb: „Sarah ließ anbauen, was auch immer sie sich gerade ausgedacht hatte. Häufig wandte sie sich von ihren Ideen ab und ließ um die Fehler ihrer Arbeiter herumbauen. Jeden Morgen ging sie mit ihrem Vorarbeiter die von Hand skizzierten Pläne für den Tag durch." Sarah begann jeden Tag damit, das offensichtliche Problem des Tages anzugehen.

Ich weiß nicht, wie es dir geht, aber ich glaube, Sarah hätte einen durchstrukturierten Plan gebraucht (und vielleicht ein klitzekleines bisschen Therapie). Sie vertraute allein auf ihren Instinkt. Und jeden Tag versuchte sie herauszufinden, wie sie ihre Probleme (Geister) bewältigen oder vor denen fliehen konnte, die sie sah.

Mit der Zeit wurde aus dem Farmhaus eine siebenstöckige Villa mit über 160 Zimmern. Zimmer, die sie gebaut und dann niemals wieder betreten hatte. Türen und Fenster führten direkt vor die Wand, viele offene Kamine hatten keinen Abzug und es gab Treppen, die nirgendwohin führten.

Als die Erde in San Fransisco 1906 bebte, wurden die obersten drei Stockwerke und ein Teil des vierten beschädigt. Die beschädigten Bereiche wurden nicht saniert. Das Material wurde ausgeschlachtet, um an anderer Stelle weiterzubauen. Das, was heute von der Winchester Mystery-Villa übrig ist, umfasst über 2.200 qm. Sie hat über 10.000 Fenster und sechs Küchen. Sie ist eines der merkwürdigsten Häuser, die ich je gesehen habe, und ein Paradies für Verrückte. (Unter uns, ich glaube, ich habe einen deiner Kegelbrüder da gesehen.) Frag Google und schaue es dir selbst an. Wenn du das machst, denk an dein Unternehmen. Denk an all die Entscheidungen, die du instinktiv getroffen hast oder als Reaktion auf ein Problem (einen bösen Geist) oder um einem Wettbewerber eins auszuwischen (einen böseren Geist) oder einfach, weil ein „Experte" gesagt hat, dass du das brauchst. Denk an all die „Zimmer", die du gebaut und nie genutzt hast und vielleicht sogar Chancen, die du ergriffen hast, nur um dich wieder abzuwenden.

Oder Dinge, die du gemacht hast, um Probleme zu lösen oder einfach nur, weil du nicht wusstest, was du sonst hättest tun sollen.

Als Sarah Winchester starb, wurde die Bautätigkeit sofort eingestellt. Ihr Haus wurde auf dem Markt angeboten, aber diese gigantische Villa war unverkäuflich. Niemand wollte dieses ungewöhnliche, komplexe und verwirrende Haus haben. Niemand hatte ausreichend Geld und Expertise, um es umzubauen. Schließlich wurde das Haus von einer Investorengruppe für einen Spottpreis gekauft und in ein Museum für Freunde von Merkwürdigkeiten und dem Exzentrischen umgewandelt. Ein massives Bauwerk, an dem 40 Jahre lang herumgebastelt wurde und das letztendlich völlig wertlos war (außer als perfektes Sinnbild für das, was ich dir gleich sagen werde).

Wenn du dich nur auf dein Bauchgefühl verlässt, anstatt dein Unternehmen zu analysieren, dann könnte es sein, dass du am Ende ganz viele unbrauchbare offene Kamine hast und Treppen ins Nichts. Oder dass du im Wald auf Hawaii herumirrst. Ich kenne dich als aufmerksamen und schlauen Zeitgenossen – und deshalb bitte ich dich, dich nicht ausschließlich auf deinen Instinkt zu verlassen ... zumindest so lange, wie du brauchst, um dieses Buch zu lesen und die Dinge umzusetzen. In Ordnung? (Virtuelle) Hand drauf? Mit anderen Worten: Tu mir den Gefallen.

Die BHN ist vielleicht nicht so mystisch wie Harry Houdinis Seancen, die er eines Abends in Winchester Haus abgehalten hat (wahre Geschichte), aber versuch's einfach mal. Es könnte zum Beispiel dein Unternehmen retten und dich vor dem Wahnsinn bewahren.

***

Hier kommt eine einfache aber machtvolle Herausforderung: In meiner Erfahrung ist der effektivste Weg zur Verbesserung deines Unternehmen, dich einem Dritten gegenüber mit Blick auf deine Verbesserungsabsichten zu verpflichten. Also, hier bin ich, dein neuer Partner: Schick mir eine E-Mail an mike@MikeMichalowicz.com mit dem Betreff „I'm doing FTN!" („Ich setze FTN um!"); so kann ich sie schnell finden. In deiner E-Mail erklärst du mir, warum du dich auf den FTN-Prozess einlässt und was das für dich bedeutet, wenn du deinen Traum für dein Unternehmen umsetzen kannst. Wenn du dich auf diese Art und Weise festlegst, steigen deine Chancen aufs Durchhalten kometenhaft. Und es ist für uns toll, wenn wir diesen Kontakt haben. Los geht's!

Wie ich oben schon sagte, habe ich ein paar leistungsfähige und kostenlose Ressourcen und Werkzeuge für dich vorbereitet, die dieses Buch ergänzen. Geh sofort auf Fixthisnext.com, um sie auf Englisch herunterzuladen.[7] Wenn du auf die Seite gehst, kannst du auch direkt die kostenlose Evaluation machen. Sie wird dir zeigen, welchen nächsten Schritt du in deinem Unternehmen machen musst. Und du kannst das nächste Problem in wenigen Minuten angehen.

Eine kurze Anmerkung zu Profit First

Bevor wir jetzt richtig in den FTN-Prozess einsteigen, muss ich mich zu einem Gedanken äußern, den du möglicherweise bezüglich eines anderen meiner Bücher haben wirst: „Profit First". Wenn wir über FTN sprechen, werde ich oft gefragt, „Mike, hast du nicht gesagt, wir sollten zuerst den Gewinn entnehmen? Wenn der Gewinn immer an erster Stelle steht, wie kannst du uns in FTN dazu raten, dass wir uns zuerst um andere Dinge kümmern sollen? Du klingst ein bisschen wie ein dicker, fetter, stinkender Heuchler."

Das mit dem Geruch kannst du meinen Genen zuschreiben.

Der Rest braucht einfach eine Klarstellung.

Als ich „Profit First" schrieb, habe ich die gängige Gewinnformel kritisiert: Umsatz – Kosten = Gewinn. Einfach gesagt, lehrt uns die traditionelle Denkweise, dass der Gewinn das Letzte ist. Dass Gewinn die Bottom Line ist, ganz unten. Und *das* ist das Problem der alten Formel. Es ist nur menschlich, wenn etwas, das ganz am Schluss steht, bestenfalls nach hinten geschoben, zumeist aber ignoriert wird.

Profit First bedeutet, dass der Gewinn vor den Kosten steht. Umsatz – Gewinn = Kosten. Du nimmst deinen Gewinn *zuerst*, schiebst ihn auf ein Konto und versteckst ihn vor deinem Unternehmen, bevor du auch nur einen einzigen Cent davon ausgibst. Profit First bedeutet, dass du den Gewinn als erstes zuweist und dann bist du gezwungen, dir von dort aus deinen Weg rückwärts zu bahnen, um dir den Gewinn leisten zu können, den du bereits entnommen hast. Es ist das Prinzip, sich selbst zuerst zu bezahlen, aufs Unternehmen angewendet. Profit First bedeutet *nicht*, dass der Gewinn das einzige ist, auf das du dich konzentrierst, und dass du alles andere ignorieren kannst.

---

7 Die deutsche Version findest du auf inspirited.de/prio1.

Um dein Unternehmen zu verbessern, musst du das wichtigste Problem identifizieren, das dein Unternehmen in diesem Augenblick stört, und das angehen. Das ist manchmal auf der Ebene von UMSATZ oder der ORDNUNG. Ein anderes Mal liegt es auf dem Niveau von GEWINN oder EINFLUSS oder VERMÄCHTNIS. Ich schlage vor, dass du, nachdem du Profit First eingeführt hast, es einfach weiter nutzt – für immer. Und wenn ein Gewinn auf der hohen Kante ist, dann ist deine nächste – also höchste bzw. oberste – Priorität die Sache, auf die der FTN-Kompass dich hinweist.

Wenn du Profit First noch nicht umgesetzt hast, dann schlage ich vor, dass du die Idee kurz pausierst, bis du dieses Buch hier gelesen hast. Denn, auch wenn das komisch klingt, wenn es von mir kommt: Dein Gewinn kommt jetzt vielleicht nicht als erstes (oder als nächstes). Möglicherweise musst du dich um andere zentrale Bedürfnisse kümmern, noch vor dem Gewinn. Ich bin sicher, dass Profit First dir dienen wird. Doch bevor du diesen Prozess hier nicht abschlossen hast, können wir nicht mit Sicherheit sagen, *wann* es dir *am besten* dient.

Ich hoffe, das klärt die Angelegenheit. Profit First ist die Formel dafür, zuerst den Gewinn zu entnehmen. Es geht *nicht* darum, den Gewinn jederzeit zu priorisieren und über alles andere zu stellen. Alles klar? Gut.

Kapitel 2
Finden und reparieren

„Ja, aber …"

Ich bin immer wieder fasziniert davon, wie viele von uns Unternehmern einen schweren Fall von „Ja, aber" haben. Wir glauben, dass unsere Unternehmen so einzigartig sind, dass einfache Lösungen und Strategien uns auf gar keinen Fall helfen können, um welches Problem auch immer zu lösen. „Ja, aber mein Unternehmen ist anders", rufen wir von den Dächern. Ich verstehe das. Ich dachte das von meinen Unternehmen auch lange Zeit. Vielleicht hast du auch das Gefühl, dass dein Unternehmen etwas ganz Besonders ist. Aber die Sache ist die: Das stimmt nicht einmal ein kleines Bisschen.

So wie unsere menschliche DNA zu 99,9 Prozent identisch ist, so ist die DNA aller Unternehmen nahezu identisch. Dabei ist es mir egal, ob du einen Betrieb in der Landwirtschaft hast oder eine Apotheke. Mir ist egal, ob du im Erwerbsleben einkaufst, verkaufst, Vorschläge machst oder auf irgendetwas einschlägst. Dein Unternehmen ist zu 99,9 Prozent wie alle anderen – und die sind nahezu identisch mit deinem. Die übrigen 0,1 Prozent unserer DNA ist die Haut unserer Unternehmenskörper. Unser Unternehmen sieht von außen vielleicht anders aus. Du hast vielleicht anderes Werkzeug und Leute mit anderen Kompetenzen. Dein Büro ist vielleicht virtuell, existent oder nicht-existent. Das ist aber nur die Haut des Unternehmens. Das, was unter der Haut steckt, ist beinahe das Gleiche wie bei allen anderen Unternehmen.

Bevor Ken Mulvey sein Unternehmen *Supply Patriot* gründete, arbeitete er für die Reichen und Schönen als Bodyguard. In einer unserer Unterhaltungen erzählte er mir Details seines Sicherheitsauftrags, den er für eine wichtige Führungsperson eines wichtigen Verlagshauses leistete. Während er die Geschichte erzählte, dachte ich, „Aha, der Verleger bekommt einen Bodyguard, aber der mickrige Autor bekommt nichts? Toll. Richtig toll."

Im Rahmen seiner Arbeit als Bodyguard nahm Ken an Board Meetings teil. Du weißt schon, weil man nie weiß, wann ein Gangster in einen Konferenzraum einbricht, um alte schrumpelige Kekse und abgestandenen Kaffee zu klauen. Von alten schrumpeligen Typen mit abgestandenem Atem. Kens Aufgabe war es, aufzupassen. Und weil es nichts zum Aufpassen gab (siehe oben), hörte er zu. Sehr genau.

„Mike, da waren ein paar der größten Geschäftsführer des Landes in diesem Aufsichtsrat", erzählte mir Ken. „Und sie hatten alle die gleichen Probleme wie das kleine Unternehmen meines Freundes, nur mit fünf oder sechs Nullen mehr an jeder ihrer Zahlen. Sie hatten die gleichen Liquiditätsprobleme, die gleichen Probleme damit, Leute einzustellen, die gleichen Rentabilitätsprobleme. Die gleiche Ratlosigkeit mit Blick auf den nächsten Schritt."

Kens Geschichte erinnerte mich an eine Unterhaltung, die ich mit einem Freund hatte, dessen Unternehmen 22 Millionen US-Dollar Umsatz machte. Wir waren mit hundert weiteren Unternehmensinhabern beim jährlichen Treffen der Gathering of Titans (Zusammenkunft der Titanen) in Dedham, Massachusetts.

Ich kannte meinen Freund Stu seit fast zwanzig Jahren. Wir sind zusammen als Unternehmer groß geworden und ich habe zugesehen, wie sein Unternehmen gewachsen ist. Und zwar sehr.

Obwohl es der US-Definition eines „kleinen Unternehmens" entspricht (unter 25 Millionen US-Dollar Umsatz) ist Stus Firma führend in ihrem Bereich. Ich vermute sogar, dass du den Namen des Unternehmens wiedererkennen würdest. Vermutlich würdest du Stus richtigen Namen ebenfalls kennen, was der Grund dafür ist, dass ich ihn in diesem Buch nicht nenne.

In einer Pause stellte ich Stu eine einfache Frage, die in einer echten Freundschaft als Türöffner für tiefe Gespräche und Geständnisse dienen kann.

„Wie geht's, Stu?"

„Großartig", sagte er mit einem schiefen Grinsen.

Ich kenne das Grinsen. Ich habe es auf den Gesichtern tausender Unternehmer gesehen und ich habe es auf meinem eigenen Gesicht gesehen, wenn ich in den Spiegel geschaut habe.

„Oh, nein. Was läuft verkehrt, Bruder?", fragte ich.

Er seufzte, schaute über seine Schulter und antwortete dann in leisem Ton: „Ich habe nur noch Geld für vier Wochen in meinem Unternehmen,

Mike. Ich habe keine Interessenten. Zumindest nicht ausreichend viele potenzielle Kunden, um zu überleben."

Das ist kein ungewöhnliches Szenario für viele Kleinunternehmer, aber wie konnte das dem Branchenführer mit 22 Millionen US-Dollar Umsatz passieren? Das musste ein Scherz sein, richtig? Nein. Einige der erfolgreichsten Unternehmer der Welt befanden sich in diesem Raum. Und du magst überrascht sein, wenn du entdeckst, dass zu jeder Zeit etwas 10 bis 20 Prozent von ihnen in der tiefsten Scheiße stecken.

Ob dein Unternehmen groß ist, klein oder irgendwo dazwischen – die Bedürfnisse sind genau die gleichen. Die Größe spielt also doch keine Rolle. Weder die Höhe der Umsätze oder die Anzahl der Mitarbeiter oder die Anzahl der Jahre, die du dein (möglicherweise schrumpeliges und abgestandenes) Unternehmen bereits betreibst.

Selbstverständlich verstehe ich, dass dein Unternehmen einzigartige Charakteristika hat. Wie meins auch. Wie alle Unternehmen. Alle Menschen haben ihre einzigartigen Charakteristika und doch haben wir alle die gleichen biologischen Grundlagen. Diese einzigartigen Charakteristika sind notwendig und entscheidend, denn wir brauchen Unterscheidungsmerkmale, um unsere idealen Kunden anzuziehen. Wenn wir über Marketing und Branding sprechen, dann sind Unterschiede gut. Aber wir sprechen in diesem Buch nicht darüber. Wir sprechen heute über die Biologie unseres Unternehmens.

So wie alle Menschen den gleichen grundlegenden Parametern folgen, um zu wachsen und gesund zu bleiben, so sind die Methoden, um Wachstum zu gewährleisten und die Gesundheit aufrechtzuerhalten, in allen Unternehmen nahezu identisch. Unseres mag von außen anders aussehen und andere Dinge tun. Aber vergiss niemals: Die grundlegende Struktur beinahe jedes Unternehmens ist fast identisch. Ein Typ hat vielleicht einen Pizzaladen und ein Mädel hat vielleicht eine Flugschule. Aber die Art und Weise, wie sie sich selbst nähren und wie sie wachsen, und die grundlegenden Bedürfnisse, die sie zu befriedigen haben, sind gleich.

In diesem Kapitel zeige ich dir einen einfachen Prozess, um die Bedürfnispyramide des Unternehmens (BHN) anzuwenden. So kannst du festlegen, worum du dich als nächstes kümmern musst. Und du bekommst eine einfache Methode, um eine Lösung zu finden, sodass du dieses Problem abhaken und den nächsten Schritt machen kannst.

Aufspüren

Lass uns mal so tun, als würden wir Tauziehen spielen. Anstatt des Taus ziehen wir jedoch an den gegenüberliegenden Enden einer Metallkette. Und anstatt zu versuchen, die Gegenpartei über die Linie zu ziehen, ist unsere Aufgabe, herauszufinden, wo die Kette bricht. Du nimmst das eine Ende und ein paar Meter entfernt stehe ich mit dem anderen. Zwischen uns liegen etwa 25 Kettenglieder. Bei drei beginnen wir beide zu ziehen, um zu schauen, wo sie kaputtgeht. Unabhängig davon, wie stark wir an der Kette ziehen, hat keiner von uns beiden die Kontrolle darüber, wo sie kaputtgeht.

Die Kette geht immer am schwächsten Glied kaputt. Anders gesagt, ist jede Kette nur so stark wie ihr schwächstes Glied. Was auch immer du anstellen magst, du kannst den Prozess nicht so manipulieren, dass die Kette an einer anderen Stelle kaputtgeht. Es gibt eine natürliche Schwachstelle. Wenn du die gesamte Kette verstärken möchtest, dann musst du dich um das schwächste Glied kümmern, das ich im Unternehmenskontext existenzielles Bedürfnis nenne. Zu jeder Zeit gibt es bei allen zentralen Bedürfnissen in deinem Unternehmen ein einziges existenzielles Bedürfnis, dass die aktuelle Schwachstelle repräsentiert. Du kannst das „Spiel" nicht dadurch manipulieren, dass du etwas anderes zur Schwachstelle erklärst. Deine Aufgabe ist es, die Schwachstelle zu finden und dann direkt anzugehen, bevor du dich um das kümmerst, was als nächstes existenzielles Bedürfnis aufploppt.

Bei jedem Unternehmensprozess, sei es in den Feinheiten der Produktherstellung oder in einer weitgefassten Sequenz, die deine Interessenten durchlaufen, bevor sie deine Kunden werden, immer gibt es eine Kette von Ereignissen. Auf jedem Niveau der Unternehmensentwicklung, vom kämpfenden Startup bis zum Branchengiganten durchläuft alles Ketten von Ereignissen. Und innerhalb jeder Kette gibt es immer ein Glied, das am schwächsten ist. Das Ziel dieses Buches ist es, dir zu helfen, dieses schwache Glied zu identifizieren und zu verstärken. Denn wenn du das schwächste Glied verstärkst, dann verstärkst du die gesamte Kette.

Eliyahu Goldratt stellte seine Engpasstheorie in seinem lesenswerten Buch „Das Ziel" vor. Seine Engpasstheorie besagt, dass ein Unternehmensprozess nur so schnell ablaufen kann, wie sein langsamstes Teil es zulässt. Deshalb musst du den Engpass mit der höchsten Priorität aufspüren, wenn du die Gesamtproduktivität deines Unternehmens verbessern möchtest. Du musst den Engpass auflösen und dann wird das gesamte Unternehmen in dem Tempo funktionieren, wie es der nächste größte Engpass es erlaubt.

Wie ich in Kapitel 1 erzählt habe, und wie du zweifelsohne nur zu gut selbst weiß, ist der allgemeingültige Ansatz für Unternehmenswachstum der, alles gleichzeitig wachsen zu lassen. Wir brauchen mehr Umsatz! Wir müssen mehr Geld machen! Wir müssen mehr Mitarbeiter einstellen, die unternehmerisch handeln! Wir müssen uns vom Wettbewerb abheben! Wir müssen die Welt verändern! Wir müssen besseres Marketing machen, mehr Umsatz, bessere Produkte, besseren Service, bessere Strukturen aufbauen, bessere alles Mögliche. Und wir sollten besser eine bessere Haltung bekommen und zwar von jedem und zwar jetzt. Verdammt!! Auch wenn es vielleicht stimmt, dass dein Unternehmen all das Genannte braucht, verplemperst du deine Energie, Zeit und Konzentration, wenn du wirklich versuchst, alles auf einmal zu verbessern. Letztlich wirst du nicht in der Lage sein, auch nur eines dieser Dinge zufriedenstellend zu erledigen.

Hast du erst einmal das existenzielle Bedürfnis identifiziert, mit dem du im Moment konfrontiert bist, dann kannst du dich der Lösung mit allen verfügbaren Ressourcen widmen, die du hast.

Wenn du die BHN als deine Checkliste nutzt, dann findest du im Folgenden die Schritte, die du gehen musst, um herauszufinden, welches der zentralen Bedürfnisse dein existenzielles Bedürfnis ist. Und somit dasjenige, das du als nächstes angehen musst:

Schritt 1 – Identifizieren: Prüfe auf jedem Level, welche zentralen Bedürfnisse dein Unternehmen angemessen bedient, um das nächsthöhere Level zu unterstützen. Wenn du ein Bedürfnis nicht angemessen bedienst oder dir nicht sicher bist, dann lass das offen.

Schritt 2 – Festlegen: Evaluiere das niedrigste Level, das offene zentrale Bedürfnisse aufweist. Falls du also die offene Bedürfnisse bei GEWINN, EINFLUSS und VERMÄCHTNIS findest, dann gehst du das niedrigste von diesen dreien an: GEWINN. Von den Bedürfnissen, die du auf diesem Level offen gelassen hast: Welches ist im Augenblick das Dringlichste? Markiere dies als dein existenzielles Bedürfnis.

Schritt 3 – Erfüllen: Erarbeite messbare Lösungen für das markierte existenzielle Bedürfnis. Setze deine Lösungen um, bis das existenzielle Bedürfnis angemessen versorgt ist.

Schritt 4 – Wiederholen: Nachdem du dieses existenzielle Bedürfnis versorgt hat, suche das nächste existenzielle Bedürfnis, indem du die drei vorherigen Schritte wiederholst. Nutze diesen Prozess über die gesamte Lebensdauer deines Unternehmens, um Herausforderungen zu umschiffen, Chancen zu maximieren und dein Unternehmen kontinuierlich zu verbessern.

Diesen Prozess zu vollziehen bedeutet nicht, dass du den Rest deines Unternehmens ignorieren könntest. Du musst die Bälle in der Luft halten. Es gibt keinen Zweifel daran, dass du dich immer um viele Teile deines Unternehmens kümmern musst. Du kannst deinen Kunden nicht auf einmal sagen: „Hey! Wir ignorieren euch jetzt mal für ein paar Monate, während wir uns um internen Kram kümmern. Wir melden uns bald. Oh, und sendet uns in der Zwischenzeit bitte weiterhin Geld, ihr Süßen."

Du kannst dein Unternehmen nicht zum Stillstand bringen, während du dich nur um das nächste existenzielle Bedürfnis kümmerst. Wenn wir FTN einsetzen, dann identifizieren wir das größte Problem, das dem Unternehmen die größte positive Dynamik einbringt, sobald es gelöst ist. Anstatt andauernd alles auf einmal zu machen, kümmern wir uns weiterhin um die notwendigen Dinge und setzen die übrigen Ressourcen dafür ein, uns um das nächste existenzielle Bedürfnis zu kümmern.

Sich um das nächste existenzielle Bedürfnis deines Unternehmens zu kümmern, kann von dir verlangen, dass du harte Entscheidungen triffst. Es kann sein, dass du etwas opfern musst, um das Problem zu lösen. Wenn du zum Beispiel feststellst, dass dein existenzielles Bedürfnis verlangt, dass du ein Problem mit der Zahlungsmoral löst, dann könnte die einzige Lösung darin liegen, dass du die Kunden feuerst, die chronischen Zahlungsverzug aufweisen. Aber die Angst vor kurzfristigen Umsatzeinbußen – über welch kurzen Zeitraum auch immer – könnte dich davon abhalten. Du könntest versucht sein, nicht so ideale Kunden anzunehmen oder Jobs zu akzeptieren, die du nicht so gut kannst oder nicht magst, damit du die zeitlich begrenzten und kurzfristigen Einbußen „ausgleichen" kannst. Willkommen zurück in der Überlebensfalle, Kumpel. Die einzige Lösung ist, dranzubleiben – also, zu tun, was du tun musst, und sicherzugehen, dass du dein Unternehmen auf gesunde Art und Weise wachsen lässt. Nicht auf der Basis deiner Verzweiflung.

Ich möchte hier ein paar wirklich attraktive Seiten der BHN erwähnen: Zum einen dieses ganze „Zwei auf einen Streich-Ding". Wenn du ein existenzielles Bedürfnis auf einem niedrigeren Level identifizierst, ist es vielleicht so, dass Probleme auf einem höheren Level dadurch gelöst werden.

Zweitens, und das ist vielleicht der coolste Aspekt der BHN: Wenn du ein existenzielles Bedürfnis bearbeitest, dann gibt dir das einen Hebel für die gesamte Arbeit, die du bereits in deinem Unternehmen leistest. Es ist sogar so, dass manche Level mit ganz geringem Einsatz, vielleicht sogar innerhalb weniger Minuten komplett überarbeitet und geklärt werden können. Du musst hier das Rad nämlich nicht neu erfinden. Du musst lediglich ein existenzielles Bedürfnis befriedigen, etwas, das du vielleicht bereits getan hast, ohne dass es dir wirklich bewusst gewesen wäre.

Wenn du die BHN und die vier Schritte nutzt, dann hilft dir das, beinahe jedes Plateau zu überwinden, Rückschläge rasch zu verarbeiten und dein Unternehmen nachhaltig wachsen zu lassen. Welche Ziele du dir für dein Unternehmen auch immer setzen magst: Es wird viel, viel einfacher sein, sie zu erreichen und viel, viel wahrscheinlicher, dass dies auch nachhaltig ist.

Während du die vier Schritte der FTN-Analyse fortwährend wiederholst, wird die Basis deines Unternehmens immer stärker. Somit kannst du sicherstellen, dass deine Vision für dein Unternehmen Realität wird.

Die FTN-Analyse in der Praxis

Als ich Tersh Blissett das erste Mal traf, wusste ich sofort, dass er einer „meiner Leute" war. Wie konnte ich das wissen? Weil er eine Weste trug.

Ich trage immer eine Weste, wenn ich eine Keynote halte. So bin ich halt. Mein Team hat Freude daran, sich wegen meines „Kostüms" über mich lustig zu machen. Kelsey Ayres, die ich glücklicherweise als Kollegin habe, trägt auf der Arbeit gelegentlich ein T-Shirt mit der Aufschrift „Live your VEST Life" („Lebe dein WESTES Leben") mit einem Bild von mir daneben in meiner uncoolsten Jeansweste. Süß.

Gelegentlich veranstalte ich in meinem Büro in New Jersey eine kostenlose Konferenz, um meine neusten Konzepte mit anderen zu teilen und auszuprobieren. (Wenn du an einer dieser kostenlosen Präsentationen teilnehmen möchtest, dann trage dich einfach auf meiner Webseite MikeMichalowicz.com für „Get The Tools" ein und warte dann auf eine meiner völlig überraschenden Ankündigungen, mit denen ich dich zu meiner nächsten kostenlosen Veranstaltung einlade.) Tersh kam zu meiner allerersten Live-Präsentation von FTN. Er saß ziemlich weit vorne und weil er ein gebügeltes Hemd trug, mit einer eng gebundenen Krawatte und einer Killer-Weste, vermutete ich, dass er ein Finanzunternehmen hatte. Vielleicht war er auch irgendwie ein verdammter großartiger, faszinierender supercooler Business-Autor-Typ. Ich meine, wer sonst kann eine Weste so toll tragen? Ich lernte bald, dass ich total daneben lag: Tersh ist der Inhaber von *IceBound HVAC & Refrigeration* in Savannah, Georgia. Er trägt nicht nur eine Weste, er ist ein Klimaanlagen-Guru. Was ihn geradezu doppeltobercool macht. (Verstehste?)

Als ich mich mit ihm ein paar Minuten unterhielt, wurde mir klar, dass wir mehr gemeinsam hatten als nur unseren Sinn für Mode. Ich hatte meinen Seelenverwandten gefunden. Tersh ist freundlich, besessen und clever wie nur was. Er ist ein Unternehmer durch und durch und tut, was er kann, um sein gesundes Unternehmen voranzubringen.

Nachdem die Konferenz vorbei war, war Tersh der erste, der mir Rückmeldung dazu gab, welche Aspekte von FTN hilfreich waren und welche nicht. Während ich das System weiter verbesserte und vereinfachte, war ich mit Tersh im Dauerkontakt, um Rückmeldung von ihm zu bekommen. Als ich das System endlich so auf den Punkt gebracht hatte, wie du es in diesem Buch findest, war Tersh der erste, den ich anrief. Ich erzählte ihm, wie alles funktionierte und bat ihn, sein Unternehmen zu evaluieren. Er setzte sich mit seiner Frau Julie zusammen, die sein Businesspartner ist, und er rief mich im Laufe des gleichen Tages zurück.

„Mike", sagte er, „Julie und ich haben mit dem FTN-System weniger als 15 Minuten gebraucht und sind zu einem Grad an Klarheit gelangt, den wir nie zuvor erreicht hatten. 15 Minuten – das hat uns die Augen geöffnet. Und das lustige daran ist, zehn dieser Minuten haben wir damit verbracht, Lösungen für das existenzielle Bedürfnis des Unternehmens zu brainstormen. Wir haben bloß fünf Minuten gebraucht, um genau zu bestimmen, was wir als nächstes tun müssen."

Bevor er von der BHN gehört hatte, versuchte Tersh „alles", um sein Unternehmen nach vorn zu bringen. 2018 hatte IceBound einen respektablen Umsatz von 750.000 US-Dollar und war auf dem Weg, 2019 eine Million zu erreichen. Er wendete das Profit-First-System an und sein Unternehmen konnte eine Umsatzrendite von zwölf Prozent vorweisen (zusätzlich zu einem ordentlichen wöchentlichen Gehalt für Tersh. Zudem zahlt das Unternehmen *alle* seine privaten Steuern). Das Unternehmen lief in der Hauptsache, ohne dass Tersh im Operativen aktiv war.

Tershs Instinkt sagte ihm, er solle sich auf das EINFLUSS-Level seines Unternehmens konzentrieren. Er arbeitete an einer Struktur, die immer mehr in Richtung Not-for-Profit ging. Er war überzeugt, dass das Spenden von Zeit und Geld der Weg war, um seiner Gemeinschaft zu dienen. Dies würde ihm im Gegenzug mehr Geschäft einbringen.

Dann vollzog Tersh die FTN-Analyse. Er ging Level für Level durch die Checkliste. Dabei begann er mit dem Basislevel UMSATZ, ging höher zu

GEWINN und so weiter, bis er zum Punkt VERMÄCHTNIS gelangte. Dabei machte er einen Haken an alle zentralen Bedürfnisse seines Unternehmens, die auf jedem der Niveaus angemessen bedient wurden. Andere ließ er ohne Haken. Auf dem UMSATZ-Level machte Tersh keinen Haken an Kundengewinnung und Eintreiben von Außenständen. Auf dem GEWINN-Level ließ er gesunde Marge, rentabler Hebel und Liquiditätsrücklagen ohne Haken. Bei ORDNUNG, EINFLUSS und VERMÄCHTNIS blieben andere Punkte ohne Haken.

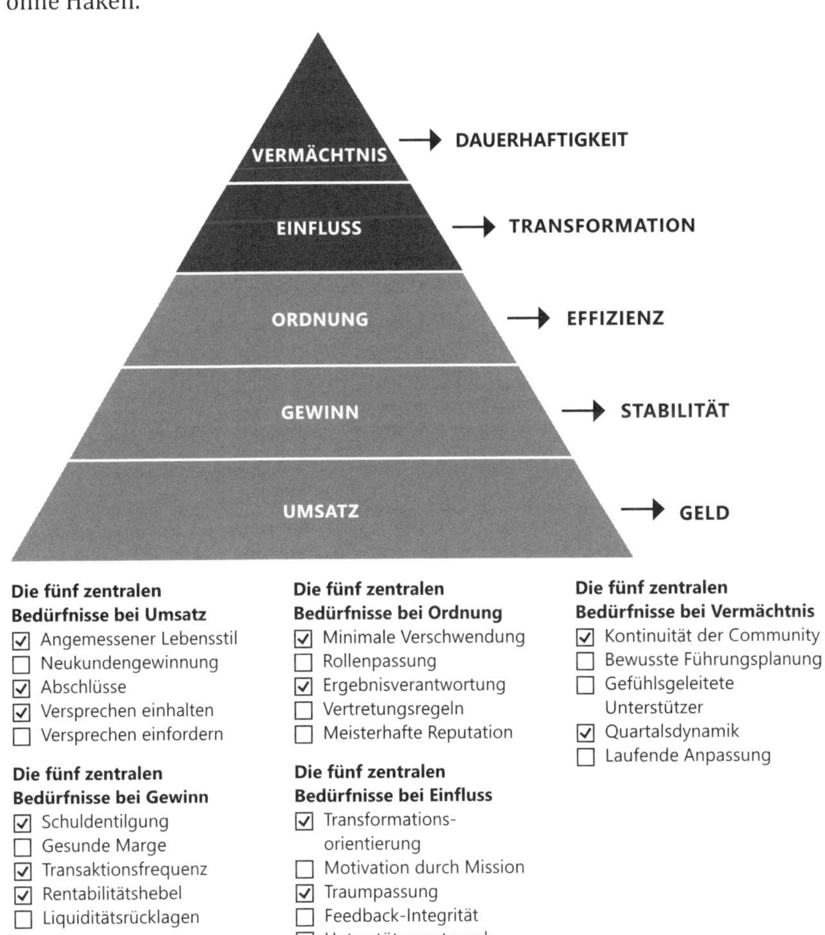

Die fünf zentralen Bedürfnisse bei Umsatz

- [x] Angemessener Lebensstil
- [ ] Neukundengewinnung
- [x] Abschlüsse
- [x] Versprechen einhalten
- [ ] Versprechen einfordern

Die fünf zentralen Bedürfnisse bei Gewinn

- [x] Schuldentilgung
- [ ] Gesunde Marge
- [x] Transaktionsfrequenz
- [x] Rentabilitätshebel
- [ ] Liquiditätsrücklagen

Die fünf zentralen Bedürfnisse bei Ordnung

- [x] Minimale Verschwendung
- [ ] Rollenpassung
- [x] Ergebnisverantwortung
- [ ] Vertretungsregeln
- [ ] Meisterhafte Reputation

Die fünf zentralen Bedürfnisse bei Einfluss

- [x] Transformationsorientierung
- [ ] Motivation durch Mission
- [x] Traumpassung
- [ ] Feedback-Integrität
- [ ] Unterstützernetzwerk

Die fünf zentralen Bedürfnisse bei Vermächtnis

- [x] Kontinuität der Community
- [ ] Bewusste Führungsplanung
- [ ] Gefühlsgeleitete Unterstützer
- [x] Quartalsdynamik
- [ ] Laufende Anpassung

Abb. 4. Die BHN mit abgehakten zentralen Bedürfnissen

Dann schauten er und Julie auf dem grundlegendsten Niveau danach, welche Bedürfnisse nicht angemessen bedient wurden. Auf dem UMSATZ-Level schauten sie sich die Kundengewinnung an und das Eintreiben von Außenständen. Sie warteten auf beinahe 50.000 US-Dollar an Umsätzen, was für ein Unternehmen mit einem Gesamtumsatz von einer Million Dollar viel ist. Während also beinahe fünf Prozent ihres Umsatzes noch offen waren, konnte Tersh sehen, dass die Kunden mit der schlechten Zahlungsmoral nur ein paar wenige große Aufträge repräsentierten. Selbst wenn er also das Problem der Außenstände gelöst hätte, passten diese Kunden nicht zu ihm. Ihm wurde klar, dass diese großen Konzernkunden IceBounds Zahlungsmodalitäten ignorierten und einem neunzig Tage Zahlungsziel folgten. Einige meldeten sich gar *nach Ablauf* der neunzig Tage, um auf ein „Problem" mit der Rechnung hinzuweisen oder auf irgendeine andere Ausrede, die unweigerlich dazu führte, dass das Zahlungsziel um weitere neunzig Tage bis zu sechs Monaten verlängert wurde. Diese Großkunden untergruben die Liquidität. Zudem wurde klar, dass sie ein Kundengewinnungsproblem hatten. Nicht mit Blick auf die Quantität – sie hatten tonnenweise Anfragen von Unternehmen. Das Problem bei der Kundengewinnung lag eher auf der Qualität der Kunden, die sich von ihnen angesprochen fühlten.

Das existenzielle Bedürfnis von IceBound war also die Kundengewinnung. Tersh wurde klar, dass er instinktiv auf dem falschen Level gearbeitet hatte. Er hatte sich um EINFLUSS gekümmert, anstatt um UMSATZ. Tershs Unternehmensinstinkt hatte ihn den Wildschweinpfad entlanggeführt, genau wie Amanda Ellers „Bauchgefühl" es für sie getan hatte.

Mit seinem BHN-Kompass entschied sich Tersh sofort dafür, die Not-for-Profit-Aktivitäten von IceBound zu streichen. Das mag kalt und fies klingen. Doch das ist es nicht. Die einzige Möglichkeit, nachhaltig zu geben liegt darin, dass du eine starke und gesunde Basis hast, um zu bekommen. Tersh musste nun sein Unternehmen zuerst stark machen, damit er anschließend nachhaltig geben konnte.

Sie brauchten bloß fünf Minuten, um ihr existenzielles Bedürfnis zu bestimmen. Dann konzentrierten sie sich darauf, Lösungen für die Verbesserung ihrer Kundengewinnung zu finden. Sie dachten über KFZ-Folierungen nach, Schilder in Gärten, SEO, Werbeaussendungen und andere Marketing-Ideen, um ihre idealen Kunden anzusprechen. Dann stießen sie auf das Nächstliegende: Bevor sie sich ihrem idealen Kunden annähern konnten, mussten sie zunächst definieren, wer genau ihr idealer Kunde wäre. Jedes

Marketing wäre hundertmal effektiver, wenn sie genau den richtigen Kunden damit ansprechen konnten.

Nach 15 Minuten hatten Tersh und Julie ihren Fokus auf das verlagert, was ihr Unternehmen einen großen Schritt weiterbringen würde: eine Persona als Stellvertreter für ihren idealen Kunden. Zunächst schien es schwierig, die Persona zu entwickeln. Tersh und Julie stellten fest, dass Icebounds Kundendemografie sehr divers zu sein schien. Sie hatten ungefähr gleiche Anteile von Männern und Frauen. Einige waren junge Freiberufler, andere waren Geschäftsführer in Rente.

Um zu verstehen, wie Tersh und Julie sich auf eine Persona festlegten, brauchst du eine kurze Einführung in die Technologie von IceBound. Hast du schon einmal erlebt, dass du schwitzend unter deiner Decke gelegen hast und anfingst zu zittern, sobald du sie weggestrampelt hattest? Tatsächlich ist das kein Temperaturproblem sondern ein Temperatur-plus-Feuchtigkeitsproblem. Tersh sagt, das lässt sich lösen, wenn man die richtige Ausrüstung hat, um beides zu regulieren. IceBounds Technologie misst die relative Luftfeuchtigkeit, Temperatur und den Taupunkt, damit Menschen es so komfortabel haben können wie nur möglich.

Als sie weiter darüber nachdachten, wurde Tersh und Juli klar: All ihre besten Kunden legten großen Wert auf großen Komfort. Ihre idealen Kunden waren Freiberufler von Ende 40 bis Anfang 60, bei denen die Kinder aus dem Haus waren und die ihre Klimaanlage austauschen wollten, um auf diesem Wege den nächtlichen Schweiß-Fröstel-Tanz zu vermeiden und die perfekte Temperatur zu erreichen. Ihnen war Qualität wichtiger als alles andere.

Nachdem sie herausgefunden hatten, an wen sie verkaufen wollten, konnten sich Tersh und Julie darauf konzentrieren, an diese Persona zu verkaufen. Sie veränderten ihre Verkaufsroutine und arbeiteten mehr Details in ihre Angebote ein. Vielleicht, nur vielleicht hat das dazu geführt, dass ihr Umsatz und ihre Rentabilität innerhalb von, sagen wir 30 Tagen durch die Decke ging. Mehr dazu gleich.

Tersh und Julie konnten sich nun mit großer Konzentration darum kümmern, was ihr Unternehmen brauchte. Du kannst das für dein Unternehmen ebenfalls erreichen. Und vielleicht kannst du das auch in 15 Minuten oder weniger schaffen.

Vergiss niemals (ich meine damit: Markier das und lass es dir auf deinen Unterarm tätowieren): Unter all den Problemen, die dein Unternehmen offensichtlich hat, gibt es in jedem Augenblick eines und zwar *nur ein ein-*

ziges, das zentral ist. Wir können uns nicht auf unseren Instinkt verlassen, um es auf magische Weise jedes Mal zu identifizieren. Wir Menschen sind voreingenommen und voller Gefühle. Und unser Menschsein kann uns beim Auffinden der besten Lösungen im Weg sein. Die BHN wird von heute an dein handlich-hübscher Kompass. Sie bietet einen einfachen, durchdachten und systematischen Prozess für alle Überlegungen deines Unternehmenswachstums.

Wie du herausfindest, ob du richtig liegst

Die Frage, die mir von den meisten Unternehmern gestellt wird, wenn sie die FTN-Analyse durchlaufen ist die: Woher weiß ich, dass ich das Problem gelöst habe? Du möchtest es richtig machen, aber woher weißt du ob du *wirklich* richtig gelegen hast? Die Antwort ist: Das weißt du nicht instinktiv. Daher ist die einzige Möglichkeit herauszufinden, ob deine Lösung funktioniert hat, das Ganze zu messen. (Auch das markieren und tätowieren.)

Ich habe das auf sehr unangenehme Art und Weise gelernt, als ich College-Student war. Eine Gruppe von Freunden hatte mir die Aufgabe übertragen, die wichtigste Rolle der ganzen Menschheit zu füllen: die Mittwoch-Abend-Party der Bruderschaft. Nachdem ich die letzte höllische Nacht der Probezeit gut überstanden hatte und zu einem Mitglied der Bruderschaft geworden war, war ich an der Reihe, die nächste Veranstaltung zu organisieren. (Das wird niemanden schockieren – auch dich nicht – ich bekam auch den begehrten Delta Sigma Pi „Klugscheißer des Jahres"-Preis. Der dir zur Strafe die Aufgabe überträgt, die nächste Party zu organisieren.)

Mittwoch war der Kick-off-Tag für die Partywoche der Virginia Tech (Los, Hokies!). Die Mittwoch-Partys brachten Schwung in die Donnerstag- und Freitag-Partys, die dazu dienten, die Leute auf die Samstags-Wir-machen-durch-Partys heiß zu machen und die Sonntag-Block-Partys. Die Wochenend-Partys gingen dann über in die montägliche Bar-Szene, die häufig zu den dienstäglichen House-Partys führten. Was die Leute wiederum auf die nächste Partywoche vorbereitete ..., die mittwochs losging. Es ist ein Wunder, dass überhaupt irgendwer je einen College-Abschluss gemacht hat.

Es war die erste Party, für die ich verantwortlich war. Und ich hatte keine Ahnung. Ich hatte keine Vorstellung davon, dass tolle Partys, selbst Partys der Bruderschaft, im Vorfeld geplant wurden. Selbst wenn ich *gewusst hätte*, dass tolle Partys geplant wurden, hätte ich keine Ahnung gehabt, wo ich hätte anfangen sollen, oder wie ich feststellen konnte, ob meine Bemühungen Früchte trugen. Mein Ziel für die Delta-Sig-Mittwoch-Party war einfach: Es sollte eine epische Party werden, Alter. Ich dachte nicht darüber nach, wie ich wissen könnte, dass sie episch war. Außer, dass Leute mir sagen würden, wie episch sie wäre. Ich war direkt schon beim „Sei spezifisch und genau"-Lakmustest durchgefallen.

Ich nahm die „Investmentrücklagen" der Bruderschaft (wie wir es nannten) und lief zum Baumarkt. Ich kaufte eine riesige Plastikmülltonne, einen Besen und einen Pool-Skimmer. Dann ging ich zum Supermarkt und kaufte zehn Pfund Kool-Aid mit Traubengeschmack – ähnlich wie ein Brausepulver. Dann besorgte ich den gesamten Ethanolvorrat eines Schnapsladens. Würde ich heute versuchen, den Einkauf zu wiederholen, würde das Ganze aussehen wie eine Szene aus „Breaking Bad". Ah, und ich kaufte auch noch eine Dose Coca-Cola. Die war ironisch gemeint.

Wieder im Delta Sig-Haus ging ich an die Arbeit. Mit anderen Worten, sorgte ich dafür, dass die Bruderschaftsanwärter den Gartenschlauch durch das Kellerfenster verlegten. Dann mischte ich das Kool-Aid-Pulver, das Wasser aus dem Schlauch und den Alkohol in der Plastiktonne. Wenn du clever bist und deine Jugend damit verbracht hast, produktiv zu sein, anstatt Fraternity-Partys zu besuchen, dann fragst du dich vielleicht: Wofür brauchst du den Besen und den Pool-Skimmer, Mike? Du brauchst den Besen, um die Mixtur durchzurühren. Und du nutzt den Pool-Skimmer, um Verunreinigungen abzuschöpfen, du Anfänger.

Ich habe dir jetzt meine gesamte Planung und Vorbereitung für die Party verraten. Dir fällt vielleicht auf, dass ich an ein oder zwei Stellen ein bisschen zu kurz gesprungen bin. Ich hatte keinen echten Plan dafür, wie meine „epische Party" aussehen würde. Ich tat einfach das, was mein Bauch mir sagte: Besorg das Ethanol und vermisch es. Ich plante nichts darüber hinaus. Keine Musik. Kein Essen. Keine alternativen Getränke außer dieser ironisch gemeinten Dose Cola. Am besten: keine Einladungen an irgendwen, nicht einmal die Brüder! Ich meine, ich habe die Party schon beim Haustreffen am gleichen Nachmittag erwähnt. Ich erinnere mich daran, dass meine Ankündigung in etwa lautete: „Brüder, heute Abend epische Party im Haus!"

Ein paar Leute kamen auch, einige betranken sich, aber die Party war grottenschlecht. In die Geschichte des Virgina Tech Chapters von Delta Sigma Pi ging diese Party als zweitschlimmste Party aller Zeiten ein. Die schlimmste wurde in der darauffolgenden Woche von Bruder Greg Eckler organisiert. Sein Spitzname in der Bruderschaft ist Elchkacke, aber es ist mir strikt verboten, seinen Spitznamen zu nennen. Also tue ich es auch nicht.

Hätte ich nur damals schon gewusst, was ich heute über das Messen von Ergebnissen weiß:

1. Erstens musst du wissen, welches Ergebnis du möchtest. Dann bestimmst du den besten Weg, dieses Ergebnis zu erreichen und suchst dir die einfachste, wirkungsvollste Lösung.
2. Als nächstes legst du fest, wie du wissen kannst, dass du das Ziel erreicht hast. Diese Kennzahl muss dir beides bieten: Zeigen, dass du dein Ziel erreicht hast und dir den Fortschritt spiegeln, den du zum Ziel hin machst.
3. Dann musst du festlegen, wie häufig du deinen Fortschritt in Richtung Ziel überprüfen möchtest. Miss nicht so oft, dass du keine signifikanten Daten zum Prüfen erhältst. Und miss nicht zu selten, sodass du keine Chancen verpasst, Verbesserungen einzuführen.
4. Solltest du anhand deiner Messungen feststellen, dass du dich nicht wie gewünscht entwickelst, verändere deine Herangehensweise. Wenn du Fortschritte zu verzeichnen hast, mach weiter.

Jetzt, da ich die Phase als Fraternitätsbruder hinter mir gelassen habe und in meinem Autorentyp-Stadium bin, habe ich ein paar Dinge gelernt. Erstens war ich ein Idiot. Zweitens war ich ein Vollidiot. Darüber hinaus habe ich ein paar weitere Dinge gelernt: Klarheit und Exaktheit mit Blick auf die Ziele sind der Schlüssel. Anstatt lediglich eine epische Party zu planen, wäre ein spezifisches, messbares Ergebnis viel besser gewesen. Zum Beispiel: „Ich möchte, dass mindestens 80 Prozent meiner Brüder sagen, dass es die beste Party des Jahres war." (100 Prozent wären natürlich fantastisch, aber das wäre unrealistisch gewesen. Elchkacke hat immer einen Weg gefunden, mich zu untergraben.)

Dann hätte ich meine Brüder gefragt: „Meine Kumpels, wenn ihr an quasi *total epische* Partys denkt, auf denen ihr so wart, woran lag es, dass sie so *total episch* waren?" Ich vermute mal, dass sie meine Ethanol-Mixtur gewollt hätten, aber dass sie sich auch weniger dramatische Alternativen gewünscht hätten, wie Fässchen, Limo und Wasser. Sie hätten sich Musik gewünscht und Junk Food. Und die allerbeste Idee wäre gewesen, meinen Brüdern im Vorfeld von der Party zu erzählen und die Idee aller Ideen, wirklich Gäste einzuladen. Hätte ich einen angepeiltes Ziel gehabt und eine Kennzahl oder zwei installiert, wäre mir klargeworden, wie es mit meinen

Vorräten läuft und ob die Zusagen in wahrlich epischen Größenordnungen eingetrudelt wären. Und jetzt bin ich eine Legende (zusammen mit Bruder Elchkacke) … im Versagen bei der Organisation von Parties.

Leider versuchen viele Unternehmer ebenfalls, epische Dinge in ihren Unternehmen zu erreichen, und die Ergebnisse sind unterirdisch. Sie sitzen da, und können für all ihre Mühen kaum Ergebnisse vorzeigen. Vielleicht eine Mülltonne mit dem süßlichen Gestank einer Ethanol-Trauben-Kool-Aid-Mixtur. Das Problem ist, dass wir nicht wissen, was wir als nächstes tun sollen, und dass wir für die Strategien, die wir einsetzen, kein spezifisches Ziel haben. Auch fehlen uns die Kennzahlen, um festzustellen, ob wir sie erreicht haben.

Einige Unternehmen haben die Klarheit, weil sie die BHN nutzen. Im Ergebnis wächst ihr Unternehmen schneller und weit gesünder als je zuvor. Tersh und Julie wussten, dass das nächste grundlegende Bedürfnis, das sie für ihr Unternehmen zu befriedigen hatten, die Kundengewinnung war. Um das zu erreichen, erarbeiteten sie die Persona für ihren idealen Kunden, der bereit war, einen guten Preis für ihre Klimaanlagen zu zahlen, und die Arbeit wertschätzte, die sie erbrachten. Als nächstes begannen sie damit, die Kunden zu klonen. Und wenn du dir Details dazu wünschst, die sind im im Buch „Der Pumpkin Plan" erläutert.[8] Denk aber an deine neue FTN-Disziplin: Zuerst findest du heraus, was genau du angehen musst, bevor du dir die Bücher und Ressourcen besorgst, um das Problem zu lösen. Okay? Okay!

Mit dieser Erkenntnis installierten Tersh und Julie einen messbaren Plan. Statt ihres üblichen Marketings, bei dem sie Kunden zu Hause kontaktieren, sah IceBound bessere Chancen bei Führungspersönlichkeiten. Tersh weiß, wie viele Interessenten er pro Woche für sein Wachstum braucht. Also war es einfach, dafür eine spezifische Zahl festzulegen. Er sagte mir, „Wenn ich pro Woche drei neue Interessenten aus dem Managerbereich bekomme, dann bin ich in der richtigen Position für ernsthaftes Wachstum mit meinen besten Kunden." Kannst du sehen, wie einfach das ist? IceBound braucht jetzt nur noch die Zahl seiner ernsthaft Interessierten pro Woche zu messen. Wenn sie zumindest drei aus dem Bereich des Managements bekommen, läuft es rund. Wenn es weniger sind, müssen sie ihr Marketing anpassen.

Tersh konzentrierte sich darauf, seine Persona auf Social Media anzusprechen; daher sahen nur Hausbesitzer, die Führungskräfte mit älteren

8 Kauf dir das Buch – kostenlose englischsprachige Ressourcen findest du auf pumpkinPlan.com; die deutschsprachigen findest du auf inspirited.de/pumpkinplan.

Kindern waren, seine Anzeigen. Dann wandte er sich an die Mutter aller Influencer: Immobilienmakler. Wenn du ein Haus kaufst, dann sind die Klima- und Heizungsanlage häufig wichtige Punkte. Immobilienmakler kennen sich mit den Kunden aus, sodass Tersh ein Empfehlungssystem aufsetzte. Bei den Maklern bedankte er sich für ihre Empfehlungen an seine idealen Kunden mit einem Empfehlungsbonus und Tickets für Events, die eigentlich nicht zu kriegen waren. Wie zum Beispiel – wahre Geschichte – Tickets, um meine Kumpel, die Savannah Bananas zu sehen. Ich liebe es, wenn sich Kreise schließen.[9]

Außerdem sagte er Nein zu solchen Gelegenheiten, die mehr am Rande seines Bereichs lagen. Er sagte Nein zu Leuten, die nicht seiner idealen Persona entsprachen. Er sagte Nein, wenn Schnäppchenjäger kamen und schickte sie zu seiner Konkurrenz. Tersh sagt es so: „Unsere Persona wünscht sich eher überlegenen Service als billige Preise. Wenn jemand nach einem billigen Preis fragt, dann wissen wir, dass dies nicht unserer Persona entspricht und wir lehnen diese Anfrage sofort ab."

Die Ergebnisse waren bemerkenswert. In einer Sommersaison, als der durchschnittliche Ticketpreis (also der Preis für einen Auftrag) abnahm, weil es einen überwältigenden Bedarf an Kleinreparaturen gab, konnte Ice-Bound erstmals seinen Ticketpreis von 7.300 US-Dollar auf 12.500 US-Dollar steigern. Diese Steigerung ist in ihrer Branche nie dagewesen – und das Ganze vollzog sich innerhalb von vier Wochen! Sie brauchten 15 Minuten, um ihr zentrales Bedürfnis zu definieren. Nachdem sie einen Ansatz zur Lösung gefunden hatten, brauchten sie nicht nur lediglich vier Wochen, um diesen umzusetzen, sondern sie konnten dabei noch den Branchenrekord brechen.

Du musst den gleichen Prozess für jedwedes zentrales Bedürfnis durchführen, um die Probleme für dein Unternehmen aufzulösen – denn Zahlen lügen nicht.

Korrigieren

Als ich das Buch „OKR: Objectives & Key Results: Wie Sie Ziele, auf die es wirklich ankommt, entwickeln, messen und umsetzen" von John Doerr las, erinnerte mich das an die Einfachheit und den Einfluss des Messens. Do-

9 Ich habe das Wachstum der Savannah Bananas in *Profit First* und in *Clockwork* beschrieben, und hier in diesem Buch in Kapitel 7. Die Bananas setzten FTN ein, um ihre bislang größte Chance zu identifizieren – und es ist nicht, was du denkst!

err nennt sie Ziele und zentrale Kennzahlen (Objectives und Key Results; OKRs). Mit anderen Worten: Du legst dein Ziel fest (Objective) und die Art und Weise, mit der du misst, wie du deinem Ziel näherkommst (Key Results). Doerr führt anschließend aus, wie Mega-Konzerne wie Google und Intel OKRs einsetzen. Die Geschichte, die mich wirklich beeindruckt hat, war die von Intel.

Intel registrierte eine Bedrohung, als Motorola begann, im Bereich der CPUs (Central Processing Units von Computern) aufzuholen. Andy Grove, Präsident von Intel, reagierte mit der Operation Crush, einem sehr einfachen Plan, Motorola die Marktanteile wieder abzunehmen. Um ihren Fortschritt verfolgen zu können, nutzten sie eine einfache Einheit: die Zahl der verkauften 8086 Prozessoren. Ziel: Motorola schlagen. Zentrale Kennzahl: Anzahl verkaufter 8086 CPUs.

Das ist eine simple Gleichung, aber der faszinierende Teil, ist die Strategie, die sich daraus ergab. Die Vertriebsleute, die auf Kommissionsbasis vergütet wurden, wurden neu ausgebildet. Sie mussten verstehen, dass zwar das Geld nicht damit verdient wurde, dass sie den 8086 verkauften, dass sie aber auf diesem Wege die Kunden auf Intel festlegten. Alle weitere Technik, die sie verkauften, die den Prozessor nutzte, waren der Teil, mit dem Intel dann sein Geld verdiente (und damit auch der Vertriebler). Es wurden Marketingstrategien entwickelt. Neue Ausbildungs- und Marketingmaterialien wurden aufgesetzt, die den Kunden die Vorteile von Intel gegenüber Motorola zeigten. Die Pläne wurden darauf ausgerichtet, die zentralen Kennzahlen beobachtet und in weniger als zwölf Monate war Intel wieder der König der Branche.

Kennzahlen sind die Ergebnisanzeige. Sie zeigen dir, ob du das Spiel gewinnst. Implementiere das Punktesystem und das Spiel wird überschaubar. Ohne Messung hast du keine Idee, ob du dabei bist zu gewinnen, oder ob das, was du tust überhaupt funktioniert.

Kennzahlen sind das Gerüst der BHN. Wenn du dein Unternehmen errichtest und die Pyramide auf und ab gehst, um die Basis zu stärken und die höheren Level auszubauen, dann bist du auf das Gerüst angewiesen. Es gibt dir die Möglichkeit, Zugang zur Struktur zu erhalten und an den richtigen Ort zu gelangen, um die Struktur richtig zu organisieren.

Wenn du dein existenzielles Bedürfnis innerhalb der BHN identifiziert hast, dann baust du das Gerüst (Kennzahl und Messung) drumherum, um sicherzugehen, dass du das Ganze vernünftig korrigierst. Ich empfehle, dass du ein ausgeklügelteres System verwendest, als die OKRs. Ich empfehle eine

Methode, die sowohl die Fortschrittskontrolle vollzieht als auch angemessene Anpassungen in den Zielen und Kennzahlen vornimmt. Ich nenne dies die OMEN-Methode:

O – Objective (Ziel). Welches Ergebnis möchtest du erreichen?

M – Messung der Kennzahlen. Welches ist der einfachste Weg, um deinen Fortschritt in Richtung auf dein Ziel zu messen?

E – Evaluation. Mit welcher Taktung schaust du auf deine Kennzahlen?

N – Nurture (Anpassungen). Wie wirst du dein Ziel und deine Kennzahlen anpassen, falls dies notwendig wird?

1. ***Ziel:*** Welches Ziel möchtest du zum Befriedigen deines existenziellen Bedürfnisses erreichen? Wo steht es aktuell (Ausgangspunkt)? Lege fest, was notwendig ist, damit du dein Ziel als erfüllt betrachten kannst, und wie du von deinem Ausgangspunkt zu deinem Ziel gelangen wirst.

2. ***Messung der Kennzahlen:*** Das beinhaltet die Kennzahlen für dein Ziel innerhalb eines bestimmten Zeitabschnitts. Wie kannst du am leichtesten deinen Fortschritt zum Ziel hin effektiv nachverfolgen? Je weniger Kennzahlen du brauchst, umso besser. Minimiere die Anzahl deiner Kennzahlen, um Ablenkung und Verwirrung zu verhindern. Aber du brauchst eine ausreichende Anzahl, um einen angemessenen Überblick über deinen Fortschritt zu gewährleisten.

3. ***Evaluation:*** Lege fest, wie häufig du deine Kennzahlen überprüfen wirst, und setze Zwischenziele auf deinem Weg zum angestrebten Ziel.

4. ***Anpassungen:*** Während du voranschreitest, fällt dir vielleicht auf, dass ein Ziel nicht ganz richtig ist oder dass du es nicht sonderlich effektiv im Blick hast. Sorge dafür, dass das Ziel und die Kennzahlen sehr gut sichtbar/zugänglich für die einschlägig Betroffenen sind. Außerdem gewährst du dir selbst und deinem Team die Möglichkeit, den Rahmen anzupassen (Ziel, Kennzahlen und/oder Frequenz der Evaluation), um den Fortschritt zum Ziel hin zu optimieren.

Die OMEN-Methode ermöglicht dir, das existenzielle Bedürfnis, das du identifiziert hast, gut im Blick zu behalten und es so effizient wie möglich zu befriedigen. Wenn das Ziel erreicht ist, baust du das Gerüst der laufenden Untersuchung und Konzentration ab. Du behältst ein oder zwei zentrale Kennzahlen, um sicherzustellen, dass die Ergebnisse nachhaltig sind, und um gewarnt zu werden, falls ein neues Problem auftritt. Dann wendest du dich dem nächsten existenziellen Bedürfnis zu und errichtest ein neues Gerüst nach der OMEN-Methode. Auf diese Art konstruierst du eine Steuerzentrale – ein wichtiger Prozess, den ich in *Clockwork*[10] weiter ausführe.

***

Jetzt, da ich entsprechend der BHN lebe, habe ich den wenigsten Druck, den ich in meinem Leben je hatte. Das bedeutet nicht, dass ich im Unternehmen keine Probleme hätte; ich habe immer Schwierigkeiten und Probleme und Themen. Allerdings weiß ich jetzt genau, was ich als nächstes zu tun habe: Ich suche das Problem, dessen Lösung die größten Auswirkungen haben wird, und werde nicht von den unzähligen weiteren offensichtlichen, aber oberflächlichen Angelegenheiten abgelenkt.

Wenn ich die aktuelle Herausforderung gelöst habe, gehe ich direkt wieder an die BHN, um genau zu definieren, was ich als nächstes tun muss – unabhängig von all den drängenden Angelegenheiten, die kontinuierlich auftauchen. Ich wünschte, ich hätte dies vor langer Zeit verstanden. Und ich bin froh, dass ich jetzt in der Lage bin, dir zu helfen, das zu verstehen. Denn, weißt du, die einzige Möglichkeit, rasch nicht mehr festzusitzen, und das nächstes Wachstumsniveau deines Unternehmens zu erreichen, liegt darin, keine weitere wertvolle Zeit und Ressourcen damit zu verschwenden, das falsche Problem zu lösen. Stattdessen kannst du dich auf das richtige Problem und dessen Lösung konzentrieren.

In den kommenden fünf Kapiteln gehe ich jedes Level der BHN durch und helfe dir dabei, dein existenzielles Bedürfnis zu finden. Sich um das existenzielle Bedürfnis zu kümmern, ist die Chance, dein schwächstes Glied zu stärken, sodass du die Vision realisieren kannst, die du für dein Unternehmen hast. Du brauchst das Geheimnis deiner Frustration über dein Unternehmen nicht länger mit dir herumzutragen, oder zu verschweigen, wie lange dein Unternehmen schon auf einem Plateau vor sich hindümpelt oder dass dein Unternehmen mit 22 Millionen Umsatz nur vier Wochen davon entfernt ist, die Türen zu schließen. Du musst nicht länger mit der Angst leben, dass es vielleicht niemals richtig ans Laufen kommt, dass die Nein-

10 Du kannst du dir hier das Buch besorgen und findest auch weitere Ressourcen: clockwork.life (auf Englisch). Die deutschen Ressourcen findest du auf inspirited.de/clockwork.

Sager in deinem Leben Recht hatten. Glaube bitte nicht, dass eine Glückssträhne bedeutet, dein Erfolg läge an deinen Fähigkeiten. Und lass deine Fähigkeiten nicht als reinen Glücksfall gelten. Atme durch und konzentriere dich darauf, was in deinem Unternehmen *wirklich* läuft. Isoliere das Problem mit den größten Auswirkungen. Und dann kümmere dich um die Lösung.

Unternehmertum ist eine Herausforderung epischer Größenordnung. Du musst deine Flügel bauen, nachdem du den schicksalhaften Sprung von der Klippe gewagt hast. Ob du seit Jahren oder seit Jahrzehnten auf dieser Reise bist, oder ob dies der erste Tag ist, ich weiß, du schaffst das. Ich bin ganz sicher.

Ich weiß das, denn auch wenn du und ich einander noch nie persönlich begegnet sind, haben wir etwas gemeinsam: die DNA unserer Unternehmen. Jedes Unternehmen weist die gleiche DNA auf. Es sind bloß die Entscheidungen, die wir treffen, die unsere Unternehmen voneinander unterscheiden. Das ist alles. Und mit deinem neuen BHN-Kompass wirst du andere Entscheidungen treffen. Bessere Entscheidungen. Die *richtigen* Entscheidungen.

Dir war es bestimmt, die Wildschweinpfade des Unternehmertums zu meiden, wie auch die häufig verkehrte Führung deines Bauchgefühls. Du bist für Großes bestimmt. Da habe ich keinen Zweifel. Schnapp dir deinen Kompass, mein lieber Freund, wir haben einiges an Navigieren vor uns.

Der Tunnelblick ist eine Herausforderung, naja, für alle Menschen. Doch kann er einen Unternehmer stur an der gleichen Stelle halten. Wir sind frustriert, weil wir keine Ergebnisse sehen. Deshalb versuchen wir die Dinge, die wir ohne Erfolg tun, noch intensiver zu machen. Das kann für Außenstehende frustrierend sein, weil es so offensichtlich ist, dass der Tunnelblick ein Problem ist. Deshalb möchte ich dich ermutigen, dir einen qualifizierten Business Coach zu suchen. Seit Jahrzehnten nutze ich Business Coaches, um mir eine Außenperspektive auf mein Unternehmen zu ermöglichen. Und ich kann gar nicht genug Positives zu dieser Herangehensweise sagen. Kurz, die Guten sind erfahren darin, die zentralen Herausforderungen aufzuspüren, Anleitung zu bieten (oder die Ressourcen), um diese Probleme zu lösen. Und sie sind mit dem Unternehmen nicht gefühlsmäßig verbunden, wie das bei dir der Fall ist. Das FTN-Modell ist ideal für dich und deinen Business Coach, um zu diagnostizieren, was dein Unternehmen als Nächstes braucht. Und dann kannst du dich mit deinem Coach darum kümmern und das reparieren. Auf Fixthisnext.com findest du kostenlose Tools und Coaching-Ressourcen.

Du brauchst das nicht zu lesen

Wenn du einmal dein existenzielles Bedürfnis identifiziert hast, blättere zum betreffenden Level und Bedürfnis im jeweiligen Kapitel. Du brauchst den Rest des Buches nicht zu lesen, um dein Unternehmen voranzubringen.

Kapitel 3
Planbarer Umsatz

Als ich mit 23 mein erstes Unternehmen gründete, sagte ich zu mir: „Wenn mein Unternehmen 100.000 Dollar macht, bekomme ich 100.000 Dollar." Mann, war ich aufgeregt! Ich glaube, ich habe dich gerade kicher-schnauben hören. Klar. Ich war naiv, als ich anfing. Ich glaubte wirklich, dass der Unternehmer, sobald sein Unternehmen Umsatz macht, dieses Geld mit nach Hause nimmt. Ok, das war also Blödsinn.

Mir stand ein übles Erwachen bevor, als ich wirklich an den Punkt kam, da mein Unternehmen 100.000 Dollar Jahresumsatz erreichte und ich immer noch meine Taschen auf der Suche nach ein paar Münzen umdrehte. Ich war weit davon entfernt, überhaupt irgendetwas mit nach Hause zu nehmen. Ich musste Geld aus meiner mageren Rentenversicherung nehmen, um die Gehälter zu bezahlen. Ich verdiente gar nichts ... noch. Also argumentierte ich, „Ah, es müssen also 250.000 sein, wo du anfängst, gutes Geld zu verdienen." Dieser Meilenstein kam und ging, ohne dass mein persönliches Einkommen sich erhöhte. Ich kam von Null-Gehalt zu eine großartigen, begeisternden Null-Gehalt für mich selbst. Das war der Punkt, an dem ich meine Rentenversicherung leergeräumt hatte und ich mein Haus zum ersten Mal refinanzieren musste, um die Gehälter zu bezahlen. Also schloss ich daraus, dass 500.000 die magische Zahl sein musste. Wenn ich das erreichte, würde ich gutes Geld nach Hause bringen und ich würde ein Leben in finanzieller Freiheit leben. Auch das entpuppte sich als Mythos, es sei denn, finanzielle Freiheit bedeutet, frei von Finanzen zu sein.

Ich setzte mein Gedankenspiel fort. „Alles wird funktionieren, wenn wir die coole Mio erreicht haben", überzeugte ich mich selbst. Um das aber zu erreichen, brauchte ich einen Regenmacher. Einen Jäger. Einen heißen, fantastischen Vertriebler, der so heiß auf jeden Deal ist, dass er tut, was auch immer nötig ist, um den Deal abzuschließen. Mir war klar, dass wir die meisten, wenn nicht sogar alle Probleme, die wir im Unternehmen hatten, lösen könnten, wenn wir nur den Umsatz erhöhten. Also konzentrierte ich mich darauf, neue Projekte an Land zu ziehen und neue Kunden. Meine Theorie wurde tatsächlich dadurch gestützt, dass ich gern über diesen Aspekt meines Unternehmens sprach. Mein Ego wurde von zwei Dingen angesprochen: 1. mit dem Umsatz anzugeben und 2. noch mehr mit dem Umsatz anzugeben.

Nachdem ich mich enorm angestrengt hatte, den Umsatz zu erhöhen, konnte ich schließlich damit angeben, dass wir die Million erreicht hatten. Ich hatte erneut eine Hypothek auf mein Haus aufgenommen und von meinen Freunden Geld geliehen, um über Wasser zu bleiben. Mein Unternehmen wuchs auf zwei Millionen Jahresumsatz, dann auf drei Millionen, doch nicht nur war ich nicht in der Lage mehr Geld mit nach Hause zu nehmen, sondern das Ganze war noch sporadischer geworden. Lediglich der Stress hatte sich vervielfacht. Verdammte Sch*, dieser Stress! Ich wurde einer von diesen Bekloppten, die du im Stau auf der Straße beobachten kannst, so einer, der im Auto mit sich selbst spricht und gelegentlich wild nach nichtexistenten Fliegen schlägt. (Jetzt hätte ich einer von deinen Kegelbrüdern sein können.)

Es ist in Wahrheit so, dass sich dein Unternehmen niemals um sich selbst kümmert. Niemals. Der Unternehmer und die Mitarbeiter sind diejenigen, die sich um das Unternehmen kümmern müssen. Sie müssen sicherstellen, dass es auf einer guten Basis gesund aufgebaut ist. Damit ein Team erfolgreich sein kann, selbst wenn das Team nur eine Person ist, müssen wir uns alle auf ein spezifisches Ziel hin bewegen. Und das alles beginnt mit deinen spezifischen *persönlichen* Zielen. Keine willkürlichen Umsatzziele, Grundlagen zum Angeben oder der Versuch, mit den Unternehmer-Geißens mitzuhalten.

Seit ich mich im Verlaufe der vergangenen mehr als zehn Jahre mit über hunderttausend Unternehmern ausgetauscht und Vorträge für sie gehalten habe, ist mir klar geworden, dass die meisten von uns Umsatzziele haben, die ziemlich willkürlich sind. Wir greifen ein Ziel aus der Luft – 500.000 oder eine Million oder 500 Millionen – und versuchen dann, uns und unser Team aufzupeitschen, um das Ziel zu erreichen. Das ist so zufällig, als würden wir einem Kreisliga-Fußballverein erzählen, sie könnten beim UEFA-Cup mitspielen, wenn sie in der Bundesliga Meister werden. Das klingt verrückt groß. Und das ist auch schon alles, total verrückt.

Ich habe aber nicht bloß beliebige Ziele gesetzt und panisch mehr und mehr Umsatz generiert. Ich hatte auch keine klare Vorstellung davon, dass das UMSATZ-Level nicht nur bedeutet, mehr Kunden zu gewinnen oder mehr Aufträge von Bestandskunden. Ich dachte, beim Umsatz geht es lediglich darum, dass Leute Zeug kaufen – aber das ist tatsächlich nur ein winziges Krümelteilchen vom Ganzen.

Umsatz zu generieren besteht nicht aus einem Handschlag und einer Kreditkartenzahlung. Umsatz bedeutet das Erarbeiten und Erfüllen einer Vereinbarung zwischen dir und deinen Klienten oder Kunden. Diese Vereinbarung enthält fünf unterscheidbare Stadien:

1. ***Die Verbindung.*** Dies ist der erste Teil des Verkaufsprozesses, aber du kannst es dir auch als das vorstellen, was *vor* dem eigentlichen Verkauf passiert. Damit du deinen Kunden dazu bekommen kannst, dass er von dir kauft, musst du ihn erst auf deine Existenz aufmerksam machen. Dann musst du ihnen helfen, zu erkennen, dass du eine Lösung anbietest (deine Produkte und/oder Dienstleistungen), die hilft, ihre Bedürfnisse zu befriedigen. Wenn du in deinem Marketing nicht authentisch, konsistent und bewusst auftrittst, dann bekommst du am Ende möglicherweise Klienten, für die dein Unternehmen nichts anzubieten hat. Und das bedeutet wiederum, dass die Dinge ziemlich aus dem Ruder laufen, noch bevor du „den Umsatz machst". Die Verbindungsphase ist das Verkaufen vor dem eigentlichen Verkauf.
2. ***Die Vereinbarung:*** Ob es sich hierbei um einen Vertrag handelt, eine Quittung oder irgendwas mit Blockchain, eine eMail, einen Handschlag oder sogar eine Umarmung – die Vereinbarung legt die Konditionen des Verkaufs fest. Mit anderen Worten: Der Verkäufer (das bist du) liefert die spezifischen Güter und der Kunde bezahlt dafür typischerweise mit Geld.
3. ***Das Ergebnis:*** Jetzt vollendet der Verkäufer (noch immer du) die Arbeit oder liefert die Güter wie versprochen an den Kunden und zwar innerhalb des vereinbarten zeitlichen Rahmens und der verabredeten „Qualitätsstandards".
4. ***Das Inkasso:*** In diesem Stadium bezahlt der Kunde den Verkäufer (yeah, du!) für die Arbeit oder Güter, die er in der vereinbarten Zeit und Menge geliefert hat.
5. ***Der Abschluss:*** Jetzt sind alle vereinbarten Bedingungen erfüllt und beide Parteien bestätigen, dass alle Bestandteile der Vereinbarung vollständig abgeschlossen sind. An dieser Stelle kann es auch sein, dass neue Bedingungen beschlossen werden und der Prozess wieder von vorn beginnt.

Wir wissen alle, dass wir den Tag nicht vor dem Abend loben sollten und wir können uns auf mündliche Angebote nicht verlassen: „Nichts ist irgendwas, bevor es irgendwas ist“ – und all das. Wir spüren diese Flut an Dopamin, wenn wir diesen Handschlag bekommen oder was auch immer. Wir sind begeistert, wenn der Vertrag unterschrieben ist. Natürlich ist der Verkaufsprozess noch nicht abgeschlossen, bis das Geld nicht auf dem Konto ist. Doch selbst wenn du das Geld eingesammelt hast, ist der Verkauf noch nicht abgeschlossen. Wenn du Geld von einem Kunden bekommst, ist es nicht komplett dein Geld, bis du es *verdient* hast – indem du die Arbeit dem versprochenen Standard entsprechend erledigt hast.

Vielleicht zahlt dein Kunde ja sogar, bevor du mit der Arbeit begonnen hast. In diesem Falle nehmen sie das Risiko auf sich, indem sie dir in Erwartung der Lieferung deiner Leistung das Geld im Voraus geben. Wenn du die Arbeit letztlich nicht oder nicht richtig ausführst, dann ist das Geld, das sie dir gegeben haben, nicht deins: Es gehört noch immer ihnen. Und du kannst diesen schönen Tag nicht loben, bevor der Vertrag nicht erfüllt ist.

Mir ist klar, dass dies total grundlegend klingt, doch so wenige Unternehmensinhaber begreifen dieses einfache Konzept, bevor es zu spät ist. Genau genommen bist du dazu verpflichtet, das Geld, das du von deinem Kunden bekommen hast, zu verwahren, bis die Vereinbarung erfüllt ist oder das Geld zurückzugeben, wenn du dein Versprechen nicht hältst. Wie viele von uns machen das wirklich? Nicht viele. Ich sicher nicht. Bevor ich Profit First in meinem Unternehmen installiert hatte, habe ich das Geld ausgegeben, sobald es auf meinem Konto ankam. Quatsch, eigentlich hatte ich es schon ausgegangen, bevor die Überweisung eintraf … bevor ich das Geschäft angeleiert hatte … manchmal sogar, bevor ich überhaupt wusste, dass ich die Vereinbarung auch erfüllen würde.

Regenmacher konzentrieren sich häufig auf Handschläge. Sie denken nicht über das Erfüllen der *gesamten* Vereinbarung zwischen Verkäufer und Kunde nach. Als mir das klar wurde, war die Vorstellung von einem Rockstar-Vertriebsteam plötzlich nicht mehr so attraktiv. Ich wollte nicht länger jemanden, der dem Handschlag nachjagte, weil ich wusste, dass sie dem Service-Team überzogene Versprechen aufbürden würden, die Auswirkungen auf unsere Fähigkeit haben würden, unseren Teil der Vereinbarung zu erfüllen. Nicht nur die großen Verkaufsstars machten so etwas – wieder und wieder tappte auch ich selbst in diese Falle. Als Chef konnte ich rationale Erklärungen dafür liefern, doch die Wahrheit war: Ich versuchte, den

Umsatz (die Vereinbarung) an Land zu ziehen und war der Meinung, wir würden uns später um die Ergebnisse kümmern.

Das ging bei meinem ersten Unternehmen, Olmec Systems, nach hinten los. Wir installierten Computersysteme für Unternehmen. 2002 bemerkte ich, dass VoIP-Telefonsysteme auf den Markt kamen und eine Zukunftschance darstellten. Bei VoIP-Telefonen laufen die Telefonate über das Internet, nicht über einen Telefonanschluss. Ich sah unsere vergoldete Zukunft und kontaktierte 3Com, die als eine der ersten Unternehmen mit einer VoIP-Telefonanlage auf den Markt kamen. Als neuster Installateur der 3ComVoIP-Anlagen zog ich einen Riesenfisch an Land (der Vereinbarungsteil): ein 50.000 Dollar, 75 Telefon-Einrichtungsjob für ein Unternehmen in New Jersey. Yippeee! Das war eine *große* Zahl in meinen Augen und ich war total aufgedreht.

Ich stellte mir weitere riesige VoIP-Installationsaufträge vor und erklärte Olmec sofort zu einem führenden „VoIP-Anbieter". Ich konnte sehen, wie unsere Konten sich füllten und sich die finanziellen Herausforderungen mit jedem weiteren Abschluss auflösten. Ich würde dafür sorgen, dass es Grants und Franklins regnen würde. (So drücken wir möchtegern Cool-Kids uns aus, wenn wir Fünfziger und Hunderter meinen.)

Als ich den Deal eingetütet hatte, rief 3Com an, um mir zu sagen, wie aufgeregt sie waren, dass wir eine so „große Anlage" verkauft hatten. Genauer gesagt, war ihre Ansage: „Das ist eine groooooße Anlage. Wir glauben's kaum! 75? Verdammte Sch*!" Dann eine lange Pause und noch ein „Verdammte. Sch*."

Ihr völliger Schock und Faszination hätten mein erster Hinweis darauf sein sollen, dass sich eine Katastrophe am Horizont abzeichnete, aber ich war so in meinen großen Deal verliebt, dass ich keine Warnlampen sehen konnte. Lampen, *Plural.* Alle roten Warnlampen. Eine ganze Lagerhalle voll großer, leuchtend roter „verdammte Sch*"-Warnlampen.

Bald wurde mir klar, dass 3Com bis zu diesem Moment noch nie eine Anlage verkauft hatte, die größer war als fünf Telefone. *Fünf.* Sie hatten also keine Ahnung, ob eine Anlage mit 75 Telefonen im wirklichen Leben funktionieren würde wie versprochen. (Spoiler-Alarm: nein.) Schlimmer noch: Wir waren nicht in der Lage, die Anlage ohne die Anleitung von 3Com zu installieren. Und nachdem sie installiert war, hatten wir keine Ahnung, wie wir die zahllosen Probleme lösen sollten, die täglich aufkamen.

Unser 50.000 Dollar-Deal führte dazu, dass der Kunde drohte, uns zu verklagen. Am Ende installierten wir wieder ihre alte Anlage. Wir verloren jede Menge Geld, weil wir für all unsere Arbeit zahlen mussten – sowohl die Installation als auch die De-Installation der VoIP-Anlage und der Re-Installation ihrer alten Anlage. Und *dann* mussten wir auch noch jemanden von der vorherigen Telefonfirma bezahlen, um die Probleme zu lösen, auf die wir beim Wiedereinbau stießen. Es vergingen Monate, bevor wir 3Com dazu bekamen, dass sie uns die Rücksendung der Materialien erlaubten und uns wenigsten einen Teil unserer Kosten erstatteten. Wir verloren jede Menge Zeit, Tonnen von Geld und – schlimmer noch – unseren *gesamten* guten Ruf.

Es ist offensichtlich, dass dies eine Geschichte ist, die deutlich zur Vorsicht mahnt. Aber (1), sie ist wahr und (2) hätte dies auch dir passieren können, wenn du oder dein Vertriebsteam sich zu sehr auf den Handschlag konzentrieren, als darauf, ob du das Verkaufsversprechen auch wirklich einhalten kannst.

Manchmal ist es der Kunde, der sich nicht an die Vereinbarung hält. Und ein Umsatz, den du schon gebucht hast und mit dem du gerechnet hattest, um die Maschinen am Laufen zu halten, kommt nie wirklich an. Das ist nichts Neues für dich. Das hast du schon erlebt und dein T-Shirt bekommen mit der Aufschrift: „Da war ich schon. Und alles, was ich bekommen habe, ist dieses blöde T-Shirt." Ein T-Shirt, mit dem du den ganzen Schlamassel hast aufwischen dürfen. Warum also hole ich dich zurück in die Grundschule des Unternehmertums? Weil dies ganz normale Probleme sind, die wir als Teil unseres unternehmerischen Tuns akzeptieren. Und doch könnte die Herausforderung, die du sofort angehen solltest, um das Plateau zu überwinden und dein Unternehmen nach vorn zu bringen, genau mit einem dieser fünf Umsatzstadien zu tun haben.

Mir ist klar geworden, dass die besten Verkäufer in der Realität verankert sind. Sie wissen genau, was ihren Kunden wirklich hilft und sie gehen vollkommen offen mit ihren Liefermöglichkeiten um. Die beste Art und Weise ein gutes Vertriebsteam zu unterstützen – selbst wenn du das gesamte Vertriebsteam höchstselbst bist, Han Solo –, ist, die Ziele des Verkaufs klar zu machen, zu wissen, warum du diese Ziele festlegst und sicherzustellen, dass jede Station des Verkaufsprozesses in allerbester Form ist.

Lass uns jetzt also die fünf zentralen Bedürfnisse deines Unternehmens anschauen, die du erfüllen musst, damit du auf dem UMSATZ-Level der BHN gut dastehst.

Bedürfnis Nr. 1: Angemessener Lebensstil

Frage: Weißt du, wie hoch der Umsatz deines Unternehmens sein muss, um deinen privaten Lebensstil zu unterhalten?

Von allen Bedürfnissen auf diesem Niveau ist der angemessene Lebensstil derjenige, der am einfachsten und am schnellsten behandelt ist. Und das hat große Auswirkungen und bringt Klarheit. Doch die Mehrzahl der Unternehmer, die ich getroffen habe, haben noch nicht einmal darüber nachgedacht, wie viel Einkommen sie mit nach Hause nehmen müssen, um ihren Lebensstil zu pflegen. Dies gehört zu den Grundpfeilern, mein Freund. Ohne sie baust du auf Sand. Es geht schnell und einfach, darf aber nicht übersprungen werden.

Ich habe meine eigene Geschichte zu Beginn dieses Kapitels erzählt, aber ich bin nicht allein damit: Viele Unternehmen kämpfen mit beliebigen Zielen. Zum Beispiel setzt sich ein Unternehmen vielleicht eine Million Umsatz als Ziel und wenn das erreicht ist, dann nehmen sie sich 5 Millionen, 10 Millionen oder 100 Millionen vor. Andere setzen ihr beliebiges Wachstumsziel vielleicht immer wieder auf 20 Prozent pro Jahr. Oder, weil man ein Wachstum von 500 Prozent von 100.000 auf 500.000 erreicht hat, denkt man, man müsse nun 500 Prozent Wachstum bis in alle Ewigkeit hinlegen. (Tipp: Solltest du nicht. Nicht einmal Jeff Bezos erreicht das.) Ein beliebiges Umsatzziel zu setzen, ist wie das Gesundheitsziel zu formulieren, dass du bis zum Alter von 120 Jahren leben möchtest und dabei deine Lebensqualität völlig ignorierst. Du könntest das Ziel erreichen und ein grauenvolles Leben mit Unmengen an gesundheitlichen Problemen führen.

Bei einem Unternehmen ist die am häufigsten übersehene, aber einfachste Methode, ein sinnvolles Ziel zu formulieren, dies mit persönlichen Anliegen zu verknüpfen. Du brauchst Klarheit über dein *privates* Einkommen als Ausgangspunkt, das dein aktuelles Niveau an *persönlichem* Wohlstand unterstützt. Rechne aus, wie viel du brauchst – wie viel du *wirklich* brauchst. Bei vielen Unternehmern bedeutet das ein angemessenes Einkommen, um ihren aktuellen Lebensstil zu finanzieren und alle aktuellen Schulden zu tilgen. Außerdem sollte dies einen Sparplan einschließen, um für notwendige zukünftige Ausgaben aufkommen zu können (wie ein neues Auto oder Rücklagen für Ausbildungen oder die Rente). Das Ziel ist, die „Komfort-Zahl" festzulegen, nicht das „Hoffnungs- oder Traum-Einkommen".

Hast du diese Zahl ermittelt, errechne von hier aus den Umsatz, den du brauchst, um diese Zahl kontinuierlich zu erreichen. (Ich erläutere unten, wie du das, was du mit nach Hause nimmst auf der Basis deines Umsatzes berechnen kannst, damit du nicht in die gleiche Falle tappst wie ich – den Umsatz zu steigern und selbst ohne einen Euro dazustehen.) Du wirst weitere Ziele setzen, wie Umsatz- und Gewinn-Ziele oder die Zahl der Mitarbeiter. Aber all das ist weniger wichtig als das Wissen über das, was du brauchst.

Viele Unternehmer ziehen den falschen Schluss, dass ein größeres Unternehmen automatisch ein besseres ist. Das ist einfach nicht wahr. Dein Unternehmen hat die richtige Größe, wenn es dich zu Beginn gut unterstützt und dir die Fähigkeit gibt, persönlich so zu wachsen, wie du es dir wünschst. Es ist das bessere Unternehmen, wenn es dir gleichzeitig die Möglichkeit eröffnet, deinen Wohlstand zu erhöhen. Mit anderen Worten: Das Ziel ist, ein Unternehmen in der für dich richtigen Größe zu haben.

Kennzahlen sind in dieses Bedürfnis direkt mit eingeschlagen. Damit du weißt, was dein Unternehmen braucht, müssen wir wissen, was *du* brauchst. Denk dran, dies ist dein Wohlfühlniveau (was bedeutet, dass du nicht auf der Straße hockst und bettelst), nicht dein Traumeinkommen – das kommt später. Zuerst addierst du deine Lebenshaltungskosten. Dann überlegst du und bist dabei ganz ehrlich mit dir, was du in deinem Privatleben zu opfern bereit bist, um die Kostenlast deines Unternehmens zu reduzieren? Du bist es vermutlich gewohnt, Dinge aufzugeben, um dein Unternehmen zu finanzieren – schließlich bist du ein Unternehmensinhaber. Wenn du über die Opfer nachdenkst, die du bereit bist auf dich zu nehmen, denk darüber nach, wie lange du dazu bereit bist. Dann legst du fest, wie du die Zahlen ermittelst (der Prozentsatz deines Einkommens, den du zum Ausgleich einsetzen wirst). Wie bringst du dein Einkommenslevel auf die Höhe, die du brauchst und so weiter. Die Kennzahl ist total einfach: Kannst du deine persönlichen Fixkosten decken?

OMEN: Angemessener Lebensstil

Angenommen, du betreibst dein Unternehmen seit zwei Jahren. Du entnimmst dir kein regelmäßiges Einkommen. Stattdessen nimmst du dir Geld aus deinem Unternehmen, wann immer es möglich ist. Dein zufälliges Einkommen ist nicht vorhersagbar, wenn du also mehr Geld für deine privaten Ausgaben brauchst, dann war deine Lösung bislang, mehr Umsatz zu machen und die „Reserve"-Kreditkarte ein weiteres Mal einzusetzen. Anhand dieses Beispiels sieht der OMEN-Prozess in etwa folgendermaßen aus:

1. ***Ziel (Objective):*** Du möchtest ein Einkommen von 150.000 Euro haben. Nach Miete, Lebensmitteln, Nebenkosten und grundlegender Sparrate und dem Einsparen von Luxusdingen wie ein geleastes Auto und Essen gehen, bist du in der Lage, bescheiden aber komfortabel mit 100.000 Euro pro Jahr auszukommen. Was du aktuell mit nach Hause nimmst sind grob 45.000 Euro.

2. ***Messen der Kennzahlen:*** Entsprechend der Profit-First-Methode mit unterschiedlichen Bankkonten für unterschiedliche Zwecke, hast du ein Konto für das INHABERGEHALT, auf das du bestimmte Beträge für deine eigene Vergütung überweist. Nehmen wir an, du entscheidest dich dafür, 20 Prozent der zu verteilenden Umsätze dem INHABERGEHALTS-Konto zuzuweisen. Um dein Ziel von 100.000 Euro pro Jahr zu erreichen, muss dein Unternehmen 500.000 Euro Jahresumsatz erwirtschaften. (Siehst du, dass du keine Millionen Umsatz brauchst, um dein Leben zu führen?)

3. ***Evaluation:*** Angenommen du zahlst dir alle zwei Wochen dein Gehalt, dann wertest du diese Metriken im Zwei-Wochen-Rhythmus (Gesamtumsatz, dein Gehalt). Dafür erstellst du eine einfache zweispaltige Excel-Tabelle, die den Umsatz und dein Gehalt dokumentiert. Daraus errechnest du einen durchschnittlichen Umsatz und ein durchschnittliches Gehalt, um den Zwei-Wochen-Trend zu zeigen.

4. ***Anpassungen (Nurture):*** Sagen wir, du bist allein für die Unternehmensfinanzen zuständig. Deshalb bist du der Einzige, der die Auswertungen macht und im Vorübergehen Anpassungen vornimmt, die angemessen scheinen. Du pappst ein Post-It über deinen Schreibtisch, auf dem steht: „Die Fünf lässt dich leben.", um dich an dein 500.000 Euro Umsatzziel zu erinnern. Wenn du alle zwei Wochen diesen Prozess abarbeitest, weißt du, dass dein Gehalt selbst bereits ein guter Indikator ist. Deshalb brauchst du keine weiteren Anpassungen mit Blick auf die Kennzahl. Du entdeckst jedoch eine Möglichkeit, den Plan zu verbessern. Du kannst mühelos 25 Prozent des Umsatzes als dein Unternehmergehalt zuteilen, ohne dass dies das Unternehmen beeinträchtigt. Also passt du den Prozentsatz auf 25 an und machst daraus ein neues Lebensstil-Ziel mit

einem Umsatz von 400.000 Euro. Du schreibst auf dein Post-It: „Du lebst nicht wie ein Tier mit deiner schönen Vier!"

5. ***Ergebnis:*** Du hast niemals erwartet, dass das Anpassen deines Lebensstils dein Glück nicht beeinträchtigen würde. Tut es aber nicht. Cool! Jetzt hast du einen Grund, 400.000 Euro Umsatz zu machen und es geht nicht darum, größer zu sein oder in der Branche mitzuhalten. Dein Umsatzziel ist direkt mit deinem eigenen Wohlstand verbunden: Das ist die geheime Zutat für das zukünftige Wachstum. Kein verzweifeltes Herumhampeln. Kein weiterer Umsatz um des Umsatzes willen. Kein Grübeln über die Unternehmer-Nachbarn. Du bist jetzt disziplinierter, hast alles durchgerechnet und deine Unternehmensgrundlagen auf dem Umsatzlevel sind im Ergebnis stärker denn je.

Bedürfnis Nr. 2: Kundengewinnung

Frage: Ziehst du ausreichend qualifizierte potenzielle Kunden an, um den notwendigen Umsatz zu erwirtschaften?

Es war einmal eine Zeit, als ich dieser nervige „immer-auf-den-Abschluss-fixierte" schmalzige Verkäufer war, den jeder Unternehmer hasst: Dieser Typ, der ohne Ankündigung auftaucht, um dir etwas zu verkaufen. Du weißt schon, unverlangtes Aufdrängen. Als ich Olmec Systems gründete, hatte ich diese großartige Idee, dass ich von Tür zu zufälliger Tür laufen würde, um unseren Computer-Service zu verkaufen. Ich war sicher, dass mein Charakterkinn und meine charismatische Persönlichkeit uns jede Menge Deals einbringen würden. (Meine Frau schaute mir über die Schulter, als ich das schrieb und liegt jetzt auf dem Boden vor Lachen. Ich werde nicht einmal mein Charakterkinn charismatisch in ihre Richtung drehen, um ihr diese Befriedigung zu geben.) Also lief ich los, in dem Versuch, Kunden an Land zu ziehen.

Ich hielt einen Tag durch. Genauer gesagt, waren es mehr so drei Stunden. Tür um Tür bekam ich entweder direkt eine Absage oder ich wurde vom Sicherheitsdienst nach draußen begleitet. Nach 21 Neins am Stück, saß ich an der Bordsteinkante. Sabber lief über mein Charakterkinn. Offensichtlich hatte ich nicht die leiseste Spur einer Ahnung, wie ich Aufmerksamkeit für mein Unternehmen generieren könnte. Mal ganz abgesehen davon, wie ich bei den richtigen Kunden Interesse für mein Unternehmen wecken könnte.

Die meisten Unternehmer gehen durch drei Erkenntnisstadien, wenn es darum geht, Klienten bzw. Kunden zu gewinnen. Das erste ist das, „Irgendwer"-Stadium. Da ignorierst du die Warnung deiner Mutter vor fremden Menschen und denkst, jeder Mensch ist ein potenzieller Kunde. Im nächsten Schritt wird dir klar, dass du weitab vom Schuss bist und wählst ein Marktsegment aus, dem du deine Dienste verkaufen möchtest. Die Entscheidung basiert in der Regel auf der Beobachtung, wie andere Unternehmen vorgehen oder nicht vorgehen. Schließlich findest du *deinen* Markt – einen Markt, der zu deinem Unternehmen passt. Um diesen Markt zu finden, musst du Klarheit darüber haben, was deine Firma kann, was deine Firma möchte und was deine Firma braucht.

Wenn potenzielle Kunden dein Unternehmen nicht regelmäßig als Lösung für ihre Probleme ansehen, dann bedeutet das, dass du für diese Unternehmen nicht ausreichend sichtbar bist. Man spricht von „Top of Mind" – das erste, woran man denkt. Wenn du in der Gruppe deiner idealen potenziellen Kunden kontinuierlich sichtbar bist und eine exzellente Reputation genießt, dann erlangst du dadurch eine gewisse Aufmerksamkeit bei deinen potenziellen Kunden. Sie werden dich aufsuchen, wenn sie deine Dienstleistung oder dein Produkt benötigen. Schau dir deine bisherigen Kunden an und identifiziere die Besten. Welche Kunden zeigen, dass sie dich wertschätzen? Welchen Kunden dienst du gern?

Priorisiere die wichtigsten Eigenschaften. Zum Beispiel: Können sie 10.000 Euro jährliche Gebühren problemlos zahlen, weil sie eine Million Umsatz haben *und möchten* sie diese 10.000 Euro Gebühren gerne zahlen, weil sie die Zeit, die sie sparen, deutlich mehr schätzen als die Gebühren? Identifiziere weitere Elemente, wie z.B. die Art und Weise der Kommunikation mit ihnen oder als wie wichtig dein Angebot eingeschätzt wird. In welcher Branche sind sie tätig? Oder wenn du an Endkunden verkaufst (B2C), welche Gemeinsamkeiten gibt es bei den demographischen oder psychografischen Merkmalen deiner Kunden? Lege die Persona fest und entwickle klärende Fragen mit Blick auf diese Eigenschaften.

Tersh und Julie Blissett von *IceBound HVAC* führten genau diese Analyse durch. Sie bestimmten, dass Privatkunden besser waren als Geschäftskunden. Privatkunden zahlten nämlich pünktlich oder vorab, während Geschäftskunden das Zahlungsziel verlängerten. Mit diesem Wissen identifizierten Tersh und Julie ihre besten existierenden Kunden: Paare mit zwei

Einkommen, die ihre Zeit wertschätzten und deren Kinder erwachsen waren. Beim Überprüfen ihrer Geschäftshistorie zeigte es sich, dass dies die besten Kunden waren. Somit war die Persona definiert.

Dann sucht man nach „Versammlungsorten". Wo findet man diese Leute? Vielleicht gehen sie zu Konferenzen oder sind Mitglieder im gleichen Verein. Sie sind vielleicht Fans eines bestimmten Podcasts oder einer Zeitschrift. Das Ziel ist es, die Orte zu finden, an denen die Zielgruppenvertreter sich gegenseitig bestätigen, indem sie ihre Einstellungen, Erfahrungen und Erkenntnisse mit anderen teilen, die so sind wie sie.

Nehmen wir meine Frau als Beispiel. Sie liebt Handtaschen, Schuhe und Mode insgesamt. Sie hat auch einen virtuellen Versammlungsort, an dem sie andere Damen mit der gleiche Einstellung trifft: Ein Podcast namens *„My Favorite Murder"* – mein liebster Mord. Sie hört diesen Podcast mit religiösem Eifer. Und mit ihr ein Stamm von Hunderttausenden von Frauen, die predigen „Bleibe sexy und lass dich nicht ermorden". Sie hören sich diese Show jede Woche an und haben sogar einen Namen für ihren Stamm: Murderinos. Wenn du schicke Handtaschen und Schuhe oder etwas Pfefferspray verkaufen möchtest, hast du den Versammlungsort für deine Zielkunden gefunden. Wenn du etwas anderes verkaufst, musst du einfach nur herausfinden, wo sich deine Murderino-Community trifft, und dort auftauchen.

Wenn du diese Communitys identifiziert hast, nimm aktiv teil. Du kannst das in einigen Fällen tun, indem du einfach da bist oder mittels PR (sei ein Gast beim Podcast) oder durch gezielte Marketing- und Anzeigenkampagnen.

OMEN: Neukundengewinnung

Angenommen, du hast eine Webdesign-Firma. Du gestaltest Webseiten für Zahnärzte, die das Ziel haben, die Zahl der potenziellen Kunden zu erhöhen, die über ihre Seite zu ihnen kommen. In der FTN-Analyse hat sich gezeigt, dass dein existenzielles Bedürfnis in der Qualität deiner Kunden liegt. Jeder Zahnarzt und seine Mutter rufen bei dir an – im wahrsten Wortsinne. Letzte Woche rief eine Zahnarzt-Mutter bei dir an, weil ihr „schöner Sohn" eine „professionelle Inter-Web-Seite" auf „dem Google" brauchte und sie schon mit Aquarellfarben einen Entwurf gemacht habe. Und du musst das jetzt aufsetzen und zwar für maximal 500 US-Dollar. Hier ist ein Beispiel, wie du festlegen kannst, ob du den Bereich Neukundengewinnung richtig untermauert hast:

1. ***Ziel (Objective):*** Du brauchst mehr qualitativ hochwertige Kunden (schöne Mamakinder eingeschlossen). In der Vergangenheit dachtest du, jeder potenzielle Kunde sei ein guter Kunde. Und im Verkaufsprozess, der sich anschloss, drehte es sich mit diesen potenziellen Kunden hauptsächlich um Preisverhandlungen. Wenn sie schließlich Kunden wurden, dann verbringst du die Hälfte der Zeit mit ihnen am Telefon, weil sie mit dir besprechen möchten, wie du das Ganze angehst. Es sollte jedoch darum gehen, dass ihr das von dir gelieferte Ergebnis besprecht. Deshalb definierst du einen qualitativ hochwertigen potenziellen Kunden als jemanden, der bereit ist, dir einen guten Preis zu zahlen ohne ständig zu verhandeln, und der sich nicht so sehr darum kümmert, wie dein Arbeitsprozess abläuft, sondern dem das Ergebnis wichtig ist. Dein Ziel ist, dass 80 Prozent deiner potenziellen Kunden diese Qualitätsstandards erfüllen; aktuell liegt die Zahl bei 50 Prozent.

2. ***Messen der Kennzahlen:*** Anstatt jetzt eine Vielzahl an Variablen oder einzelne Posten zu haben, setzt du einfache, klare Zahlen fest: Eine einfache Webseite kostet 5.000 US-Dollar, 7.500 US-Dollar mit einigen Zusatzfunktionen, 10.000 US-Dollar für ausgeklügeltes Design und Top-Funktionalität. Du brauchst einen regelmäßigen Cashflow, also bist du vielleicht gelegentlich flexibel mit deinem Preis, aber wenn der potenzielle Kunden auf ein Schnäppchen aus ist, ist er nicht qualitativ hochwertig. Das andere Merkmal zum Thema „Mikromanagement" ist eher qualitativ, aber du findest dennoch eine Möglichkeit, eine Kennzahl zu definieren. Du setzt die Anzahl der Fragen, die dein potenzieller Kunde mit Blick darauf hat, wie du die Arbeit angehst, ins Verhältnis zur Anzahl der Fragen, die sie zum Ergebnis haben.

3. ***Evaluation:*** In deinem Unternehmen wird im Durchschnitt pro Woche aus vier potenziellen Kunden ein Neukunde. Deshalb bestimmst du, dass einmal pro Monat eine gute Frequenz zum Prüfen der aufgelaufenen Daten ist. Damit hast du ausreichend viele „Testläufe" zum Bewerten und ganz grob gesagt 15 potenzielle Neukunden, die du jeden Monat angeschaut hast. Du entwirfst ein schlichtes Excel-Tool mit drei Spalten, das von deinem Vertriebsteam geführt wird. In der ersten Spalte werden einfach „Ja/Nein"-Antworten festgehalten, die dokumentieren „Hat der Kunde nach einem Rabatt gefragt?" Für die zweite Spalte lautet die Überschrift: „Anzahl der Fragen zum Ablauf." In der dritten Spalte: „Anzahl der Fragen zum Ergebnis, das wir abliefern."

4. ***Anpassungen (Nurture):*** Du arbeitest mit deinen beiden Vertrieblern, die alle potenziellen Neukunden betreuen, an Strategien, um dein Ziel zu erreichen. Sie schlagen vor, dass ihr ein Whiteboard installiert, auf dem ihr die Zahl der potenziellen und qualitativ hochwertigen Kunden nachverfolgt, die zu Kunden werden. Deine Vertriebler ermöglichen dir das tiefere Verständnis, das du dir gewünscht hast: Überarbeite deine eigene Webseite. Deine Webseite ist wunderschön, aber sie sagt im Grunde: „Wir sind für jeden da." Jetzt möchtest du sichergehen, dass deine Webseite sagt: „Wir arbeiten für ganz bestimmte Leute mit ganz spezifischen Bedürfnissen." Sorry, schönes Mamakind.

5. ***Ergebnis:*** Der Relaunch deiner Webseite war der Schlüssel: Die Klarheit, für wen ihr arbeiten wollt, hat alles verändert. Jetzt habt ihr weniger Anfragen von außen, aber etwa 90% davon sind von spezifischen Zahnärzten, die es ernst meinen und bereit sind, für eine Webseite zu bezahlen, die ihnen gute potenzielle Neukunden bringt. Du hast dein Ziel mit Blick auf qualitativ hochwertige potenzielle Neukunden rasch erreicht, ohne dass du die Kennzahlen nachführen musstest. Nachdem du dieses Bedürfnis erfüllt hast, wendest du dich dem FTN-Prozess zu und bearbeitest das nächste existenzielle Bedürfnis.

Bedürfnis Nr. 3: Abschlüsse

Frage: Werden ausreichend viele der richtigen potenziellen Kunden zu echten Kunden, um dein erforderliches Umsatzniveau zu halten?

„Garbage in, garbage out" – wenn man Müll reingibt, kommt Müll raus. Mit anderen Worten: Die Kontinuität deiner Eingabe (potenzielle Kunden) bestimmt die Qualität deiner Ergebnisse (Neukunden). Sobald du also dein Bedürfnis nach potenziellen Kunden gestillt hast, bist du in einer besseren Position, um den Bereich der Abschlüsse zu stärken. Dein Unternehmen möchte vermutlich dafür sorgen, dass es qualitativ hochwertige Interessenten anzieht, bevor es sich um Abschlüsse mit den Neukunden bemüht. Wenn du erst einmal eine gut gefüllte Leitung mit qualitativ hochwertigen Interessierten hast, ist das Ziel, eine gute Abschlussrate mit diesen Interessenten zu erreichen. Und sofern es deinem Geschäftsmodell entspricht, ist ein weiteres Ziel, eine gute Kundenbindung bei diesen qualitativ hochwertigen Kunden zu erreichen. Kurz gesagt: Du wirst weniger unterschiedliche Kundentypen haben, für die du weniger verschiedene Dinge besser tun kannst.

Wenn du viel Zeit auf Interessenten verschwendest, die nicht zu Kunden werden, oder die höchstens Kunden werden, die deiner gewünschten Qualität nicht entsprechen, dann kämpfst du mit einem oder mehreren der folgenden Probleme:

1. Du hast ein Problem mit einem der grundlegenderen Bedürfnisse, wie zum Beispiel adäquater Lebensstil: Du verkaufst, nur um zu verkaufen. Oder du hast ein Problem mit der Gewinnung potenzieller Kunden. Zum Beispiel indem du Anreize zur Gewinnung irgendwelcher Kunden schaffst, anstatt Anreize zum Gewinnen guter Kunden.
2. Du hast eine unklare oder gar keine Definition für einen guten Kunden oder keinen Prozess zum Bewerten von Interessenten anhand deiner Kriterien. Das Falsche richtig zu verkaufen oder das Richtige falsch zu verkaufen – das ist so, als würdest du Eskimos Eis verkaufen: Sie brauchen es einfach nicht. Selbst wenn du „der beste Vertriebler der Welt" bist, und „Eskimos Eis verkaufen" kannst, verkaufst du noch immer das Falsche. Und ich vermute, das bedeutet, dass du doch nicht der beste Vertriebler der Welt bist.
   Wenn du das Richtige richtig verkaufst, dann sprichst du die wahren Bedürfnisse deines Kunden an. Kunden kaufen keine Funktionen, sie kaufen Nutzen. Tersh verkauft an Menschen, die sich das ganze Jahr über ein gemütliches Zuhause wünschen (Nutzen) und sie möchten sich nicht darum kümmern müssen, dass das Ganze läuft (Nutzen).
3. Du versprichst mehr, als du liefern kannst. Das ist im Grunde genommen das gleiche, wie zu lügen. Nur in netteren Worten und – vielleicht – aus Ahnungslosigkeit. Ich war Kunde bei einem Projekt, für das wir Messer brauchten. Der Vertriebler des Unternehmens versprach: „Wir werden die Messer pünktlich liefern, jedes Mal, und wenn ich die Messer selbst herstellen muss. Darauf können Sie sich verlassen." Sie lieferten nicht wie vereinbart und er ging nicht selbst in die Produktion. Als es Zeit wurde für die nächste Bestellung, hörte ich das gleiche überzogene Versprechen, das für mich der Warnhinweis darauf war, dass sich nichts gebessert hatte. Wir stornierten unsere Bestellung und kauften bei einem anderen Anbieter.
4. Wenn du immer mehr und mehr zu deinem Angebot erklärst, obwohl dein Kunde längst die Entscheidung getroffen hat, von dir zu kaufen, ist

das eine weitere Falle, in die du tappen kannst. Während du versuchst, zum Abschluss zu kommen, schwanken die Leute zwischen „ich sollte das machen" und „ich sollte das nicht machen" hin und her. Je mehr du erklärst, desto mehr Details gibst du ihnen zum Nachdenken, was sie dazu bringt, keine Entscheidung zu treffen oder die Entscheidung auf später zu verschieben.
5. Du sortierst ein statt aus. Das heißt, du versuchst, einen Interessenten dadurch passend zu machen, dass du nach Indizien schaust, die dafür sprechen, mit ihm zu arbeiten. Aussortieren bedeutet, dass du nach Indizien schaust, warum sie *nicht* zu dir passen. Das ist die stringentere und effektivere Herangehensweise für das Identifizieren von idealen Neukunden.

Die endgültige Kaufentscheidung ist auf beiden Seiten gut zu überlegen: Was wollen *sie* und was möchtest *du*? Allzu häufig konzentrieren sich Unternehmen nur auf das, was *die Kunden* wollen und tun, was immer notwendig ist, um den Abschluss zu erzielen.

Meine altmodische Einstellung lautete immer: die Interessenten müssen Ja sagen. Aber dann entdeckte ich eine bessere Fragestellung: Wie kann ich selbst dazu kommen, Ja zu sagen? Das soll bedeuten: Wie kann ich wissen, dass ich für diese Menschen arbeiten kann und möchte? Ich konzentrierte mich auf das, was einen Interessenten zu einem guten Kunden für mein Unternehmen machen konnte – nicht andersherum.

Der Schlüssel liegt darin, darauf zu achten, dass du und dein Kunde auf der gleichen Linie seid. Hast du am meisten Freude daran, über den Preis, den Nutzen oder die Qualität zu verkaufen? Mit welchen Kunden arbeitest du am liebsten? An welchen Dienstleistungen und Produkten hast du die größte Freude? Sobald du diese Dinge definiert hast, hast du deinen Sinn gefunden. Dann kannst du diese einfachen Fragen stellen:

- Passt die Geschichte dazu, die mein Unternehmen erzählt?
- Passen unsere Preise dazu?
- Passen die Erfahrungen unserer Kunden dazu?

Die Quelle für die Art und Weise, wie du mit deinen Interessenten umgehst und wie du sie zu Kunden machst, ist definitiv das Buch „StoryBrand: Wie Sie mit starken Geschichten Ihre Kunden überzeugen" von Donald Miller. Ich dachte, ich hätte einen guten Weg gefunden, damit umzugehen – bis ich „den Don" traf. Ich dachte immer, als Unternehmer wäre meine Rolle in der Firma „der Held". Ich komme angeflogen, um Kunden aus welcher schwierigen Situation zu retten, in der sie gerade stecken. Don lehrte mich, dass ich stattdessen meine Kunden als Helden ansehen und mich als ihren Führer betrachten müsse. Dein Kunde ist Luke Skywalker, nicht du. Du bist Obi-Wan Kenobi.

Als erstes untersuchst du die Anreize, die du zur Kundengewinnung hast. Wenn du ein Vertriebsteam hast, werden sie dafür belohnt, Kunden zu bringen oder werden sie für die Langlebigkeit und Qualität der Kundenbeziehung belohnt? Oder erhalten sie Anerkennung für die Quantität der Abschlüsse oder der Qualität? Gibt es beispielsweise Kennzahlen zum Messen der Kundenzahl anstatt der Kundenzufriedenheit oder Kundenbindung?

OMEN: Abschlüsse

Angenommen, du hast gerade eine KFZ-Werkstatt gekauft. Dein Unternehmen existiert seit Jahrzehnten und hat in deiner Gegend einen hervorragenden Ruf. Du hast die FTN-Analyse im Unternehmen nach dem Kauf durchgeführt und eine sehr unterschiedliche Klientel entdeckt. Autos von internationalen Herstellern, amerikanische Autos, Exoten, Motorräder, Quads und selbst ein paar Mountainbikes wurden in der Werkstatt in den letzten Monaten repariert. Das Unternehmen vertritt die Meinung, dass jeder Kunde ein guter Kunde ist, aber du weißt: Das stimmt nicht. Die große Zahl unterschiedlicher Kunden zwingt deinem neuen Unternehmen viele unterschiedliche Anforderungen auf. Je mehr Vielfalt in den Anforderungen es in deinem Unternehmen gibt, desto schwächer ist es. Du wirst deine Autowerkstatt grundsolide aufstellen, indem du lediglich deine besten Kunden bedienen wirst.

1. ***Ziel (Objective):*** Du möchtest erreichen, dass mehr von den richtigen Kunden in deine Werkstatt kommen. Dein Team ist auf amerikanische Autos ausgerichtet und da liegt auch dein Interesse. Zurzeit sind aber lediglich 25 Prozent deines Unternehmens Reparaturen von amerikanischen Autos. Dein Ziel ist es, 51 Prozent deiner Arbeit an einheimischen Autos zu absolvieren.

2. ***Messen der Kennzahlen:*** Manchmal ist die Anreizstruktur für Vertriebsleute nicht an die Kundenqualität gekoppelt. Du kannst also darüber nachdenken, Provisionen oder Anreizstrukturen zu schaffen, die die langfristige Bindung qualitativ hochwertiger Kunden belohnt. Du kannst darüber nachdenken, die Gewinnung jener Kunden zu belohnen, die eu-

rer Idealkunden-Persona am nächsten kommen. Und du könntest die Belohnungen für solche Kunden minimieren, die dieser Persona nicht ähneln. Als erstes definierst du die Zeitschiene für dein Ziel: Du möchtest in diesem Jahr 51 Prozent amerikanischer Autos in der Werkstatt haben. Als nächstes dokumentierst du die Zahl der amerikanischen Autoreparaturen pro Woche. Ihr hattet zuvor etwa vier amerikanische Aufträge pro Woche, und du kannst dein Ziel erreichen, wenn du diese Zahl auf zehn in der Woche hochfährst.

3. ***Evaluation:*** Du setzt fest, dass du jeden Freitag auf die Zahlen schaust. Du hast schon ein Minitreffen für dein Team zum Feierabend freitags angesetzt. Jetzt packst du ein kurzes, informelles Meeting dazu, um den Fortschritt in Richtung auf dein Ziel zu diskutieren.

4. ***Anpassungen (Nurture):*** Du triffst dich mit deinen KFZ-Mechanikern, erklärst ihnen das Ziel und ihren Nutzen. Sie können sich darauf konzentrieren, ganz spezifische Fähigkeiten und Fertigkeiten zu verbessern, sie bekommen mehr Weiterbildungen und die Werkstatt kann sogar mit entsprechenden Autohäusern spezielle Vereinbarungen treffen. Eine Automechanikerin hebt ihre Hand und erzählt von ihrer Idee: eine alte Schultafel auf der ihr mit Kreide jeden amerikanischen Reparaturauftrag festhaltet, den ihr diese Woche abgearbeitet habt.

   Freitags, wenn du den Laden um 17.00 Uhr schließt, trinkt ihr alle noch gemeinsam ein Bier und diskutiert die Tafel. Im ersten Monat sind das bloß Zahlen, doch sie zeigen euch, dass ihr regelmäßig etwa vier der richtigen Aufträge pro Woche abarbeitet. Dann kommen die Ideen hoch. Wie wäre es, wenn ihr potenziellen Kunden mit amerikanischen Wagen „Made in America“-Aufkleber und Käppis geben würdet? Wie wäre es, Kunden mit amerikanischen Wagen zügiger zu bedienen, wenn sie zu Kunden werden? Wie wäre es, ...?

5. ***Ergebnis:*** Mit eurem installierten OMEN-Prozess werden die richtigen potenziellen Kunden sofort auf euch aufmerksam und die Sonderbehandlung der Kunden mit amerikanischen Autos beginnt Wirkung zu zeigen. Innerhalb von drei Monaten liegt die Zahl der entsprechenden Aufträge bei fünf pro Woche, innerhalb eines Jahres seid ihr bei neun pro Woche. Nicht ganz das, was du erhofft hattest, aber verdammt nah dran.

Bedürfnis Nr. 4: Versprechen halten

Frage: Hältst du deine Zusagen deinen Kunden gegenüber ein?

Jedes Jahr veröffentlicht die Finanz-Newsseite 24/7 Wall St. eine Liste der 20 meistgehassten Unternehmen der USA. Auf früheren Listen findest du Firmen wie United Airlines, Facebook, Equifax, Uber und die Weinstein Company. Ich vermute, dass du die jährliche Erläuterung dazu wahrscheinlich nicht zu lesen brauchst, um nachzuvollziehen, warum diese Unternehmen furchtbar sind. Sie haben alle gemeinsam, dass ihre Kunden das Gefühl haben, von ihnen im Stich gelassen zu werden. Ob sie die Kundendaten nicht geschützt oder an den Meistbietenden versteigert haben; ob sie ihre Mitarbeiter mies behandelt oder sich gar kriminell verhalten haben; ob sie mehr versprochen haben und ihre Lieferung und Leistung dann weit darunter lagen, all diese Unternehmen haben die Orientierung verloren – und einige ihrer Kunden.

Ich habe eine einfache Regel, die mein Unternehmen davor bewahrt hat, zum 21. meistgehassten Unternehmen zu werden: „Keine Nachricht ist auch eine Nachricht." Uns wird gesagt, „keine Nachricht ist eine gute Nachricht", wenn es um das Kundenfeedback geht. Weil das bedeutet, dass sie zufrieden sind mit dem Kundenerlebnis bei deiner Firma. Ich glaube das aber so nicht. Keine Nachricht kann bedeuten, dass Kunden dir einfach nicht erzählen möchten, dass sie *unzufrieden* sind. Viele Leute meiden Konfrontationen wie die Pest und diese Leute werden dir nicht erzählen, dass sie enttäuscht, wütend oder beides sind. Stattdessen werden sie still und leise den Anbieter wechseln und dich rätseln lassen, was passiert sein mag. Der Schlüssel dazu, in der Ausführungsphase der Kaufvereinbarung wirklich zu brillieren, liegt darin, Erwartungen zu wecken und diese dann zu übertrumpfen. Oder sie neu zu setzen, für den Fall, dass du die Latte zu hoch gesetzt hattest. Unabhängig davon, ob du dein Versprechen wie erwartet erfüllen kannst oder ob du zu kurz springst: Halte deinen Kunden über deinen Fortschritt auf dem Laufenden, *bevor* er nachfragen muss.

Wenn du deinen Kunden nicht wie versprochen beliefern kannst, dann bist du vielleicht in dem gefangen, was Barry Moltz und Mary Jane Grinstead, die Autoren von „B-A-M! Bust A Myth: Delivering Customer Service in a Self-Service World", die Doppelhelix-Falle genannt haben. Das passiert, wenn der Fokus deines Unternehmens zwischen Umsatz und Ablieferung hin- und herpendelt. Du brauchst den Umsatz, um dein Unternehmen am

Laufen zu halten und dann musst du diese Vereinbarungen erfüllen. Die Herausforderung liegt darin, dass viele Unternehmer sich nur auf *das eine oder das andere* konzentrieren. Sind keine Vereinbarungen zu erfüllen, geht dein Team los, um mehr Aufträge an Land zu ziehen. Wenn die Aufträge reinkommen, verlagert sich eure Aufmerksamkeit darauf, die Aufträge zu erfüllen. Doch sobald du die Aufmerksamkeit von den Aufträgen abziehst, werden es weniger, also fokussierst du dich wieder auf die Abschlüsse, damit die Maschine weiterläuft. Das wiederum bedeutet, dass du beim Erfüllen der bestehenden Aufträge zu kurz springst. Bleibt dieses Problem bestehen, dann führt dieses Hin-und-Her dazu, dass Team und Inhaber in den Burnout schlittern, Kunden verlieren und vielleicht sogar den guten Ruf verlieren. Du wirst vielleicht nicht zur meistgehassten Firma deiner Branche, aber du könntest sehr nah dran kommen.

Eine Herausforderung beim Abliefern könnte auch darin liegen, dass du bei der Fertigung einfach am Limit bist, was bei Saisongeschäften passieren kann, wie bei Steuerberatern oder Winterdiensten und anderen Unternehmen, die gerade einen großen Launch betreiben. Wenn dein Unternehmen in dieser Situation ist, signalisiert dies eine Ineffizienz innerhalb der gesamten Produktions- und Lieferkette. Zwangsläufig hast du einen Engpass innerhalb des Produktionsablaufs, der beseitigt werden muss. Anstatt zu versuchen, die Effizienz in vielen Bereichen zu steigern, konzentrierst du dich zunächst auf den größten Engpass (den Bereich, wo die sich die meiste Arbeit stapelt und darauf wartet, durch den Engpass zu kommen). Dann suchst du nach Möglichkeiten, die Situation zu verbessern, um den Engpass zu beseitigen. Dies bedeutet möglicherweise, dass du Redundanzen bei deiner Ausrüstung entdeckst, bei deinem Team oder bei beidem. Oder du musst vielleicht die Art und Weise neu und effizienter gestalten, auf die der Prozess um den Engpass herum vollzogen wird. Bist du ein Einzelkämpfer, dann liegt die Lösung möglicherweise darin, dass du jemanden einstellst, der sich um die Auftragserfüllung kümmert, sodass du dich um Aufgaben mit einem höheren Wirkungsgrad kümmern kannst.

OMEN: Versprechen halten

Für dieses OMEN-Beispiel nehmen wir an, du hast ein Unternehmen zum Hundeausführen. Du bist richtig gut darin, neue Kunden zu akquirieren, aber deine FTN-Analyse hat dir das existenzielle Bedürfnis vor Augen geführt, das du sofort anschauen musst, wenn du eine gesunde Basis für dein Unternehmen pflegen möchtest. Du hältst nämlich die Vereinbarungen nicht konsequent ein. Genauer gesagt: Deine Online-Reviews sind nicht eben überschwänglich:

1. ***Ziel (Objective):*** Du erkennst anhand der Rückmeldungen, dass die Beschwerden sich immer auf Pünktlichkeit beziehen. „Sie haben gesagt, dass sie um 8 Uhr hier sein würden, aber sie kamen um 8.40 Uhr. Ich musste bei meinem Hund bleiben, bis sie kamen, und war dann zu spät auf der Arbeit. Dieses Unternehmen ist furchtbar!" Deine Mutter hat dir schon beigebracht, dass auch eine Minute Verspätung eine Verspätung ist – also nutzt du das als Definition für Unpünktlichkeit. In der Vergangenheit war dein Team der Gassi-Führer 60 Prozent der Zeit zu spät. Euer Ziel ist es, 98 Prozent der Zeit pünktlich zu sein. Dir ist klar, dass Perfektion nicht möglich ist, weil es Faktoren gibt, die außerhalb eurer Kontrolle sind. Schlechtes Wetter kann zum Beispiel einen dicken Strich durch die Zeiteinteilung machen.

2. ***Messen der Kennzahlen:*** Die Kennzahlen sind einfach: Kam dein Team zur vereinbarten Zeit oder früher beim Kunden an? Du brauchst nur diese eine Kennzahl – pünktlich oder nicht (dadurch definiert, dass man den Kunden zur vereinbarten Ankunftszeit begrüßt oder fünf Minuten davor). Dein Team möchte dich nicht enttäuschen, deshalb geben sie ihr Bestes, aber sie passen die Wahrheit vielleicht auch gelegentlich an. Also implementierst du ein Unterstützungssystem in Form einer täglichen Drei-Punkte-Abfrage, darunter die Frage: Waren wir pünktlich?

3. ***Evaluation:*** Du hast über einhundert aktive Kunden und die meisten wünschen sich unter der Woche tägliche Termine. Das gibt dir die Möglichkeit, viele schöne Daten zu sammeln und die Gelegenheit, dies täglich zu prüfen.

4. ***Anpassungen (Nurture):*** Das Team-Meeting lief nicht wie geplant. Alle wissen, dass sie pünktlich sein müssen – und zwar immer. Sie geben schon alles, um die Arbeit erledigt zu bekommen. Während sie also alle der Meinung sind, dass du die richtige Kennzahl hast, braucht diese Lösung ein Brainstorming im Team, um das Ganze auch umsetzen zu können. Jemand schlägt vor: „Wie wäre es, wenn wir weniger versprechen und mehr liefern?" Und erklärt, dass ihr von exakten Zeiten zu halbstündigen Zeitfenstern für euer Eintreffen übergehen könntet. Anstatt also zu sagen, dass ihr pünktlich um 9.00 Uhr da seid, sagt ihr: „Wir kommen

zwischen 8.45 und 9.15 Uhr." Dann hat das Team die notwendige Flexibilität, um Verschiebungen in ihrem Tagesablauf zu kompensieren. Das Team gibt dir auch Feedback zu deinen Kennzahlen und ihr stellt fest, dass ihr unterschiedliche Definitionen von Unpünktlichkeit habt. Selbst wenn ein Gassigeher früh ankommt, das Herrchen das aber nicht mitbekommt, dann denkt es möglicherweise nach wie vor, dass der Gassigeher zu spät dran ist. Deshalb entwickelt ihr eine neue Möglichkeit zur Dokumentation, indem ihr ein frühes Eintreffen per SMS an das Herrchen signalisiert, wenn der Hund abgeholt wird.

5. ***Ergebnis:*** Die Kunden sind begeistert. Innerhalb eines Monats nach Einführung der neuen Strategie und mit nur wenigen Anpassungen, zeigen euch die Kennzahlen, dass ihr zu 99 Prozent pünktlich seid. Die Kunden freuten sich über die SMS-Benachrichtigungen, die ihnen zeigten, dass der Hund nun zum Spaziergang abgeholt wurde, zumal ihr diese Nachrichten mit spontanen Selfies deines Gassiführers mit Fido dekoriert habt. Wer hätte gewusst, dass alles, was ihr braucht, nur eine Veränderung der Zeitwahrnehmung bei euren Kunden war? Na, du und dein Team, ihr wusstet das.

Bedürfnis Nr. 5: Versprechen einfordern

Frage: Halten sich deine Kunden an ihre Zusagen dir gegenüber?

In meinem Unternehmen Profit First Professionals schlagen wir jedes Mal einen riesigen Gong, wenn ein neues Mitglied unterschrieben hat. Das bedeutet, dass wir den zweiten Schritt im Verkaufsprozess einläuten – und das ist ein Meilenstein, den es zu feiern gilt. In der Vergangenheit habe ich in Gedanken das Geld als eingenommen gezählt, sobald ein Vertrag unterschrieben war. Wenn ich dann auf meine Liste der Offenen Posten geschaut habe und das Geld sah, das man mir zu zahlen hatte, betrachtete ich dieses Geld als Beträge, die sich bald auf meinem Bankkonto wiederfinden würden. War die Zahl groß, fühlte ich mich gut, weil ich annahm, dass ich dieses Geld bald haben würde. Außer manchmal, wenn Kunden nicht zahlten. Und andere Male, wenn sie nicht den gesamten Betrag beglichen.

Dadurch, dass ich die Verantwortung für die Offenen Posten meinem Team überließ, machte ich es zu ihrem Problem. Doch eigentlich ist dies

Teil des Verkaufsprozesses. Ja, manchmal musst du einen Kunden mahnen, weil er seiner Verpflichtung nicht nachkommt. Doch manchmal erfüllst du die deinen nicht.

Es fühlt sich nicht gut an, wenn jemand dir Geld schuldet. Wie ich oben erklärt habe, ist der Verkaufsprozess erst dann abgeschlossen, wenn beide Seiten die vereinbarten Konditionen erfüllt haben, was einschließt, dass der Kunde den vollständigen Rechnungsbetrag pünktlich begleicht.

Um dich um einen Zahlungsverzug zu kümmern könntest du:

1. Das Zahlungsziel verkürzen (und das auch durchsetzen) oder größere Summen vorab verlangen.
2. Alternative Zahlungsmethoden anbieten, wie Kreditkartenzahlung. So verlagerst du die Verantwortung zum Eintreiben des Geldes an das entsprechende Geldinstitut.
3. Alternative Zahlungsmethoden anbieten, um die Zahlung für deinen Kunden bequemer zu machen, wie bei PayPal oder GiroPay.
4. Einen Stufenplan implementieren, zum Beispiel: eine Bestätigung bei Rechnungseingang einfordern und eine Erinnerung schicken, kurz bevor der Betrag fällig wird.
5. Das Zahlungsverhalten deiner Kunden beobachten und Beschränkungen einführen oder besondere Bedingungen für Kunden mit schlechter Zahlungsmoral.

Wenn die Vereinbarung lautet, dass dein Kunde dir einen bestimmten Betrag zu einem bestimmten Zeitpunkt bezahlt und er sich nicht daran hält, dann hast du ein Vertriebsproblem. Wenn du das tolerierst, wirst du eine Bank (Geldleiher) für deinen Kunden und ich vermute mal stark, dass du keine Bank bist. Wenn du es nicht tolerierst, dann kümmerst du dich angemessen um dein Umsatzbedürfnis.

Die Schuldner/Gläubiger-Matrix kommt als ein Faktor ins Spiel, der die Verkäufer-Kunde-Beziehung spiegelt. Während die neue Beziehung zu einer dauerhaften wird, verändert sich das Gefühl von Verbindlichkeit zwischen dir (dem Gläubiger in diesem Szenario) und dem Kunden (dem Schuldner). Zu Beginn einer neuen Beziehung hat der Schuldner ein stärkeres Gefühl, verpflichtet zu sein, dem Gläubiger das Geld rasch zurückzuzahlen. Das liegt an dem „High", das sie erfahren, weil sie gerade etwas gekauft oder einen Kredit bekommen haben.

Mit der Zeit wird jedoch das Gefühl der Verpflichtung auf Seiten des Schuldners gegenüber dem Gläubiger schwächer, die Schuld zurückzahlen zu müssen. Die Aufmerksamkeit richtet sich auf andere Dinge, das Hochgefühl aus der ursprünglichen Transaktion verblasst und man wendet sich anderen Anschaffungen zu. Auf der anderen Seite wächst mit jedem Tag ohne Zahlungseingang das Gefühl der Verpflichtung beim Gläubiger. Der Gläubiger ist beunruhigt und möchte sein Geld bekommen. Die Zeit vergeht und die Verantwortung verlagert sich von der Seite des Schuldners, der die Verpflichtung fühlt, die Schuld zu begleichen, hin zum Gläubiger und seiner Fähigkeit, die Schuld einzutreiben. Da du der Gläubiger bist, ist die Zeit *nicht* auf deiner Seite, mein Freund.

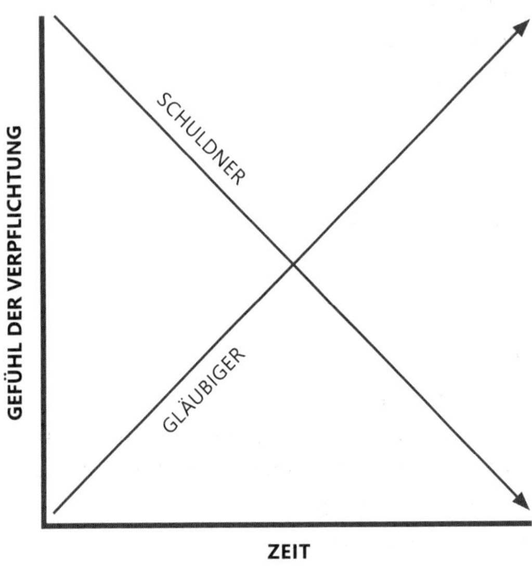

Abb. 5. Schuldner/Gläubiger-Verpflichtungsmatrix

Aus Sicht des Gläubigers – nochmal: Das bist du – möchtest du einen engeren Zeitrahmen als Zahlungsziel festlegen. Selbst kleinere Zahlungen, die häufiger vorgenommen werden, können sowohl dem Schuldner als auch dem Gläubiger helfen, denn sie halten das Gefühl der Verpflichtung beim Schuldner wach, und aufgrund der regelmäßigen Zahlungseingänge wird der Druck auf den Gläubiger geringer, das Eintreiben der Schulden forcieren zu müssen.

Wenn du herausfindest, dass Zahlungsverzug dein existenzielles Bedürfnis darstellt, um das du dich als nächstes kümmern musst, dann möchte ich dich sehr dazu ermuntern, das Eintreiben alter, längst überfälliger Schulden zu einem Teil deines Plans zu machen.

Zach Smiths früheres Unternehmen *Analog Method* hatte 25.000 US-Dollar überfälliger Offener Posten durch ein Unternehmen, das Schulmahlzeiten lieferte. Jeden Monat rief Zach an und bat darum, dass sie die Rechnung vollständig bezahlen mögen. Und sie antworteten, dass sie sich das nicht leisten könnten. Der ausstehende Betrag war schon beinahe ein Jahr überfällig und die Schuldner/Gläubiger-Verpflichtungsmatrix war tief verankert.

Ich schlug Zach eine kleine Änderung an seinem Vorgehen vor. Das nächste Mal, wenn er den Kunden anrief, sollte er ihn fragen: „Welche Betrag könnten Sie wöchentlich zahlen?"

„Wissen wir nicht", kam die Antwort.

„Können Sie einen Cent zahlen?", fragte Zach.

„Ja, natürlich."

„Einen Dollar?"

„Sicher."

„Wie ist es mit 50 Dollar?", hakte Zach nach.

„Klar."

„100?"

„Ja, das wäre kein Problem."

„Und wie wäre es mit 250?"

Der Kunde antwortete: „Wahrscheinlich nicht."

Jetzt hatte Zach eine Größenordnung, welchen Betrag dieser lange überfällige Kunde bequem zahlen konnte. „Könnten Sie mir 200 Dollar pro Woche zurückzahlen? Würde Sie das beeinträchtigen?", fragte er.

„Nein, das würde es nicht. Das könnten wir zahlen."

„Ok, also: 200 pro Woche."

Zachs Kunde kam in einen Zahlungsrhythmus – der Betrag war nicht ausschlaggebend. Von diesem Tag an war Analog Method wieder auf dem Kundenradar und zwar jede Woche. Sie hatten die Schuldner/Gläubiger-Verpflichtungsmatrix zu ihrem Vorteil neu justiert. Der Kunde dachte nicht länger an diese Rechnung als „Können wir nicht zahlen", weil wir den Betrag gefunden hatten, den sie zahlen *konnten*. Die Schulden waren jetzt wieder im Bewusstsein des Kunden und ihr Gefühl der Verpflichtung, das Geld abzubezahlen, war wieder aktiviert. In manchen Wochen – wenn sie es sich leisten konnten – zahlten sie sogar weit mehr als die 200 Dollar. Innerhalb eines Jahres hatten sie die gesamten 25.000 Dollar abgezahlt.

In den vergangenen vier Jahren war Cyndi Thomason, Gründerin der Buchhaltungsfirma *bookskeep*, immer bereit, in ihrem Unternehmen die neuen Konzepte zu testen, über die ich hier schreibe. Sie gehörte zu den ersten Unternehmen der Welt, die eine Profit-First-Zertifizierung erhielten. Sie nutzte die Methode, in einer Nische zu wachsen, die ich in meinem Buch „Surge"[11] beschreibe, um ihr Unternehmen von weniger als 50.000 US-Dollar pro Jahr zu knapp 1 Mio. US-Dollar Jahresumsatz zu bringen. Sie nutzte den Clockwork-Prozess, um ihr Business so effizient auszurichten, dass sie ihren ersten vierwöchigen Jahresurlaub nehmen konnte. (Sie und ihr Mann sind gerade von ihrem zweiten vierwöchigen Urlaub zurückgekehrt, während ich dies hier schreibe. Tolle Fotos, Cyndi!)

Cyndi berief ein Teammeeting ein, um die Probleme und Überforderung zu besprechen, die aus dem rasanten Wachstum ihres Unternehmens entstanden waren. Bei einem Buchhaltungsunternehmen bedeuten zusätzliche 250.000 US-Dollar jedes Jahr, vier Jahre nacheinander, *jede Menge* zusätzlicher Pflichten. Bei einem Meeting bat Cyndi jeden im Team, eine FTN-Analyse durchzuführen. An vielen Stellen waren sie sich einig, an manchen nicht, was zu klärenden Diskussionen führte.

In der Perspektive liegt viel Macht. Als Unternehmensinhaber kannst du die FTN-Analyse natürlich alleine durchführen. Wenn du das Tool aber wirklich mit Macht nutzen möchtest, dann führst du die Analyse mit deinem Team und einem Businesscoach durch.[12]

Das bookskeep-Team identifizierte Bedürfnisse auf unterschiedlichen Niveaus. Unter anderem entdeckten sie eine Herausforderung, ihre Versprechen zu erfüllen, einen Kapazitäten-Engpass auf dem UMSATZ-Level, ein Problem im Bereich der Minimalen Verschwendung auf dem ORDNUNG-Level sowie Probleme im Bereich Motivation durch die Mission beim EINFLUSS-Level.

Sie befolgten die Leitregel der FTN-Analyse und bestimmten das *größte* Bedürfnis auf dem *niedrigsten* Niveau, was die Erfüllung der Versprechen auf dem UMSATZ-Level war. Das also war das existenzielle Bedürfnis.

Wenn du ein Problem bearbeitest, dass für ein existenzielles Bedürfnis steht, dann löst du manchmal zugleich ein weiteres – also zwei Fliegen mit einer Klappe. Als zum Beispiel bookskeep mit Sicherheit sagen konnte, dass sie ihre Versprechen einhalten konnten, lösten sie zugleich ein Problem auf dem ORDNUNG-Level: Vertretungsregeln. Das begab sich folgendermaßen: Cyndi und ihrem Team wurde klar, dass sie einen Blick darauf werfen muss-

11 „Surge" und die zugehörigen kostenlosen Materialien finden sich – nur auf Englisch – auf SurgeByMikeMichalowicz.com.

12 Auf FixThisNext.com findest du einen Businesscoach, der im FTN-Prozess zertifiziert ist.

ten, an welcher Stelle sich ihr Workflow verlangsamte. Jeder bei bookskeep hat spezifische Fertigkeiten, und es gibt keine zwei Leute, die das gleiche können. Das bedeutet, wenn einer nicht verfügbar war oder die eigene Arbeit nicht schnell genug bewältigen konnte, konnte niemand einspringen. Jeder hing in der Warteschleife, bis diese Person zurückkehrte oder den Stau abgearbeitet hatte.

Weil Arbeit immer in Wellen kommt, gab es immer einen Zeitpunkt an dem irgendjemand überfordert war. Was bedeutete, dass die anderen Däumchen drehten, weil sie nicht helfen konnten. Dadurch wurden Deadlines verpasst.

Um das Problem zu lösen, begann bookskeep damit, die Mitarbeiter in den Kernfähigkeiten zu schulen, sodass jeder die Arbeit des anderen erledigen konnte. Ein ganzes Team wurde in die Lage versetzt, einen Überhang an Arbeit gemeinsam abzuarbeiten, der zuvor nur einer Person zugewiesen worden wäre. Die Mitarbeiter wurden weiterhin ihren eigenen Stärken und Fertigkeiten entsprechend eingesetzt, doch jetzt gab es eine Regelung für Zeiten der Überbeanspruchung. Cyndi engagierte zudem einen „Springer", jemanden, dessen einzige Aufgabe darin bestand, dort zu vertreten, wo das Unternehmen in diesem Augenblick zusätzliche Kapazitäten benötigte. Diese Person bekam die intensivste Schulung. Der Tag, an dem diese Regelung umgesetzt wurde, führte dazu, dass bookskeep einen weiteren gigantischen Wachstumssprung hinlegte. Sie hielten sich wieder an ihre Versprechen (UMSATZ) und da als Bonus war eine hervorragende Vertretungsregelung installiert worden (ORDNUNG). Zwei Fliegen, eine Klappe.

Denk dran: Wann immer du das erledigt hast, was als nächstes anstand, also sobald du dein existenzielles Bedürfnis befriedigt hast, musst du den FTN-Prozess erneut durchlaufen. Wiederum analysierst du die BHN von unten nach oben. Als bookskeep die Analyse erneut durchführte, entdeckten sie ein neues existenzielles Bedürfnis auf dem ORDNUNG-Level (Minimale Verschwendung) und gehen dies an, während ich hier sitze und schreibe.

OMEN: Versprechen einfordern

Für das folgende Szenario nehmen wir an, du besitzt ein Fotostudio. Du bist für deine Familienporträts bekannt. Im Durchschnitt zahlen deine Kunden 2.500 Dollar für das Foto-Shooting, Bearbeiten, Ausdrucke und Rahmungen. Es ist ein schönes Unternehmen, nur dass die Leute nicht pünktlich zahlen. Oder überhaupt nicht zahlen. Zeit für OMEN:

1. ***Ziel (Objective):*** Zurzeit zahlen nur die Hälfte deiner Kunden innerhalb der 30-Tage-Frist und 10 Prozent deiner Kunden zahlen überhaupt nicht. Klar, sie bekommen die ausgedruckten Fotos auch nicht, aber du investierst dennoch die ganze Zeit mit den Studioaufnahmen und dem Bearbeiten, nur um dann nichts zurückzubekommen. Du möchtest, dass innerhalb des nächsten Monats 100 Prozent deiner Kunden pünktlich zahlen oder du brauchst das Ganze nicht weiter zu betreiben.

2. ***Messen der Kennzahlen:*** Das ist einfach. Du hast nur eine Kennzahl im Auge zu behalten: Geldeingänge. Du erwartest, keine Offenen Posten zu sehen.

3. ***Evaluation:*** Du hast aktuell viele Kunden, also kannst du nicht erwarten, dass die Dinge sich über Nacht verändern. Du machst rund 150 dieser Foto-Shootings pro Jahr, von denen rund 125 in der hektischen Weihnachtszeit stattfinden, die in etwa sechs Monaten beginnt. Du dokumentierst die Ergebnisse monatlich und möchtest deine Ziele innerhalb von neun Monaten aktualisieren, wenn die Weihnachtszeit durch ist.

4. ***Anpassungen (Nurture):*** Du bist gemeinsam mit deinem Mann in deinem Fotostudio. Du machst die Aufnahmen, er führt die Bücher. Er macht einen einfachen aber beängstigenden Vorschlag: Verlange das vollständige Honorar vorab! Das würde alle Probleme lösen, aber wird das nicht deine Kunden verscheuchen? Der Grund dafür, dass du die 30 Tage als Zahlungsziel eingeführt hast, war es, Neukunden von Konkurrenten wegzulocken, die Ratenzahlung anboten. Aber Neukunden zu bekommen ist gegenstandslos, wenn sie nicht zahlen. Du bist in deiner Gegend als die Beste für Familienporträts bekannt, also beißt du die Zähne zusammen und sagst: „Ok, so machen wir's."

5. ***Ergebnis:*** Letztlich findet ihr heraus, dass die Leute gar keine schlechte Zahlungsmoral dir gegenüber hatten. Sie waren einfach nur schlecht darin, sich das Geld gut einzuteilen. Nach dem Fototermin und während du dabei warst, die Bilder zu bearbeiten, begannen die Weihnachtsrechnungen einzutrudeln. Sie wurden von den Kosten überrollt, die sie nicht im Blick behalten hatten und du warst unter den Letzten auf ihrer Liste – oder nicht einmal das. Nur eine Handvoll Kunden war „überrascht", dass du das volle Honorar vorab haben wolltest. Alle anderen zahlten sofort, weil du das so wolltest. Die Tatsache, dass du auch Kreditkarten

akzeptierst, machte es den Kunden leicht, dich zu bezahlen. Und sollten sie nicht in der Lage sein, ihre Kreditkartenabrechnungen zu zahlen, so ist das ein Problem der jeweiligen Bank, nicht deins. Deine Offenen Posten fielen innerhalb von neun Monaten auf null, weil du keine Arbeit für einen Kunden machst, wenn du nicht vorab bezahlt wurdest. Nicht dass du ein Geizhals wärst, du hattest bloß keine Lust, dich verarschen zu lassen. Und du gehst mit deinem Mann heute schick Abendessen!

FTN in Aktion

Jacob Limmer hat zwei Cafés, Cottonwood Coffee. Außerdem hat er eine Kaffeerösterei. Als ich Jacob traf, sagte er: „Ich hasse den Namen Rösterei: Ich nutze ihn, weil es leicht ist. Ich hasse es auch, wenn Leute ans Ende von Wörtern ein „e“ anhängen wie bei „fair“, „old“ und „town“, um daraus „faire“, „olde“ und „towne“ zu machen.“ (Was altehrwürdig klingen soll.) Kein Wunder, dass ich diesen Typen so liebe. Ich mag diese verrückten Aussagen.

Als er das UMSATZ-Level durchging, wurde Jacob klar, dass er das existenzielle Bedürfnis „Angemessener Lebensstil“ genauer anzuschauen hatte. Er kalkulierte, dass er 4.000 US-Dollar pro Monat als sein Gehalt aus seinen Läden erwirtschaften musste. Dieser Betrag läuft auf das hinaus, was er den „Komfort des Mittleren Westen“ nennt. Er kann davon gut leben und muss sich keine Sorgen machen, ob es fürs Essen reichen wird. Dieser Betrag würde ihn nicht reich machen, aber er müsste auch nicht befürchten, jeden Dollar dreimal herumdrehen zu müssen.

Jacob sagte mir: „Ich war zu stolz. Mein Ego sagte mir, ich müsse nicht ganz am Anfang der Bedürfnispyramide beginnen müssen. Ich war seit 13 Jahren selbstständig. Ich wollte nicht der Wahrheit ins Auge sehen, die die BHN mir präsentierte. Ich dachte, ich wäre über dieses Stadium hinaus. Aber dass ich mich die letzten 13,5 Jahre krummgearbeitet habe und nicht einmal 4.000 US-Dollar im Monat nach Hause brachte, ist ein „Zum-Teufel“-Moment. Die BHN zwang mich, die Wahrheit anzuerkennen, die ich über Jahre verleugnet hatte. Dann verbrachte ich einen Nachmittag damit, mir Klarheit darüber zu verschaffen, was ich brauchte, um mir wirklich keine Sorgen um mein alltägliches Überleben machen zu müssen. Und damit konnte ich sofort überschlagen, was ich von meinem Unternehmen brauchte.“

Wenn du genau weißt, wie viel du brauchst, um deinen Lebensstil zu finanzieren, ist es total einfach, Ziele zu setzen. Es gibt einen Grund dafür, dass dies das erste zentrale Bedürfnis ist, dass ich dir präsentiert habe:

Denn wenn du das nicht verstehst, dann ist dein Unternehmen ein Haus, das auf einer vagen Idee basiert, nicht auf einer harten Wahrheit. Allerdings: Während du mit der Analyse immer auf der untersten Stufe der BHN startest und dich weiter nach oben arbeitest, musst du die zentralen Bedürfnisse *innerhalb* derselben Stufe nicht in einer bestimmten Reihenfolge durchgehen.

Im nächsten Kapitel zeige ich dir die schockierende Entdeckung, die Jacob machte, als er das GEWINN-Level analysierte. Ich liebe einen guten Cliffhanger.

Kapitel 4
Kontinuierlichen Gewinn generieren

Gewinn ist die eine Grundlage, die von Unternehmern allgemein missverstanden wird. Gewinn zu generieren bedeutet nicht, Geld für dein Unternehmen zu erwirtschaften. Es geht darum, Geld *aus* deinem Unternehmen *herauszunehmen*. Hier ist meine Definition von Gewinn: Harte bare Münze, die der oder die Shareholder (der oder die Inhaber des Unternehmens) für sich verwenden können, wie sie wollen. Und zwar so, dass dies das längerfristige gesunde operative Geschäft nicht negativ beeinträchtigt. Wenn du deinen Gewinn nutzen möchtest, um deine Zukunft zu sichern oder deine Privatschulden zu tilgen, dann kannst du das tun. Oder wenn du deinen Gewinn in ein hübsches Motorrad stecken und mit dieser Schönheit dann in den Sonnenuntergang fahren möchtest, dann kannst du auch das tun.

Ford hat mir kürzlich einen Scheck in Höhe von 13,23 US-Dollar geschickt. Da ich ein Shareholder mit etwas unter einhundert Anteilen bin, schickt Ford mir und allen anderen Anteilseignern jedes Quartal einen Scheck mit der Gewinnausschüttung. Ich habe den Scheck nicht entgegengenommen und gesagt: „Oh, verdammt, Ford braucht das Geld mehr als ich. Ich schicke das Geld am besten zurück, damit Ford sein Unternehmenswachstum vorantreiben kann." Ich habe auch nicht gesagt: „Ich fahre mal besser rüber zur Fordfabrik und arbeite ein bisschen am Fließband, damit ich dieses Geld auch verdiene." Was ich gemacht habe: Ich habe das Geld für eine monsterfette Käsepizza ausgegeben. Hätte Ford ein besseres Quartalsergebnis gehabt, hätte ich ein paar zusätzliche Toppings ausgesucht.

Investoren arbeiten mit Risiko. Der Wert der Anteile kann rauf- oder runtergehen. Der Scheck über diese 13 Dollar und ein paar Gequetschte war die Belohnung für das Risiko, dass ich als Shareholder von Ford trage. Auch du bist ein Shareholder in deinem eigenen Business. Ich vermute mal, dass du einen großen Teil der Anteile an deinem Unternehmen hältst

– vielleicht 20 Prozent, 50 Prozent oder gar 100 Prozent. Gewinn ist die Belohnung für das große Risiko, dass du als Investor schulterst. Wenn der Gewinn ausgeschüttet wird, dann nimmst du ihn (als Shareholder). Dies ist der Dank deines Unternehmens dafür, dass du es gegründet hast und am Laufen hältst. Und wir, als Mitglieder der Weltwirtschaft danken dir für die außergewöhnliche Arbeit, die du erbringst, um ein Teil davon zu sein.

Zur Klarstellung: Wenn du den Gewinn in dein Unternehmen reinvestierst, bedeutet dies, dass es *kein* Gewinn ist und *niemals* Gewinn war. Sprich mir nach: Gewinn ins Unternehmen zu stecken, bedeutet, es ist *kein* Gewinn. Das war es nie und wird es nie werden. Eine Reinvestition „Gewinn" sind Kosten. Punkt.

Ich sprach zum Beispiel mit einer Unternehmerin, die mir sagte, sie habe in diesem Jahr einen Gewinn von 22 Prozent erwirtschaftet, aber sie hätte alles ins Unternehmen reinvestiert. Sie gab mit dem Gewinn an, den ihr Unternehmen erreicht hatte. Ein klitzekleines Bisschen spielte ich mich als kritischer Richter auf und ließ ihre Seifenblase zerplatzen.

Ich fragte sie: „Hat das Unternehmen den erwirtschafteten Gewinn ausgegeben?"

Sie sagte: „Ja! Wir haben eine Möglichkeit gefunden, jeden Cent davon zu nutzen."

Ich erklärte: „Wenn du das Geld ausgibst, dann sind das Kosten. Ganz einfach. Nur weil du es eine Zeitlang Gewinn nennst, das Unternehmen das Geld dann aber ausgibt, wird das Geld nicht zu Gewinn." Das war es nie. Und wird es nie.

Lass dich nicht durch die Bezeichnungen der Buchhaltung verwirren. Wenn dein Unternehmen Geld ausgibt, dann sind das Kosten. Und versuche nicht, den Schlag dadurch abzuschwächen, dass du das als re-investierten Gewinn bezeichnest. Nur wenn das Geld brav auf dem Konto bleibt oder an die Inhaber verteilt wird, ist es Gewinn.

Viele Unternehmenseigner glauben, dass sie rentabel wirtschaften würden, wenn sie nur ihre Umsätze erhöhen könnten. Sie versuchen, mehr und mehr Umsatz zu machen und hoffen darauf, dass sich der Gewinn auf magische Art und Weise manifestiert. Das wird er nicht. Im richtigen Leben lassen sich Umsätze nicht in Gewinn übertragen. Der Grund liegt darin, dass wir Menschen sind. Wir geben aus, was wir haben. Es ist also egal, wie viel Geld reinkommt, wenn wir uns nicht *zuerst* auf den Gewinn konzentrieren (Profit *First*), werden wir weiterhin zu kämpfen haben, rentabel zu wirtschaften.

Dein Unternehmen kann von deiner nächsten Überweisung an dauerhaft rentabel arbeiten, wenn du nicht darauf wartest, was am Ende übrig bleibt, nachdem du alle Rechnungen bezahlt hast, sondern wenn du einfach den Gewinn zuerst entnimmst.[13] Wenn du einen gewissen Prozentsatz von jedem Geldeingang nimmst und diesen auf ein spezielles Konto überweist, das für Gewinn reserviert ist, zwingt dich das dazu, deine Ausgaben zu optimieren. Das vollständige System findest du in „Profit First" dokumentiert und es beinhaltet das Eröffnen unterschiedlicher Bankkonten, auf die du Prozentsätze deiner Geldeingänge verteilst. Aber die zentrale Erkenntnis ist die, dass du von jedem Geschäftsvorfall Gewinn entnimmst und dadurch automatisch gezwungen bist, dein Unternehmen entsprechend anzupassen, um dir diesen Gewinn leisten zu können.

Leser, Kollegen und Kunden, die diesem System folgen, waren in der Lage ihre Unternehmen innerhalb kurzer Zeit von der Gewinnspanne null zum dauerhaften Überleben bis hin zum wahrhaften Aufblühen zu führen. Und darauf konzentrieren wir uns auf diesem GEWINN-Level, Leute. *Dauerhaftes Überleben und Aufblühen*. Ohne Gewinn steckt dein Unternehmen dauerhaft am Rande des Abgrunds in den Untergang.

Einer der schrecklichsten Tage meines Unternehmerlebens war der, an dem ich beinahe die Hälfte meiner Belegschaft entlassen musste. Mein Partner und ich hatten unser Forensik-Unternehmen innerhalb von zwei Jahren auf 3 Millionen Jahresumsatz gesteigert und wir waren auf dem Weg, dies in unserem dritten Jahr mehr als zu verdoppeln, doch wir mussten jeden Monat kämpfen, um die Gehälter zu bezahlen. Ich hatte die Tendenz, zu viele Leute zu engagieren und ihnen zu viel Geld zu zahlen. Es gab meinem Ego immer großen Auftrieb, sagen zu können, dass wir 30 Mitarbeiter hatten.

Am schlimmsten war es für mich einem Menschen gegenüber zu treten, die ich nicht feuern musste: meine persönliche Assistentin Patti Zanelli. An dem Tag, an dem ich Mitarbeiter entlassen musste, führte ich jeden einzelnen in einen Raum und begann zu erklären, was los war. In dem Moment, in dem ich sagte, „Ich werde jemanden entlassen müssen ...", füllten sich Pattis Augen mit Tränen. Sie stand auf und verließ den Raum. Das war der Moment, in dem mir klar wurde, dass ich eine Familie – eine Unternehmensfamilie – auf Treibsand gegründet hatte. Ich hatte es versäumt, die Grundlage zu bauen, die uns tragen sollte, und hatte einen Haufen Leute engagiert, be-

13 Wenn du „Profit First" gelesen hast, dann bist du mit diesem Konzept gut vertraut.

vor ich die kritischen Bedürfnisse abgesichert hatte, die an die erste Stelle gehörten.

In dem Augenblick wollte ich die Wirtschaft verantwortlich machen oder unsere Konkurrenz oder die Tatsache, dass wir Monate mit schlechten Umsätzen hatten. All diese Dinge trafen zu, aber keines dieser Dinge war die Wurzel des Problems. Das wahre Problem war meine Ahnungslosigkeit darüber, wie Geld wirklich funktionierte. Seit wir die Unternehmenstüren geöffnet hatten, hatte ich die Finanzen ignoriert und „meinem Partner überlassen". Es war sicherlich nicht seine Verantwortung, dass ich nicht aufgepasst hatte.

Ich musste mich dem also stellen. Ich schaute in die erwartungsvollen Gesichter meiner Mitarbeiter und sagte, „Ich hab's vermasselt. So richtig. Wir haben nicht genügend Geld, um in der Form weiterzumachen. Meine fehlende Führung hat uns in diese Situation gebracht. Ich muss heute Leute entlassen, nicht wegen euch, sondern wegen mir. Wir müssen uns auf eine Größe reduzieren, die es uns erlaubt, zu überleben, eine Größe, die wir uns leisten können. Wenn wir das nicht tun, müssen wir schließen."

An dieser Stelle liefen mir Tränen übers Gesicht. Was noch zu sagen blieb, war: „Es tut mir leid. Es tut mir so leid. Es war die härteste Entscheidung meines Lebens."

Ich musste an diesem Tag zwölf Leute entlassen. Wir reduzierten uns von 30 Mitarbeitern auf 18 und ich rief die übrige Mannschaft zusammen und beging den größten Anfängerfehler, den man machen kann, nachdem man beinahe die Hälfte des Teams entlassen hat: Ich erklärte den übrigen Mitarbeitern, dass ich sie mehr brauchte denn je, aber dass ich ihre Gehälter allesamt um 10 Prozent kürzen müsse, um sie halten zu können. Argh! Ich stöhne noch immer auf, wenn ich an diesen Missgriff denke.

Ich hätte ein oder zwei weitere Leute entlassen *müssen*, damit ich das übrige Team bei vollem Gehalt hätte halten können. Weißt du, wenn du Leute entlässt und Gehälter kürzt, bekommen die mit der Gehaltskürzung Angst. Sie denken, dass auch ihre Jobs in Gefahr sind. Weil ich ihre Gehälter kürzte, *nachdem* ich die Entlassungen vorgenommen hatte, nahmen sie an, ich hätte das Unternehmen nicht auf Spur gebracht. Für sie war das der Auslöser, um in aller Stille nach neuen Jobs zu schauen.

Drei Wochen nach den Entlassungen konnten wir ein großes Projekt an Land ziehen, das uns tonnenweise Cash brachte. Sofort setzte ich alle Gehälter wieder hoch, sogar rückwirkend, aber das Unheil war bereits angerichtet. Die Leute schauten sich weiter nach Jobs um, und ich verlor sogar noch weitere wichtige Mitarbeiter. Und weißt du was? Es war richtig von ihnen, zu gehen, denn ich *hatte* das Unternehmen nicht auf Spur gebracht. Wir hatten lediglich ein wichtiges Geschäft abgeschlossen. Es brauchte zahlreiche Finanzkatastrophen, damit ich einsah, dass ich ein besseres System brauchte und mir Umsatz nicht aus allen Problemen helfen konnte. Hätte ich das GEWINN-Level bereits gemeistert, hätte ich mir und vielen anderen vielen Kummer ersparen können.

Weißt du, wenn du das GEWINN-Level meisterst, dann bringst du deinem Unternehmen finanzielle Gesundheit. Du legst Geld für deine Rentabilität auf Seite, du sammelst Reserven für Notfälle an und du bleibst innerhalb der Grenzen dessen, was du dir wahrhaft leisten kannst. Das schließt die Gehälter ein. Anstatt zu viele Mitarbeiter einzustellen, wusste ich, was mir wirklich zum Ausgeben zur Verfügung stand, als ich das GEWINN-Level gemeistert hatte, und stellte diesen Parametern entsprechend ein. Hatte ich einen schlechten Monat oder ein schlechtes Quartal, hatte ich die Reserven, um die Gehälter zu decken, während ich unser weiteres Vorgehen strategisch plante, um wieder auf Spur zu kommen.

Gewinn ist eine notwendige Grundlage für jedes gesunde Unternehmen. Es ist zudem die Belohnung dafür, dass man Risiko auf sich nimmt. Gemäß dem US-Bericht des Global Entrepreneurship Monitor (GEM) von 2016, der vom Babson College herausgegeben wurde, hatten 25 Millionen Amerikaner in jenem Jahr ein eigenes Unternehmen. Das bedeutet, dass grob 7,7 Prozent der US-Bevölkerung Unternehmer sind. Die Tatsache, dass *du* ein Unternehmen betreibst, macht dich zu einem Mitglied einer Elitetruppe von Menschen, die ins Risiko gehen. 90 Prozent der Bevölkerung wird niemals die Herausforderungen annehmen, die du angenommen hast. 90 Prozent der Bevölkerung setzt ihre Geschäftsideen niemals in die Tat um. 90 Prozent der Bevölkerung haben nicht den Mut, jeden Tag anzutreten, um zu versuchen, etwas aus nichts zu erschaffen. Du bist ein Superheld und deine Gewinnausschüttungen sind die Belohnung für deinen Mut, für das Risiko, das du eingehst, und dafür, dass du den anderen 90 Prozent von uns Arbeit gibst.

In diesem Kapitel befassen wir uns mit den fünf Bedürfnissen, die es für dein Unternehmen zu erfüllen gilt, um das GEWINN-Level der BHN zu festigen, bevor du dich um die nächste Stufe kümmern kannst. Deine Branche bzw. dein Unternehmen hat möglicherweise spezifische GEWINN-bezogene Bedürfnisse, die hier nicht aufgeführt sind. Doch vertraue auf den Prozess und konzentriere dich *zuerst* auf die fünf zentralen Bedürfnisse, die ich unten beschreibe. Möglicherweise überrascht es dich, dass sich die weiteren Bedürfnisse im Verlaufe des Prozesses von allein erledigen. Und wenn du das nächste Problem gelöst hast, gehst du zurück zum BHN-Kompass und beginnst von vorn. Gehe immer zurück zur untersten Stufe, UMSATZ, und arbeite dich von dort aus nach oben.

Bedürfnis Nr. 1: Schuldentilgung

Frage: Tilgst du kontinuierlich deine Schulden und nimmst keine neuen auf?

Bevor ich den Prozess in meinem Unternehmen einführte, dass ich den Gewinn immer zuerst entnehme, ertrank ich in Schulden. Ich erinnere mich daran, wie ich auf der Heimfahrt von einem Meeting Radio hörte. Ein Werbespot ließ mich aufhorchen. Der Sprecher sagte, „Amerikaner haben im Durchschnitt 7.000 US-Dollar Privatschulden." Ich erinnere mich, dass ich in meinem Kopf wiederholte, *Ich möchte Durchschnitt sein. Ich möchte Durchschnitt sein.*

Ich hatte zwei Unternehmen mit mehreren Millionen Umsatz gegründet und verkauft. Und innerhalb von drei Jahren hatte ich durch mein Ego und meine Arroganz jeden Cent verloren, den ich verdient hatte. Ich hatte beschlossen, dass ich ein Unternehmens-Wunderkind sei und dass ich der beste verdammte Business Angel aller Zeiten werden würde. Stattdessen war ich am Ende bis zum Anschlag verschuldet und verlor letztlich alles.

Zu dem Zeitpunkt dieser Radiowerbung hatte ich rund 75.000 US-Dollar Kreditkartenschulden und schuldete meinen Freunden 35.000 Dollar. Zudem hatte ich eine Kreditlinie für Kleinunternehmen in Höhe von 250.000 US-Dollar, die ich in einem Jahr erreicht hatte. Ich konnte nicht einmal die Mindestrate decken. Zu Beginn jener Woche hatte mir ein Freund einen Scheck über 3.000 US-Dollar ausgestellt, um mir bei der Mietzahlung und mit den Lebensmitteln für die nächsten paar Monate zu helfen. Jeden Tag bekam ich Anrufe und Briefe von Unternehmen, die „Schuldenprobleme lösen". Ich weiß, das klingt wie die Mafia. Und weil ich in New Jersey lebe, kann das gut und gern die Mafia gewesen sein. Wenn ich jetzt so zurückblicke, gab es einen von den Schuldenproblemlösern, der mir versprach, meine Schulden zu konsolidieren und sogar erlassen zu bekommen, sodass „du dir keinen Kopp mehr drum machen musst, Kumpel Mike". Ziemlich sicher, das *war* die Mafia.

Als ich meiner Frau und meinen Kindern mein Versagen beichtete, bot mir meine neunjährige Tochter Adayla ihr Sparschwein an, um mir zu helfen. Ich war niemals zuvor je so tief gesunken – weder finanziell noch emotional – und ich zwang mich, einen intensiven Blick auf meine Entscheidungen und meine Beweggründe zu werfen.

Zu Beginn dieses Kapitels habe ich dich dafür gelobt, dass du Risiken eingehst und den Mut hast, dein eigenes Unternehmen zu gründen. Das habe ich genauso gemeint. Allerdings kann der gleiche innere Antrieb dazu führen, dass wir uns in so richtig in die Breduille begeben. Wir sagen uns, dass wir schon in der Lage sein werden, „das Blatt zu wenden" – mit dem nächsten dicken Deal, dem nächsten Quartal, dem nächsten Jahr und rechtfertigen so das Anwachsen von Schulden. Ob es nun das Ego ist oder eine grundsätzlich hoffnungsfrohe und positive Einstellung dem Leben gegenüber, jedenfalls haben wir die Tendenz, privat und im Unternehmen Schulden anzuhäufen und dabei weiter zu hoffen, dass doch schon irgendetwas klappen wird.

Wenn ein Unternehmen Schulden anhäufen muss, um seine Kosten zu decken, dann erlebt es einen „umgedrehten" Cashflow und die Zeitspanne, die das Unternehmen sich selbst unterhalten kann, wird kürzer. Denk an die einfache Regel: *Wenn du deine Rechnungen nicht bezahlen kannst, dann kannst du dir die Rechnungen nicht leisten.* Punkt. Wenn du nicht in der Lage bist, deine Rechnungen zu bezahlen, ohne Schulden zu machen, dann sind deine grundlegendsten GEWINN-Level-Bedürfnisse unbefriedigt.

Wenn dies bei deinem Unternehmen der Fall sein sollte, kannst du zweierlei Dinge tun:

1. Kosten senken.
2. Margen anheben.

Der erste Schritt beim Kostensenken besteht darin, das Aufnehmen neuer Schulden zu stoppen. Um dies möglich zu machen, musst du die Kosten deines Unternehmens analysieren, und festlegen, wie viel Geld die Inhaber mindestens entnehmen müssen - das echte Minimum zum Überleben, nicht diese lahme „aber ich muss meinen Tesla fahren können"-Nummer. Dann nutzt du den Ansatz, bei dem du das Pflaster mit einem Ruck abreißt, um sofort alle Kosten auf das absolute Minimum zu kürzen, das möglich ist.

Eine einfache aber sehr effektive Daumenformel ist es, zunächst deine monatlichen Kosten auszurechnen und davon zehn Prozent zu nehmen. Dann ziehst du los, um unmittelbar diese Kosten für immer aus deinem

Unternehmen zu streichen, sodass du ab dem nächsten Monat dauerhaft zehn Prozent Kosten eingespart haben wirst. Danach wiederholst du den Prozess, kalkulierst deine neuen monatlichen Fixkosten und senkst diesen Betrag erneut um weitere zehn Prozent. Ein Unternehmen kann nur bis zu einem bestimmten Punkt Kosten einsparen, ohne irreparablen Schaden zu nehmen, aber zugleich bedeutet das Aufrechterhalten von Kosten, die ein Unternehmen sich nicht leisten kann, den größten Schaden, den ein Unternehmen nehmen kann (und möglicherweise gilt dies auch für die Inhaber und deren persönliche Haftung). Werde das Fett los, nicht die Muskeln.

Kosten zu senken wäre einfach und schnell zu bewältigen, wären wir nicht alle Menschen. Wir rechtfertigen unsere Ausgaben und hängen an den Dingen, die wir bereits besitzen. Ich erinnere mich an einen Unternehmer (dessen Namen nicht genannt werden soll), der mich bat, einen Tag mit ihm in seinem Büro in Kalifornien zu verbringen. Ich sollte ihm dabei helfen, herauszufinden, warum sein Vertriebsunternehmen mit mehreren Millionen Jahresumsatz finanziell zu kämpfen hatte. Als ich ankam, holte er mich in seinem nagelneuen Audi R8 vom Flughafen ab. Wenn du nicht weißt, was das für ein Auto ist, dann kannst du dir das von 185.000 George Washingtons zeigen lassen.

Gleich bei meiner Ankunft konnte ich ihm eine erste Veränderung vorschlagen, die sein Unternehmen in die richtige Richtung bringen würde: weg mit dem Auto. Als wir uns sein Unternehmen im Verlaufe des Tages anschauten, fanden wir Dutzende von R8-ähnlichen Chancen. Er war mit selektiver Blindheit für all diese Dinge geschlagen, weil du dein Unternehmen nicht von außen sehen kannst, wenn du mittendrin steckst. Auch dir wird es viel nützen können, wenn du einen Coach engagierst, der sehen kann, was du nicht siehst.[14]

Wie oben erwähnt, habe ich früher immer zu viele Leute für zu hohe Gehälter angestellt. Mit der Zeit habe ich eine Strategie entwickelt, um festzulegen, ob ich mir einen Mitarbeiter gut leisten konnte, bevor ich die Stelle ausschrieb. Zunächst habe ich festgelegt, wie viel Lohn der Mitarbeiter bekommen würde. Dann habe ich ein neues Konto eingerichtet, das ich „Zukünftiger Mitarbeiter" genannt habe und habe damit begonnen, Geld auf dieses Konto zu überweisen, *als hätte* ich ihn bereits angestellt. Mit dieser

14 Ich empfehle dir unbedingt, mit einem Businesscoach zu arbeiten. Darf ich dir dazu einen Coach empfehlen, der in der FTN-Methode geschult ist, um deine Herausforderungen genau festlegen zu können? Um einen zertifizierten FTN-Coach zu finden, besuche FixThisNext.com.

Methode war ich in der Lage zu sehen, ob ich ausreichend Geld hatte, um diese Stelle zu finanzieren. Selbst Regenmacher können nicht unbedingt ab dem ersten Monat ausreichend Umsatz machen, um ihr eigenes Gehalt einzubringen. Deshalb schlage ich vor, dass die meisten Unternehmen ein „Zukünftiger Mitarbeiter"-Konto mit einem Polster von sechs Monaten vorlegen, bevor sie jemanden einstellen. So weißt du nicht nur, dass du dir die monatliche Belastung leisten kannst, du hast zudem eine Reserve für sechs Monate für den Fall, dass es ein bisschen länger braucht, bis dein Mitarbeiter in die Puschen kommt.

Wenn deine Priorität auf dem Schuldenabbau liegt, dann kann es sein, dass auch die Inhaber ihre Entnahmen reduzieren müssen, um das Unternehmen nachhaltig zu machen. Das ist für viele von uns ein echter Klopper. Ich meine, wir müssen ja unser Leben leben und verdienen ein „paar Annehmlichkeiten". Doch es ist genau diese Haltung mit Blick auf Annehmlichkeiten, die das Unternehmen sich nicht leisten kann, die uns in der Schuldenfalle hält. Du musst dein Unternehmen (und deinen Lebensstil) so anpassen, dass keine neuen Schulden anfallen und du Geld ansparen kannst, um die Schulden der Vergangenheit zu tilgen.

Dann richtest du für dein Unternehmen sowohl ein Konto zum Schuldentilgen ein, als auch ein Gewinnkonto. Überweise regelmäßig einen festgelegten Prozentsatz auf jedes dieser Konten. Hier lautet die Daumenformel: Nutze 95 Prozent der Gewinnausschüttung eines Quartals zum Tilgen der Schulden und behalte 5 Prozent, um dich selbst zu belohnen. Denk dran, du bist ein Anteilseigner – um dich deiner Investition (deinem Unternehmen) gegenüber bei Laune zu halten, ist es notwendig, dass auch du etwas dafür bekommst.[15] Diese 5 Prozent werden helfen, den Wunsch nach „Annehmlichkeiten" für den Moment ein bisschen zu befriedigen. Mach dir klar, dass Schulden Kosten der Vergangenheit sind, die noch nicht bezahlt wurden. Deshalb sind die Schulden, die du abbezahlst, in Wirklichkeit Kosten. Und der einzige Weg, diese Schulden-Kosten loszuwerden, liegt darin, mehr Geld zur Verfügung zu haben, als du im Moment ausgibst.

---

15 Die Priorität eines Unternehmens, das verschuldet ist, liegt darin, die Schulden abzutragen. Doch du musst auch den oder die Menschen belohnen, die das Risiko tragen, das darin steckt, dass ihnen das Unternehmen gehört. Während du also die Schulden tilgst, geht ein kleiner Anteil des Gewinns dennoch an die Shareholder. Sind die Schulden vollständig abbezahlt, dann geht der gesamte Gewinn an die Shareholder. Solltest du „Profit First" nicht gelesen haben, findest du die empfohlenen Zielprozentsätze kostenlos auf ProfitFirstBook.com (auf Englisch). Deutschsprachige Informationen zu „Profit First" findest du auf profitfirst.de.

Um über 360.000 US-Dollar in Privat- und Unternehmensschulden zu tilgen, nutzte ich den Tilgungsplan „Schuldenschneeball" von Dave Ramsey. In Kurzform: Er empfiehlt, dass du für all deine Kredite die kleinstmöglichen Raten zahlst und mit jedem Euro, den du übrig hast, den kleinsten Kredit zuerst abbezahlst. Das erlaubt dir, diesen am schnellsten zu tilgen. Während es eigentlich logisch wäre, sich um die Kredite mit den höchsten Zinsen zu kümmern, kannst du durch die frühen und raschen Erfolgserlebnisse dein Selbstvertrauen stärken, wenn du dich um die kleineren Kreditbeträge zuerst kümmerst. Logisch gesprochen, mag es also nicht die beste Art und Weise sein, Schulden loszuwerden, aber aus einer sehr menschlichen und verhaltensorientierten Perspektive führen die frühen Erfolge durch das Tilgen kleiner Kreditbeträge zu einer Dynamik, die letztlich unaufhaltsam wird.

Ich entwickelte mich von einem Nicht-einmal-annähernd-Hammer-Business-Angel zu einem echten Oberhammer-Schuldentilger – und genoss jeden Moment. Ich bekam jedes Mal einen Kick, wenn ich zurückzahlen konnte, was ich schuldete – und dieser Kick war besser als jedes Gefühl, dass mir das Geldausgeben vermitteln konnte. Dieser Prozess ist zu Beginn langsam, aber er muss kontinuierlich durchgehalten werden. Du musst den Schuldentilgungs-Muskel trainieren. Höre nicht auf, bevor nicht alle Schulden getilgt sind. Ich habe Dave Ramseys System zusammen mit den Strategien, die ich in „Profit First" ausführe, genutzt, um all meine Schulden innerhalb von sieben Jahren loszuwerden. Ich habe die kleinen Beträge zuerst zurückgezahlt und als mein Unternehmen wuchs, immer größere Beträge beglichen. Doch jeden Tag arbeitete ich daran, meine Schulden zu verkleinern. Und jedes Quartal machte ich mit meinen Gewinnausschüttungen mehr und mehr Schulden zunichte und feierte mit meinen 5 Prozent.

Heute habe ich keinerlei Schulden außer meiner Hypothek. Während ich dies schreibe, wohnen wir seit erst zwei Jahren in unserem neuen Haus und ich arbeite daran, diese Schulden zehn Jahre vor dem Auslaufen des 30-jährigen Darlehensvertrags getilgt zu haben. Auch wenn es logisch sinnvoll erscheinen mag, mehr Geld auf meine Spar- und Investmentkonten zu packen, fühlt man sich leicht und frei, wenn einem etwas ohne jede Last und Schuld gehört. Wenn du keinerlei Schulden hast, dann hast du einen großen Teil deiner finanziellen Freiheit bereits erreicht. Man muss sich nicht darum sorgen, dass man anderen etwas schuldet – und das ist ein großer Motivator, Kamerad.

OMEN: Schuldentilgung

Lass uns mal so tun, als hättest du davon geträumt Häuser zu „fixen und flippen" – also zu sanieren und dann wieder zu verkaufen –, seit du die erste Folge von „Fixer Upper" mit Joanna und Chip Gaines auf HGTV gesehen hast. Es gibt Tonnen von tollen Deals da draußen – du brauchst bloß ein bisschen Startkapital. Die Sache ist nur, dass du kein Geld über hast. Dein Unternehmen lebt auf Darlehensbasis und deine FTN-Analyse hat offenbart, dass dein existenzielles Bedürfnis darin besteht, Schulden zu tilgen.

So funktioniert dein OMEN-Plan:

1. ***Ziel (Objective):*** Schulden sind nicht schlecht, wenn sie zum Gewinn beitragen. Schulden sind schlecht, wenn sie dich beherrschen. Du bestimmst, dass du mit der Zeit deine Schulden los- und zu deiner eigenen Bank werden willst. Du möchtest immer mindestens 20 Prozent eines durchschnittlichen Kaufpreises für ein Haus in deiner Gegend als bares Geld auf dem Konto liegen haben. Du kannst damit entschlossen agieren und musst dann nicht deinen Weg durch die Ankäufe lavieren. Aktuell hast du null Prozent Geld auf dem Konto und 100.000 Euro Schulden. Um die Schulden los zu werden, wirst du 5 Prozent des Umsatzes aus den Verkaufspreisen nutzen. Du verkaufst Häuser im Schnitt für 300.000 Euro, was bedeutet, dass jedes Mal 15.000 Euro gegen deine Schulden gerechnet werden. Mit dem siebten Verkauf – so dein Plan – wirst du die Schulden los sein. Im Moment lebst du von der Hand in den Mund … oder, wie du es gern ausdrückst: Flip-Flop. Aber das wird sich ändern.

2. ***Messen der Kennzahlen:*** Du nutzt die Profit-First-Methode und richtest ein neues Konto ein, das du „Flip-Fonds" nennst. Das Durchschnittshaus, das du kaufst, kostet 200.000 Euro und die Sanierungskosten liegen in der Regel bei 40.000 Euro, sodass du innerhalb eines Jahres 48.000 oder mehr Euro auf diesem Konto haben willst.

3. ***Evaluation:*** Geld kommt für dich nicht in einem beständigen Fluss. Es kommt (und geht) wie Ebbe und Flut. Wenn du ein Haus verkaufst, strömt Geld herein. Wenn du ein Haus kaufst und sanierst, fließt das Geld von dir weg. Deshalb entschließt du dich dazu, eine „Nachbereitung und Evaluation" nach jeder Immobilien-Transaktion durchzuführen, was etwa alle zwei bis drei Monate der Fall ist.

4. ***Anpassungen (Nurture):*** Zwar hast du Auftragnehmer, aber in deinem Unternehmen bist du allein, sodass du kein Team hast, das dir Praxis-Feedback geben könnte, während du deine Cash-Reserve aufbaust. Trotzdem packst du 100 Steine, auf die du je „1.000 Euro" draufgemalt hast, auf deinen Konferenztisch. Nach jedem Verkauf nimmst du die Anzahl an Steinen von diesem Haufen, der dem Betrag entspricht, den du zurückgezahlt hast. Sind alle Steine weg, dann bist du auch die Schulden los. Großartige Visualisierung! Damit du dich um den „werde deine eigene Bank"-Teil kümmerst, richtest du eine große Wandtafel in deinem Büro ein, auf die du „20 Prozent" schreibst. Das soll dich an das Geld erinnern, das du von jedem Verkauf auf dein „Flip-Fonds"-Konto überweist. Darunter schreibst du nach jeder Transaktion den aktuellen Kontostand deines Flip-Fonds-Kontos.

5. ***Ergebnis:*** Im Verlaufe des nächsten Jahres hast du einige Objekte verkauft und über 200.000 Euro auf dein Flip-Fonds-Konto überwiesen. Der nächste gute Deal, den du durchziehen kannst, ist ein Haus, das du für 175.000 Euro kaufen kannst und vermutlich innerhalb von vier Wochen für 250.000 Euro wirst verkaufen können. Du hast das Geld, um 20 Prozent anzuzahlen. Teufel, du könntest sogar 100 Prozent zahlen und hättest weitere 25.000 Euro für anstehende Reparaturen. Weitere gute Deals werden auf dich zukommen und du wirst in der Lage sein, zuzugreifen, wenn sie gut zu deinem Unternehmen passen. Das Beste überhaupt? Keine Steine im Konferenzraum.

Bedürfnis Nr. 2: Gesunde Marge

Hast du gesunde Gewinnmargen in all deinen Angeboten und suchst du beständig nach Wegen, sie zu verbessern?

Deine Kunden möchten, dass du rentabel arbeitest. Ich meine, sie wollen wirklich und wahrhaftig, dass du Massen an Geld anhäufst. Natürlich werden sie niemals zu dir sagen: „Hey, ich möchte, dass du jeden Cent aus mir herauspresst." oder „Bitte, bitte, nimm mich aus." Aber sie *wollen* sicher sein können, dass es dich noch eine Weile gibt. Sie möchten, dass du deine Angebote aufrechterhältst, sodass sie in zwei Wochen, zwei Jahren oder zwei Jahrzehnten zurückkommen können, damit du ihr Problem löst. Sie möchten, dass du ihnen dienen kannst, ohne abgelenkt zu sein oder dir Sorgen machen zu müssen, ob du morgen noch da bist. Sie möchten deine volle Aufmerksamkeit. Die einzige Möglichkeit sicherzustellen, dass dein Unternehmen da sein wird, um deine Kunden zu unterstützen und mit voller Konzentration zu spielen ist, kontinuierlich rentabel zu sein.

In den frühen Tagen meines Unternehmertums hatte ich immer Angst, meine Preise zu erhöhen. Ich glaubte wie so viele Unternehmensinhaber, dass ich Kunden verlöre, wenn ich höhere Preise aufrufen würde. Und doch: Jedes Mal wenn ich mir ein Herz fasste und die Preise auf ein Niveau erhöhte, das ich brauchte, um mein Unternehmen am Laufen zu halten, haute es mich um, wie viele Kunden blieben und wie viele *bessere* Kunden dann kamen.

Wenn du eines meiner vorherigen Bücher gelesen hast, dann kennst du den Namen Paul Scheiter und sein Unternehmen, *Hedgehog Leatherworks*, das handgefertigte Messerscheiden herstellt und verkauft. Paul ist ein sehr gewissenhafter, konservativer Typ. Wenn er ein Risiko eingeht, dann überlegt er so sorgfältig und plant so umsichtig, dass am Ende nicht viel Risiko übrig bleibt. Das ist auch der Grund, warum ich es bei unserem ersten Treffen merkwürdig fand, dass Paul die Scheiden für 75 US-Dollar verkaufte Sie waren Kunstwerke. Das Material kostete leicht 25 US-Dollar und die Produktion brauchte fünf Stunden von Pauls Zeit – mindestens. An einem guten Tag kam Paul auf 10 US-Dollar Stundenlohn – und da fehlten noch die Kosten für Anschaffung und Reparatur seines Werkzeugs, Miete und Nebenkosten, Aushilfen und Kleinkram. Und doch konnte Paul das nicht sehen. Er hatte errechnet, dass er 50 US-Dollar von jeder Scheide einnahm, die er verkaufte, weil er lediglich mit den Materialkosten rechnete.

Als ich nach St. Louis, Missouri, flog, um ihn und den Aufsichtsrat seines Unternehmens zu treffen – das waren seine Mutter und sein Stiefvater –, bekam er von mir die kalte, harte Wahrheit zu hören. „Wir müssen das Vierfache der Rohmaterialien und Produktionszeit ansetzen. Wir müssen die Preise pro Scheide anheben; von 75 US-Dollar auf 349 US-Dollar." Das Vierfache ist ein typischer Faktor für die Herstellung bis ins Regal, besonders bei Luxusartikeln, wenn du rentabel wirtschaften möchtest.

Heilige Pfeife, hättest du die Blicke sehen können – besonders Pauls. Er hatte furchtbare Angst, dass das Anheben seiner Preise um 400 Prozent zu einer Revolte unter seinen loyalen Kunden führen würde. Dann erläuterte ich meine Logik. Wir hatten die Materialkosten in Höhe von 25 US-Dollar. Dann hatten wir die Kosten für die Arbeitsstunden: 10 US-Dollar Stundenlohn für den, der die Fertigung übernimmt, mal sechs Stunden (weil ein Fließbandarbeiter niemals in Pauls Tempo würde arbeiten können). So wurden aus den Kosten 85 US-Dollar. Wenn du diese Kosten mit vier multiplizierst, kommst du auf 340 US-Dollar. Weil ein Kunde 340, 341, 345 und 349 US-Dollar grob als das Gleiche einstuft, nutzt du den höchsten Betrag, um deinen Gewinn zu maximieren.

„Wenn du deine Preise nicht erhöhst", erläuterte ich, „dann wirst du den Laden zumachen müssen und Massen an Schulden haben. Die meisten Leute werden nicht einmal bemerken, dass du deine Preise erhöht hast. Andere werden sogar sagen: ‚Warum hat das jetzt so lange gedauert?' Und deine Kunden, die verärgert sind, suchen nach einer Billiglösung. Möchtest du wirklich Kunden, die vom Grabbeltisch kaufen?"

Obwohl er ernsthafte Vorbehalte hatte, folgte Paul meinem Vorschlag. Dann passierte es: Die ersten Scheiden wurden für 349 US-Dollar verkauft – ohne Beschwerden. Keine Email mit der Frage: „Warum hast du die Preise erhöht?" Nichts. Die Nachfrage nach Hedgehog Leatherworks Messerscheiden wurde mehr als viermal höher. Offenbar hatten die Leute die Qualität und den Wert von Pauls Produkt auf der Basis seiner Preise eingeschätzt und angenommen, dass die Qualität nicht besonders war. Als sie 75 US-Dollar kosteten, waren sie bloß ein weiteres Produkt. Als Paul den Preis verlangte, den sie *wirklich wert* waren, *sahen* die Leute diesen *echten Wert* und kauften mehr. Diese einfache Veränderung brachte Hedgehog Leatherworks in eine Position kontinuierlicher Rentabilität.

Mit den Profit First Professionals haben wir mit über achthundert Steuerberatern und Buchhaltern gearbeitet. In beinahe jedem Fall raten wir ihnen, die Preise für ihr Angebot zu erhöhen und sie bekommen weiterhin genauso viele oder sogar mehr Kunden als zuvor. Nicht bloß, dass sie bessere potenzielle Kunden anziehen, ihre vorhandenen Kunden wurden bessere Kunden. Weißt du, wenn ein Kunde mehr Geld in dein Angebot investiert, dann haben sie ein größeres Interesse am Ergebnis. Je mehr sie zahlen, desto mehr arbeiten sie selbst auf ein gutes Ergebnis hin. Ich möchte nicht anregen, dass du deine Kunden ausnimmst. Was ich vorschlagen möchte, ist dass du in Rechnung stellst, was für beide Seiten, deinen Kunden und dich selbst, fair ist.

OMEN: Gesunde Marge

LED-Leuchten sind heutzutage der große Hit. Du bist zum Beispiel als Verkäufer in das heiße Geschäft um das kühle Licht eingestiegen. Es gibt nur ein Problem: Die Margen sind ätzend. Nachdem du die FTN-Analyse durchgeführt hast, findest du dein existenzielles Bedürfnis in der BHN. Nachdem du das existenzielle Bedürfnis herausgearbeitet hast, ist es Zeit für OMEN:

1. ***Ziel (Objective):*** Du erhöhst die Gewinnmargen auf deine LED-Lampen, sodass du einen 20 prozentigen *Gewinn* aus deinem gesamten Unternehmen ziehen kannst. (Ein ordentlicher Sprung vom aktuellen Prozentsatz aus, der bei null liegt.) Du erwirtschaftest etwa 17 Prozent Bruttogewinn pro verkaufter LED-Lampe und dein Unternehmen tritt auf der Stelle.

2. ***Messen der Kennzahlen:*** Die Kalkulation zeigt, dass du deine Produktmarge verdoppeln solltest, damit du 35 Prozent Bruttogewinn mit jeder LED-Lampe erwirtschaften kannst, statt 17 Prozent. Damit kannst du insgesamt aller Wahrscheinlichkeit nach eine 20 prozentige Gewinnmarge für das Gesamtunternehmen erreichen.

3. ***Evaluation:*** Du hast ein schönes Umsatzvolumen, sodass die Datenlage sich gut für eine wöchentliche Auswertung eignet. Nach deiner ersten Woche fällt dir auf, dass du die höchsten Margen im Bereich der Spezialprodukte erreichst. Und einige der Standarddinge, die ihr verkauft, fahren sogar Verlust ein. Du behältst die wöchentliche Auswertung bei und kannst innerhalb von zwei Monaten sehen, dass sich die größten Margen durch den Verkauf der Spezialprodukte verwirklichen lassen. Du hast ein ausreichendes Umsatzvolumen, um diese Zahlen auf Tagesbasis auszuwerten.

4. ***Anpassungen (Nurture):*** Dein Team ist völlig begeistert von deinem Gewinnmargen-Ziel und hat ein Display für die Spezialprodukte im Eingangsbereich des Ladens aufgebaut, um die Umsätze mit diesen Produkten zu erhöhen. Du beginnst euer Teamritual mit einer Zahl, die du laut aussprichst. Dann hältst du einige Augenblicke inne, bevor ihr mit eurem Meeting fortfahrt. Diese Zahl – das wissen alle – ist die durchschnittliche Gewinnmarge des Vortags. In den letzten beiden Monaten war es jeden Morgen 17 oder 18. Aber dann, durch das Engagement des Teams, kommt der erste Tag, an dem du „23“ sagst. Das Team hebt ab!

5. ***Ergebnis:*** Das ganze Team liest „Warum kaufen wir? Die Psychologie des Konsums“ von Paco Underhill und mit den Erkenntnissen eines jeden implementiert ihr neue Strategien. Allein durch die Neuorganisation des La-

dens klettert die Marge auf 31 Prozent. Als nächstes wollt ihr einige der LED-Leuchten entfernen, die Verluste einbringen. Du bist zuversichtlich, dass ihr die 35 Prozent Bruttorendite übertreffen werdet. Das Betriebsergebnis lag schon gerade über 20 Prozent und ihr seid noch nicht fertig mit den Anpassungen. Die Zukunft leuchtet enorm hell. Also, ich meine, ihr verkauft halt LED-Speziallampen, nicht wahr?!

Bedürfnis Nr. 3: Transaktionsfrequenz

Frage: Kaufen Kunden wiederholt eher bei dir als bei der Konkurrenz?

„Ich mache alles für jeden."
„Was auch immer Sie brauchen: Wir erledigen das für Sie."
„Meine Nische ist ‚jeder'."

Die meisten Unternehmer versuchen sich mit ihren Angeboten sowohl breit als auch tief aufzustellen. Sie wollen alles für ihre Klienten und Kunden bieten, die sie mit Mühe gewonnen haben. Und sie nutzen jedes zusätzliche Produkt und jede zusätzliche Dienstleistung als eine Gelegenheit, mehr Geld zu verdienen. Das Problem ist allerdings, dass du nicht in allen Dingen der Beste am Markt sein kannst, weil du nicht für alle deine Angebote ausreichend viele Ressourcen zu vergeben hast. Noch weniger kannst du für alle Angebote die am besten geeignete Ressource zur Verfügung stellen. Es mag vielleicht theoretisch möglich sein, dein komplexes Unternehmen stromlinienförmig aufzustellen, jedoch ist dies ein sehr kostenintensiver Prozess – und zwar sowohl mit Blick aufs Geld als auch mit Blick auf die Zeit. Die effizienteste Lösung liegt darin, die Anzahl der unterschiedlichen Angebote zu reduzieren und eine spezifische Kundengruppe anzusprechen. Denn wenn du zahlreiche Angebote für eine große Vielzahl unterschiedlicher Kunden vorlegen möchtest, dann resultiert daraus eine exponentielle Beanspruchung deiner Ressourcen.

In meinen Büchern „Der Pumpkin Plan" und „Clockwork" spreche ich darüber, wie du den „Sweet Spot", den optimalen Punkt für dein Unternehmen findest. Den Punkt, an dem die Bedürfnisse deiner idealen Kunden auf die einzigartigen Kompetenzen deines Unternehmens treffen, die ihr *zudem* effizient anbieten könnt. Wenn du dich mit Laserfokus auf diesen Sweet Spot konzentrierst, dann wirst du erleben, wie deine Kosten im Bereich Zeit und Geld massiv sinken. Und der Bonus: Deine Kunden werden ebenfalls glücklicher.

Bei einer NFDA-Veranstaltung eine Keynote zum Thema Kundengewinnung zu geben, ist außerordentlich merkwürdig. Warum? Weil NFDA die Abkürzung für die National Funeral Directors Association ist, die Nationale Vereinigung der Beerdigungsinstitute. Doch da stand ich, im Yankee Stadium (echt) vor einer Gruppe von Beerdigungsunternehmern (ernsthaft) und hatte die Aufgabe, über Transaktionsfrequenz (ich schwöre) zu sprechen – wie du dahin kommst, dass Kunden häufiger bei dir kaufen. Ich weiß, ich weiß: Wenn jemand die Hilfe eines Beerdigungsinstituts in Anspruch nimmt, dann ist das eher eine einmalige Angelegenheit. Und doch, selbst in der Beerdigungsbranche gibt es vielfältige Wege, die Transaktionsfrequenz zu erhöhen. Die erste ist es, den gleichen Kunden dazu zu bringen, dass er mehrfach von dir kauft – was bei dir möglicherweise funktioniert. Aber bei diesen Begräbnisleuten? Eher nicht. Der zweite ist es, zusätzliche Dienstleistungen und/oder Produkte anzubieten, ohne dein Angebot zu verwässern. Und der dritte Weg ist, beides zu kombinieren. Bei den Beerdigungsinstituten haben wir uns auf die zweite Möglichkeit konzentriert. Särge, Blumen, Zusatzservices – sind alles Optionen. Darüber hinaus hat sich ein Beerdigungsinstitut mit einem Porträtmaler zusammengetan, der Grabsteine bemalt (und ein Stück vom Kuchen bekam).

Die Lehre aus der Transaktionsfrequenz liegt darin, nach Wegen zu suchen, häufiger zu mehr Abschlüssen mit deinen Kunden zu kommen, ohne jemals die Qualität der Arbeit in Frage zu stellen oder zu verwässern. Mit anderen Worten, du suchst nach Wegen, mehr Abschlüsse mit deinen Kunden zu erzielen und sie dabei noch immer umzuhauen. (Hoffentlich nicht endgültig.)

OMEN: Transaktionsfrequenz

In diesem Beispiel hat dein Unternehmen im Bereich der Landschaftsarchitektur das existenzielle Bedürfnis nach höherer Transaktionsfrequenz. Die Kunden lieben dich und deine Arbeit. Es gibt nur ein Problem: Pflanzen wachsen und gedeihen auch ohne dich. Wie bekommst du mehr Aufträge von deinen Kunden ohne dein Angebot übermäßig zu diversifizieren (was der Wildschweinpfad zu einem verwässerten Unternehmen werden kann), während du weiterhin deinen exzellenten Ruf aufrecht erhältst?

1. ***Ziel (Objective):*** Du möchtest die Zahl der jährlichen Abschlüsse mit deinen vorhandenen Kunden um 50 Prozent erhöhen. Aktuell stellen dich rund 20 Prozent deiner Kunden im folgenden Jahr erneut an, damit du auf deiner geleisteten Arbeit weiter aufbaust. Du möchtest das um 50 Prozent erhöhen, also sollen 30 Prozent deiner Bestandskunden im Folgejahr erneut bei dir kaufen.

2. ***Messen der Kennzahlen:*** Du bittest deinen Buchhalter, einen einfachen neuen Bericht in eurem Buchhaltungssystem anzulegen, der zeigt, wie viele Kunden Bestandskunden sind. Der Bericht addiert den Prozentsatz der Kunden. Du möchtest die Anzahl der Bestandskunden vom heutigen Tage an innerhalb eines Jahres um 50 Prozent steigern.

3. ***Evaluation:*** Du findest, dass eine monatliche Prüfung des Berichts einen guten Rhythmus darstellt.

4. ***Anpassungen (Nurture):*** Du legst ein monatliches Pizza-Meeting mit deinem Team fest, um zu brainstormen. Jemand schlägt Pflegeangebote vor, weil viele Kunden das Wässern und Unkrautjäten nicht selbst machen. Die Herausforderung an dieser Idee liegt darin, dass in dieser Art von Arbeit kaum eine Marge liegt. Zudem gibt es jede Menge Konkurrenz mit Landschaftsbauern. Und es könnte euch den Wildschweinpfad entlangführen, hin zu einer zu breiten Diversifikation. Dann schlägt jemand vor, dass ihr eine Garantie auflegt, die den Hausbesitzer davor schützt, dass Pflanzen sterben oder unvorhersehbare Wetterereignisse dazu führen, dass der Garten zerstört wird, den ihr angelegt habt.

5. ***Ergebnis:*** Einige der weltbesten Margen liegen in Garantieprogrammen. Also ergreift ihr die Gelegenheit und sie zahlt sich aus! Beinahe 25 Prozent der Neukunden buchen das Jahresgarantieangebot, das ihr einrichtet und das sich jährlich verlängert. Deine Kunden zahlen Jahr für Jahr für die Garantie, steigern damit euren Umsatz und geben euch die Gelegenheit, in Kontakt zu bleiben und zusätzliche Gestaltungsideen vorzulegen. Du hinterlegst einen Teil der Garantiezahlungseingänge auf einem GARANTIEN-Bankkonto, das du einrichtest. Wenn ein Problem mit dem Landschaftsbau bei einem der Hausbesitzer auftaucht, dann hast du das Geld verfügbar, um die Garantie wirksam werden zu lassen. Und noch wichtiger: Du hast sogar noch mehr Geld übrig, um die Ziele zu erreichen, die du dir gesetzt hattest. Gut gemacht.

Bedürfnis Nr. 4: Rentabilitätshebel

Frage: Wenn du Schulden machst, setzt du das Geld für eine prognostizierbar höhere Rentabilität ein?

Manche Unternehmen machen in der Startup- oder einer Wachstumsphase dadurch Schulden, dass sie die Kapazität erhöhen, bevor die Nachfrage da ist. Dies ist zwar eine verbreitete und effektive Art und Weise, zu wachsen. Doch viele Unternehmen haben keine angemessenen oder sauberen Vorausberechnungen darüber, wie lange es dauern wird, bis ihr Investment sich gerechnet haben wird. Und noch weniger Unternehmen richten „Reißleinen“ ein, um weitere Schulden bzw. weiteres Wachstum zu verhindern, für den Fall, dass ihre Vorhersagen nicht zutreffen.

Schulden können ein wertvolles Werkzeug sein, wenn sie eingesetzt werden, um klare Gewinnchancen zu verbessern. Wenn es eine Garantie dafür gibt, dass die Schulden innerhalb eines genau definierten Zeitraums zu mehr Gewinn führen werden, dann bist du in der Situation, dass du Schulden als Hebel nutzen kannst. Die meisten Unternehmen nutzen Schulden allerdings nicht als Hebel (auch wenn sie diesen Begriff möglicherweise verwenden) – sie legen sich dadurch einen Mühlstein um den Hals. Wenn Schulden genutzt werden, um den Unternehmensbetrieb aufrecht zu erhalten, oder dazu, die Kosten der verkauften Produkte zu decken, dann sind dies klare Anzeichen für Schulden als Mühlstein.

Anthony Sicari Jr. Ist ein Unternehmensinhaber, der weiß, wie man Schulden als Hebel nutzt. Seine Firma, die *New York State Solar Farm* (NYSSF) arbeitet als Lizenznehmer für den Staat New York von SunPower, einem der am besten eingeführten Lieferanten von Solarpaneelen. Teil der Vereinbarung ist es, dass NYSSF Pakete von mindestens 80 Paneelen einkauft, die dann rund 75.000 US-Dollar kosten. Im Durchschnitt braucht jede Installation für einen Privathaushalt rund 25 Kollektoren, bei manchen Häusern reichen bereits 15 und bei anderen verbaut er sogar 35. Das bedeutet, dass NYSSF drei bis vier Aufträge braucht, um eines der SunPower-Pakete zu verbauen.

Einige Unternehmen würden Schulden aufnehmen, um die 75.000 US-Dollar Vorauszahlung zu decken. Nicht so Anthony. Er hat mit seinem Lieferanten eine Vereinbarung, dass sein Unternehmen etwa 25.000 US-Dollar pro Woche bezahlt und nicht den vollen Betrag bei Lieferung. Das lässt ihm Zeit, die Paneele geliefert zu bekommen, sie zu installieren und den vollen

Preis für die Installation zu erhalten, bevor der größte Teil seiner Zahlung an den Lieferanten fällig wird. Diese schlichte Vereinbarung bringt NYSSF auf die Seite positiven Cashflows, was bedeutet, dass sie in der Lage sind, das Geld erst einzunehmen, bevor sie es ausgeben.

Anthony ging sogar noch einen Schritt weiter ... einen sehr cleveren Schritt. Er nutzt Profit First in seinem Unternehmen und hat daher ein Konto eingerichtet, das er mit INVENTAR bezeichnet hat. Jedes Mal, wenn er die Zahlung von einem Kunden vereinnahmt, geht ein Teil des Betrages auf das INVENTAR-Konto. Anthony bezahlt dann die wöchentlichen 25.000 US-Dollar an SunPower von diesem Konto. Als wir sprachen, hatte er 40.000 US-Dollar auf diesem Konto, was hieß, dass er allen Deadlines weit voraus war. Selbst wenn einer seiner Kunden in Zahlungsschwierigkeiten gerät, hat er kein Zahlungsproblem, was auf Dauer zu einem Schuldenproblem führen könnte. Und wenn eine große Bestellung reinkommt wird und er 100 Paneele benötigt, ist das kein Problem.

Gutes Schuldenmanagement erkennt man daran, dass jeder geliehene Euro zu einem vorhersagbaren Euro-plus-Ergebnis führt – und zwar zügig. In Anthonys Fall ist der Lieferant der Gläubiger und, ja, Anthony hat mehr als einen Euro, den er für jeden geliehenen Euro zurückbekommt.

OMEN: Rentabilitätshebel

Lass uns für unser aktuelles Beispiel annehmen, du verkaufst lustige Schilder als Deko-Artikel auf Etsy.com. Deine Bestseller sind Schilder, auf denen steht „Jetzt erst mal einen Kaffee." und „Musste der heutige Tag wirklich sein?" und dein allerbestes Schild „Ich bin ein Naturbursche: Ich trinke meinen Wein auf der Veranda." Bei Schildern geht es immer um Trends. Wenn ein neuer Trend zuschlägt, musst du bereit sein, ihn aufzugreifen. Das existenzielle Bedürfnis, das du herausgearbeitet hast, ist die Fähigkeit, Schulden als Hebel für große Gewinne einzusetzen:

1. ***Ziel (Objective):*** Ziel ist, die Vorteile neuer Schilderdesigns nutzen zu können, wenn du einen neuen Trend entdeckst, oder ein Schild gestalten zu können, dass einen neuen Trend auslöst. Du weißt aus der Vergangenheit, dass die höchsten Kosten nicht bei der Produktion der Schilder entstehen, sondern in der Werbung. Wenn ein Schild einschlägt, brauchst du Geld für Facebook. Eine Anzeige für 25.000 US-Dollar bringt dir leicht 500.000 US-Dollar Umsatz ein. Die Sache ist nur die: Du brauchst die 25.000 US-Dollar.

2. ***Messen der Kennzahlen:*** Bevor du viel Geld in Anzeigen steckst, gehst du sicher, dass jeder Dollar mit hoher Wahrscheinlichkeit deinen Gewinn erhöht. Du machst einen Testlauf mit einem beliebten Schild, um die Ergebnisse sehen zu können. Zuerst legst du 100 US-Dollar für die Kampagne fest, dann schaust du auf die Ergebnisse. Dann testest du 500 US-Dollar. Und, tatsächlich, die Anzeigen funktionieren, aber die guten Gewinnmargen gibt es nur bei den Schildern, die es ausschließlich bei dir gibt. Mit dem Vertrauen, das du in dieser Testphase gewonnen hast, gehst du los und lässt dir eine variable Kreditlinie von 25.000 US-Dollar einräumen, setzt dich hin und wartest.

3. ***Evaluation:*** Im Moment gibt es für dich nichts zu tun, außer auf das Auftauchen der richtigen Gelegenheit zu warten. Und wenn sie kommt, misst du täglich.

4. ***Anpassungen (Nurture):*** Du hängst ein Schild über deinen Schreibtisch mit der Aufschrift „Ich brauche ein Schild, das sonst niemand hat."

5. ***Ergebnis:*** Danke, Mr. Snoop Dogg! Während du dir Motivationsvideos auf YouTube anschaust, hörst du die Rede, die Snoop Dogg gab, als er den Hollywood Star erhielt. In dieser Rede sagt er, „Und zu guter Letzt möchte ich mir danken. Ich möchte mir dafür danken, dass ich an mich geglaubt habe. Ich möchte mir für die viele harte Arbeit danken." Das ist es! Das ist deine große Idee! Du entwirfst die Schilderserie „Ich danke mir." für Büros, Fitnessstudios, Zuhause. Du probierst eine Test-Anzeige für wenige Hundert Dollar und das Schild ist ausverkauft. Weil du weißt, dass die Konkurrenz nicht schläft, musst du richtig schnell sein, bevor sie mit Kopien von deinem Schild auftauchen. In diesem Moment geben dir deine Mitarbeiter eine kleine Verbesserung für deine Evaluation: Miss die Ergebnisse nicht täglich, sondern stündlich. Zeit ist entscheidend. Du nutzt die OMEN-Parameter, die du entwickelt hast, mit der Anpassung, dass du stündlich misst, und machst einen weiteren Test mit 1.000 US-Dollar Budget. Gold! Du hast deinen besten Return aller Zeiten auf eine Anzeige. Am Ende des Tages ist die aktuelle Produktion erledigt und es gibt eine Reserve für weitere Bestellungen. Du hast die vollen 25.000 US-Dollar als Hebel nutzen können. Das Schild läuft schneller, als du Snoop Doggy Dogg sagen kannst und die Gewinne fließen in Strömen.

Bedürfnis Nr. 5: Liquiditätsrücklagen

Frage: Hat dein Unternehmen ausreichende Rücklagen, um die Kosten von mindestens drei Monaten zu decken?

Verzweifelte Menschen handeln verzweifelt. Das ist *keine* Situation, in der du sein möchtest. Bargeld kann dir helfen, das zu vermeiden und, ganz grundsätzlich gilt: Mehr Geld wird dir helfen, das noch mehr zu vermeiden. Eine angemessene Geldrücklage gibt dir die Möglichkeit, unvorhergesehene Umstände mit Selbstvertrauen zu meistern. Um es deinem Unternehmen zu ermöglichen, unbeeindruckt weiterzuarbeiten, oder um eine unerwartete Chance beim Schopfe zu ergreifen, braucht dein Unternehmen zwei bis sechs Monate deines durchschnittlichen Monatsumsatzes auf einem SCHATZTRUHE-Konto.

Ich erzähle dir jetzt, wie ich die Möglichkeit hatte, eine Chance zu ergreifen, als sie sich mir bot. Ich hatte ein SCHATZTRUHE-Konto für meine Profit First Professionals und für meine Autorenschaft eingerichtet. Wir schauten uns nebenbei nach einem größeren Büro um, damit wir wachsen konnten, und wir wollten lieber ein Objekt kaufen als weiterhin zu mieten. Als ein Gebäude in der Stadt zum Verkauf angeboten wurde, waren wir bereit und konnten bar bezahlen. Barreserven geben dir die Möglichkeiten, Chancen zu ergreifen, wenn deine Konkurrenz das nicht kann. Nicht davon zu reden, dass Geld in deinem Unternehmen dessen Wert erhöht.

Wenn ein potenzieller Käufer darüber nachdenkt, dein Unternehmen zu kaufen, dann ist der unbestreitbare Faktor Nr. 1 zur Berechnung der Wirtschaftlichkeit deines Unternehmens die Frage, wie viel Umsatz es gemacht hat und wie viel Geld im Unternehmen ist. Geld auf dem Konto, das aus dem laufenden Betrieb erwirtschaftet worden ist, lässt sich nicht wegdiskutieren. Mit deiner SCHATZTRUHE in der Hinterhand ist dein Kapital hoch und damit auch deine Bewertung.

Gesunde Rücklagen bringen zudem Stabilität in den Entscheidungsprozess, weil du so die Möglichkeit hast, dich auf die wirkungsvollen Dinge zu konzentrieren, anstatt dich immer auf die aktuellen Probleme stürzen zu müssen. Da aber Rücklagen die Rückschläge von Fehlern und Missmanagement abschwächen können, erleichtern sie zugleich das Fortführen nachteiliger Entscheidungen. Weil Rücklagen ein zweischneidiges Schwert sind, sollten sie so gesichert sein, dass nicht jeder (vor allem du) leicht an sie herankommt, sondern dass sie nur verfügbar sind, um Risiken abzumildern und um Chancen zu ergreifen. Zum Beispiel könntest du zwei Unterschriften für alle entsprechenden Schecks benötigen und der zweite Mensch ist eine Vertrauensperson, die mit dem Unternehmen nicht direkt verbunden ist. Oder du könntest es einfach nur total ätzend umständlich machen, an das Geld zu kommen. Du könntest eine unabhängige Bank dafür auswählen, die weit weg liegt, und das Online-Banking nicht aktivieren.

OMEN: Liquiditätsrücklagen

Sagen wir, du hast irgendein Unternehmen, das dir gerade einfällt. Jetzt kannst du dein Abenteuer selbst wählen. Erinnerst du dich an diese Abenteuerspiele-Bücher? Wir nennen dich jetzt einfach ABC-Firma. Du kennst die Goldene Regel der liquiden Rücklagen, nicht wahr? Du musst mindestens drei Monate Fixkosten auf deinem Konto haben – hast du aber nicht. Existenzielles Bedürfnis identifiziert? Jap! Jetzt ist OMEN-Zeit.

1. ***Ziel (Objective):*** Drei Monate Fixkosten in der liquiden Rücklage. Du hast ein Unternehmen mit mehreren Millionen Umsatz und du hast 100.000 US-Dollar monatliche Betriebskosten, was bedeutet, dass du 300.000 US-Dollar in einem SCHATZTRUHE-Konto brauchst.[16] Es geht euch ziemlich gut und du hast derzeit 150.000 US-Dollar in der Rücklage, aber diesen Betrag musst du verdoppeln.

2. ***Messen der Kennzahlen:*** Dein Ziel ist es 300.000 US-Dollar innerhalb von sechs Monaten auf einem Konto zu haben.

3. ***Evaluation:*** Du überprüfst den Fortschritt deines SCHATZTRUHE-Saldos an jedem 10. und 25. jedes Monats. Du beschließt, 5 Prozent deiner EINNAHMEN (alle Gelder, die auf dein Geschäftskonto eingezahlt werden) an diesen Tagen auf die SCHATZTRUHE zu überweisen – soweit du es dir leisten kannst – und gehst von einem schlechten Monat innerhalb dieser sechs Monate aus.

4. ***Anpassungen (Nurture):*** Du weihst deine Buchhaltung und deinen Steuerberater ein. Der Steuerberater stimmt dir zu mit Blick auf die fünf Prozent und zeigt dir ein paar Möglichkeiten auf, deine aktuellen Betriebskosten

---

16 Die vollständige Erläuterung zum SCHATZTRUHE-Konto und anderen spezifischen Konten findest du in „Profit First".

zu senken und das eingesparte Geld auf deine SCHATZTRUHE zu überweisen. Dein Buchhalter sorgt dafür, dass du dich an dein Wort hältst und überweist das Geld.

5. ***Ergebnis:*** Nicht alles läuft immer wie geplant. Du hattest nicht einen schlechten Monat sondern fünf. Die Nachfrage seitens deiner Kunden veränderte sich unerwartet. Nur gut, dass du mit dem Zuweisen der fünf Prozent vom Umsatz auf deine SCHATZTRUHE begonnen hattest. So hattest du etwas mehr Puffer als die 150.000 US-Dollar, die du bereits zurückgelegt hattest. Allerdings nimmst du jetzt Geld aus der SCHATZTRUHE, um weitere Bedarfe zu decken. Zudem streichst du weitere Kosten und reduzierst die Zuweisungen für die SCHATZTRUHE auf 2 Prozent, während du dein Unternehmen auf die richtige Größe bringst. Dein SCHATZTRUHE-Konto hat dich in die Lage versetzt, deinem Unternehmen eine weiche Landung zu ermöglichen, während deine Konkurrenz links und rechts Bruchlandungen hinlegt. Dieses Mal hattest du ein bisschen Glück und jetzt achtest du mit Argusaugen darauf, immer liquide Mittel zur Verfügung zu haben.

FTN in Aktion

Erinnerst du dich an Jacob Limmer aus Kapitel 3? Das war der Besitzer von *Cottonwood Coffee*, der 13 Jahre als Unternehmer unterwegs war und keine realistische Vorstellung davon hatte, wie viel Geld er benötigte, um seinen Lebensstil zu unterhalten – was der Grund dafür war, dass er niemals genug Geld hatte, um ihn sich leisten zu können.

Nachdem du das richtige Problem gelöst hast, beginnst du den Prozess von vorn und gehst die BHN von unten nach oben durch. Da Jacob zu dem Zeitpunkt kein unbefriedigtes zentrales Bedürfnis mehr auf dem UMSATZ-Level hatte, analysierte er das GEWINN-Level. Sofort wurde ihm klar, dass er ein unbefriedigtes existenzielles Bedürfnis auf diesem Niveau hatte: Schuldentilgung. Er sagte mir: „Wenn ich über Schulden nachdenke, dann fühle ich mich wie der Little Dutch Boy aus dem Cartoon, der versucht, eine Flutkatastrophe dadurch zu verhindern, dass er seinen Finger in das Loch im Deich steckt." Ich glaube, wir fühlen uns alle so, wenn wir in Schulden ersaufen. Wir fragen uns, ob wir überhaupt etwas daran ändern können, weil das Problem einfach zu groß erscheint, um es anzugehen. (Was es nicht ist.)

Nachdem er das existenzielle Bedürfnis identifiziert hatte, führte Jacob die Profit-First-Prinzipien ein und begann mit der Strategie des Schulden-

Einfrierens zusammen mit dem Schulden-Schneeballsystem. Jacob fing an, die Schulden abzutragen. Erst die kleinen Beträge. Dann größere Schuldenlasten. Jede getilgte Schuld stärkte sein Selbstvertrauen und inspirierte ihn dazu, noch härter daran zu arbeiten. Mittlerweile läuft das Tilgen von Schulden auf Autopilot.

Jacob erzählte mir: „Bevor ich begann, die Schulden abzutragen, stellten sie einen Wasserfall kleiner moralischer Kompromisse dar. Ich musste mich entscheiden, wen ich pünktlich bezahlen wollte und welche Schecks ich „vergessen würde, zu unterschreiben", um so ein paar weitere Tage zu erkaufen. Ich wollte niemals so werden – und war es doch."

Jetzt bezahlt Jacob jede Rechnung pünktlich. „Ich habe das Gefühl, wieder ganz und gar integer zu sein."

Jacob erläutert auch seinen Erkenntnisprozess mit der FTN-Analyse: „Bevor ich dieses Werkzeug eingesetzt habe, wollte ich immer nur voranstürmen. Dabei habe ich die Arbeit an den Grundlagen dauernd ignoriert. Ich lebte in meiner abstrusen Vorstellung von neuer Tag, neuer Dollar. Ich musste dieses Tool vollständig durcharbeiten und wieder und wieder am gleichen Punkt hängenbleiben [das existenzielle Bedürfnis], um zugeben zu können „Ok, ich muss mich darum kümmern." Und dann hatte ich das Gefühl, die Arschkarte gezogen zu haben, als mir alles klar wurde und ich zugeben musste, dass ich noch nicht im VERMÄCHTNIS- oder EINFLUSS-Modus war. Doch jetzt weiß ich, dass ich dort hinkommen werde, sobald ich die Grundlagen in Ordnung gebracht habe."

Meine Lieblingsstelle in unserem Gespräch kam am Ende unseres Telefonats. Jacob sagte: „Weißt du, Mike, mein Unternehmen macht mir richtig Spaß – zum ersten Mal."

Zuckersüße Worte für diesen Kumpel. Ich werde ganz emotional, wenn ich das auch nur aufschreibe. Ich meine, warum sollte man sich die Mühe machen, ein Unternehmen zu besitzen, wenn wir am Ende nur deprimiert unter Schuldenbergen liegen? Du musst nicht unter Schuldenbergen liegen und du musst nicht voller Sorgen, völlig gestresst oder deprimiert sein. Du musst dich lediglich auf die Grundlagen konzentrieren.

Kapitel 5 Ordnung in die Organisation bringen

Mein ältester Sohn, Tyler, ist der König der Quizze. Er weiß viel über Vieles und zermalmt seine Gegner, wann auch immer jemand dumm genug ist, gegen ihn zu spielen. (Ich habe damit aufgehört, als er zwölf war. Jetzt, da er erwachsen ist, achte ich einfach immer darauf, dass wir im gleichen Team spielen.) Es war Tyler, der mir ein interessantes Detail zu Krebs erzählte. Wusstest du, dass unserer Körper immer irgendwo unkontrolliertes Zellwachstum aufweist, das im Grunde genommen Krebs ist? Nur dass unser Körper dieses Wachstum dann doch unter Kontrolle hält? Mit anderen Worten, es ist nicht so, dass wir „Krebs bekommen", sondern wir „haben schon Krebs". Er wird nur erst gefährlich, wenn unser Körper das nicht mehr im Griff hat und er unkontrolliert wächst.

Als ich dieses Buch schrieb, erwähnte ich Tyler gegenüber das ORDNUNG-Level und – Achtung, jetzt kommt ein Stolzer-Vater-Moment – und Tyler sagte, „Das ist genau wie im Unternehmen. Die Probleme sind immer da. Nur dass wir sie unter Kontrolle halten, wie unser Körper, bis wir das *nicht mehr* schaffen."

Jap! Mein Sohn, der seine Genialität in den Bereichen Biologie und Business zeigt und Schlüsse zieht. Stolzer Vater genau hier. Entschuldige mich, ich muss gerade die Träne aus meinem Augenwinkel wischen.

Es ist wahr. Im Unternehmen gibt es immer eine natürliche Tendenz, auf Komplexität hinzusteuern. Im Bemühen, Chancen zu ergreifen, zu wachsen und auf die Veränderungen am Markt zu reagieren, schleppen wir regelmäßig mehr an und bearbeiten mehr. Vielleicht bist du uns anderen ein paar Schritte voraus, aber wenn du so bist wie ich und die Unternehmer, die ich kenne, dann denkst du vermutlich nicht so irre viel über die Konsequenzen nach, wenn du die Flexibilität erhöhst und zwar über das hinaus, was deinen existenten und potenziellen Kunden unmittelbar dient. Selbst wenn es in dem Augenblick sinnvoll erscheint, dein Angebot auszuweiten, ein neues Projekt an den Start zu bringen oder mehr Leute einzustellen: Dieser Wandel kann außer Kontrolle geraten. Und dann wird es unmöglich, vorhersagbare Ergebnisse zu erzielen. ORDNUNG, ein grundlegendes Niveau der unternehmerischen Hierarchie, setzt die Verbesserung und Durchsetzung von Systemen voraus, die vorhersagbare Ergebnisse erzielen. Wenn du das erreichst, dann ist der „Krebs", also unkontrolliertes Wachstum und wuchernde Expansion, ausgelöscht, bevor er eine Chance hat, sich festzusetzen und dein Unternehmen heimlich umzubringen.

Etwas möchte ich klar stellen – ORDNUNG bedeutet nicht unbedingt das *Erschaffen* von Systemen, auch wenn das möglich ist. Ich möchte nicht vorschlagen, dass du Monate und Tausende von Euros darauf verwendest, Prozesse einzuführen und Strategie-Handbücher zu verfassen. Auch wenn dir das vielleicht gar nicht klar ist: Du hast bereits Systeme installiert. Diese Systeme müssen möglicherweise verbessert werden, aber sie existieren bereits. In vielen Fällen stellen sie lediglich Routinen dar, denen du und dein Team folgt. Das sind mit Sicherheit Systeme. Sie müssen nur aus den Köpfen der Leute geholt und in einem Verzeichnis abgelegt werden, damit sie für alle zugänglich sind. Zum Beispiel kannst du den Prozess am Monitor aufzeichnen, den deine Kollegen durchführen, wenn sie die Rechnungen schreiben. Sie machen das vollkommen routiniert und wenn ihr ein Video von ihren Schritten am Monitor aufzeichnet, wird daraus ein System, das ihr festhalten und speichern könnt.

Eine weitere Sache ist mir wichtig und zwar, *warum* wir Systeme verbessern. Du denkst vielleicht, so wie ich früher, dass es bei Systemen darum geht, mehr Zeug schneller zu erledigen. Nichts da. Das ist ein Teufelskreis, der dich fertig macht. Wenn wir höhere Produktivitätslevel ohne organisatorische Effizienz erreichen, arbeiten wir am Ende lediglich mehr, nicht weniger. Und große Teile dieser Arbeit sind vollkommen überflüssig, was bedeutet, dass wir Ressourcen verschwenden.

Wenn du ORDNUNG in dein Unternehmen bringst, dann erlangt es Autonomie, denn das Unternehmen ist nicht mehr von einzelnen Individuen abhängig (dich eingeschlossen). Es ist im Gleichgewicht, stark und flexibel. Du schleppst das Unternehmen nicht länger auf deinem Rücken mit dir herum, was bedeutet, dass dein Unternehmen auch ohne dich weitermachen kann – einige Tage lang, Wochen, Jahre oder sogar ein Leben lang.

Wenn dieses Buch in Druck geht, werde ich bereits drei vierwöchige Urlaube innerhalb eines Zeitraums von 14 Monaten gemacht haben. Hättest du mir vor Jahren erzählt, dass irgendein Unternehmer so viel Urlaub nimmt, ganz zu schweigen davon, dass ich selbst dieser Unternehmer sein könnte, hätte ich dir gesagt, dass das absurd ist. Jetzt denke ich, dass es absurd ist, wenn Unternehmensinhaber *nicht* mindestens einmal im Jahr einen vierwöchigen Urlaub nehmen.

Mein erstes Mini-Sabbatical von den Alltagsroutinen meines Unternehmens fand vom 7. Dezember bis zum 7. Januar statt. Und jetzt nehme ich mir in dieser Zeit immer frei, weil ich so die Möglichkeit habe, Zeit mit meinen Kindern zu verbringen, wenn sie vom College nach Hause kommen. Und ich habe die Möglichkeit, die Weihnachtszeit richtig zu genießen und sogar daran *teilzuhaben*. Ich habe in dieser Pause so viel gelernt und das Unternehmen ist in dieser Zeit so viel besser geworden, dass ich eine weitere vierwöchige Pause im Juli darauf genommen habe. (Kannst du Disneyland Maxi-Pass sagen? Gut, dachte ich mir. Mein Portmonee auch.) Wann immer ich nicht auf Vortragstour bin,[17] nehme ich die Wochenenden frei. Schockierend, ich weiß. (Die meisten Unternehmer arbeiten die Wochenenden durch. Aber das wusstest du schon, nicht wahr?) *Und* ich habe ein paar kürzere Urlaube genommen. Die Lektion, die ich – *endlich* – begriffen habe? Du bist kein Unternehmenseigner, wenn du Eigentum deines Unternehmens bist. Wenn du im Unternehmen gebraucht wirst, damit es läuft, dann hast du lediglich einen Job bei dem Unternehmen, von dem dir eine Menge Anteile gehören. Das ist alles.

Wenn du das nächste Mal zu McDonald's gehst, bitte mal darum, mit den Inhabern zu sprechen. Sie werden nicht dort sein. Sie wenden keine Burger oder frittieren Pommes. Sie hocken nicht in einem überbewerteten Kabuff, das sie Büro nennen. Und sie sitzen auch nicht an der Kasse. Die Inhaber sind überall, nur nicht dort. Weil das Funktionieren jedes McDonald's auf Systemen beruht, nicht auf dem Schweiß der Inhaber.

Du kennst diese „Get Shit Done"-Becher und T-Shirts, mit denen sich Unternehmer gern schmücken? Ich möchte, dass du verstehst, so wie ich es endlich verstanden habe, dass den „Scheiß erledigen" tatsächlich bedeutet, dass du Scheiß erledigst. Hör auf, deinem Unternehmen das anzutun und

---

17 Ich fühle mich gesegnet, weil ich Keynotes für Veranstaltungen halten durfte. Angefangen von Gruppen von Unternehmern oder Franchisenehmern bis hin zu Verbänden und allem dazwischen. Ich habe eine großartige Agentur, mit der ich arbeite, GoLeeward.com. Sie sind fantastisch und entgegenkommend. Schau bei ihnen rein, wenn du deinen nächsten Redner suchst. Es wäre mir eine Ehre, wenn ich mich bei dir bewerben dürfte.

fang an, dein Unternehmen so zu organisieren, dass es ohne dich läuft. Für immer.

Was habe ich in meinem ersten vierwöchigen Urlaub gemacht? Meine Frau Krista und ich planten, nach Quebec zu reisen (meiner Meinung nach die schönste Stadt der westlichen Hemisphäre) und nach Europa, um Familie und Freunde zu besuchen. Aber die Natur hatte einen anderen Plan. Einige Tage vor unserer Abreise brach sich Krista den Fuß, als sie im Wald hinter unserem Haus wanderte. Die Verletzung bescherte ihr über Monate eine Schiene an ihrem Fuß und es dauerte etwa ein Jahr, bevor alles ausgeheilt war. Muss ich es sagen? Gebrochener Fuß = keine Reise. Also blieben wir zuhause. Weißt du was? Es war großartig! Ich erledigte Projekte rund ums Haus. Wir luden Gäste ein. Wir genossen Sonnenuntergänge und Sonnenaufgänge. Und schauten sie von unserem Whirlpool aus an (Dank unserer quartalsweisen Gewinnausschüttung à la Profit First). Ich konnte Krista dabei helfen, wieder auf die Füße zu kommen – wofür ich in früheren Jahren niemals die Zeit gehabt hätte. Und während des gesamten Urlaubs hielt ich keine Rücksprache mit dem Büro. Kein einziges Mal.

Die Fußverletzung? Das hätte mir passiert sein können. Was wäre, wenn ich für einige Wochen arbeitsunfähig gewesen wäre. Oder gar ein paar Monate oder für immer? Der Tag wird kommen, an dem wir beide, du und ich, nicht mehr in der Lage sein werden, in unseren Unternehmen zu arbeiten. Die Frage ist: Geschieht das mit oder ohne einen Plan? Die einzige Möglichkeit, für alle Eventualitäten gerüstet zu sein, liegt darin, dein Unternehmen von dir unabhängig zu machen.

Als ich im Januar aus dem Urlaub kam, setzte ich mich mit meinem Team zusammen, um zu schauen, wie es gelaufen war. Während meiner Abwesenheit waren sie in Rollen geschlüpft, die sie vor meiner Auszeit nicht hätten ausfüllen „können", weil ich diese Arbeit erledigt hatte. Wie es aussah, war ich derjenige, der ihr Wachstum verhindert hatte. Wir entdeckten noch etwas Wichtiges: Wir hatten ein Problem mit der Markenidentität. Mir war gar nicht klar gewesen, wie viel ich getan hatte, um sicherzustellen, dass unser Wording und unser Markenauftritt konsistent waren, bis ich nicht vor Ort war, um genau das zu tun. In meiner Abwesenheit wurde das Marketing sehr chaotisch. Ohne mich entwickelte sich ein Markenkrebs. Also war das System, das sicherstellte, dass unser Marketing auch ohne mich auf Spur war, das nächste, das ich aufsetzte. Nach all den langen Auszeiten ist mir klar, dass meine oberste Priorität darin liegt, mich selbst im Unternehmen überflüssig zu machen. Sobald du UMSATZ und GEWINN abgesichert hast, liegt deine nächste Mission darin, dich selbst mit Hilfe von ORDNUNG im Operativen überflüssig zu machen.

Bedürfnis Nr. 1: Minimale Verschwendung

Frage: Hast du laufende und funktionierende Prozesse, um Engpässe, Schwachstellen und Ineffizienzen zu minimieren?

In seinem Buch „Friction", das du unbedingt lesen musst, erläutert Roger Dooley, wie die Taxi-Branche ihr System zur Kundengewinnung seit den 1950er-Jahren nicht verändert hat. Es funktioniert so: Ein Taxifahrer fährt auf der Suche nach Kunden die Straßen auf und ab, während potenzielle Kunden auf der Suche nach einem freien Taxi die Straßen auf- und abwandern. Solltest du je versucht haben, in New York City ein Taxi zu ergattern, dann weißt du, dass es bedeutet, eine gut befahrene Straße zu finden, die aber nicht so befahren ist, dass der Verkehr steht. Gar nicht so einfach. Wenn du endlich eine „gute Ecke" gefunden hast, dann stehst du im Wettbewerb mit allen anderen, die ein Taxi suchen. Bist du kurz vor dem Schichtwechsel der Taxifahrer, dann hast du möglicherweise überhaupt gar kein Glück, denn es kann gut sein, dass sie dann gar keine Fahrten annehmen. Und wenn es regnet? Vergiss es einfach. Ich hoffe, du hast einen guten Regenschirm, denn du wirst laufen müssen ... zumindest bis zur nächsten U-Bahn-Station. Um ein Taxi zu bekommen, verschwendet man jede Menge Ressourcen! Bist du der Taxifahrer, dann verbringst du deine Tage damit, herumzufahren und nach Kunden Ausschau zu halten. Oder du wartest vor einem Hotel. Bekommst du eine Fahrt, landest du möglicherweise in einer Ecke der Stadt, wo niemand nach einem Taxi schaut, sodass du in eine geschäftigere Ecke zurückfahren musst, um den nächsten Kunden zu finden. Noch mehr Verschwendung. Verwirrende Wegführungen sowie die Zahlungsabwicklung mit Bargeld und Kreditkarten am Ende der Fahrt – noch mehr Verschwendung. Oder, wie Roger es nennt, mehr Reibung (Friction).

Unternehmen wie Uber und Lyft, die Fahrten verteilen, haben die Spielregeln verändert. Sie haben Unmengen an Verschwendung eliminiert. Du brauchst kein Taxi mehr anzuhalten. Der Fahrer braucht nicht durch die Gegend zu gurken. Keine Probleme mit Wegbeschreibungen. Keine Zahlungsabwicklung. Es läuft alles nahtlos ineinander. Die Kunden und die Fahrer sind zufriedener, der Prozess läuft reibungsloser und die Rentabilität steigt.

Viele Unternehmen werden mit Blick auf ihre Prozesse selbstzufrieden. Wir verfallen auf eine „So-läuft-es-halt"-Mentalität und denken nicht viel über die Prozesse nach. Das trifft besonders auf solche Unternehmen zu, die innerhalb einer Branche arbeiten, die feste Abläufe hat – wie die Taxibranche. Neue Fahrer folgen den gleichen „Systemen", denen Taxifahrer schon immer gefolgt sind, auch wenn Zeit und Mühen jede Stunde jedes Tages verschwendet werden. Wie mein Businesspartner Ron Saharyan bei den Profit First Professionals es gern ausdrückt: „Aus Rillen können Gleise werden."

Google hatte eine Position, deren wichtigste Aufgabe darin bestand, dafür zu sorgen, dass die Suche-Seite nicht vollgemüllt wurde. Das war letztlich der Wächter der Unvermülltheit der Suche-Seite. Abteilungen wollten gern, dass ihre Funktionen auf die behütete Google Suche-Seite kamen, wie E-Mail- oder Nachrichten-Funktionalitäten. Doch das Ziel der Google Suche liegt darin, schnell und treffsicher Ergebnisse zu liefern. Und jeder Müll verlangsamt die Navigation und bietet überflüssige Ablenkung. Diese Person musste also der Versuchung der Entropie widerstehen, die Unternehmen unweigerlich über sich selbst bringen. Sie musste alle Straßensperrungen oder Ablenkungen überwinden, die den User davon abhalten konnten, Bilder von Renaissance-Malereien zu finden, auf denen weiße Pfauen zu sehen waren, oder was auch immer an obskuren Merkwürdigkeiten jemand finden wollte. Und zwar schnell. Als Google anfing, war Yahoo! der Hauptkonkurrent, eine Seite, auf der User sich mit Nachrichten, Bildern und jeder Menge potenzieller Ablenkungen zufrieden gaben. Weil Google jemanden in eine Position brachte, der vergebliche Mühen im Sinne der Kunden bekämpfte, gewann Google die Suchmaschinen-Kriege (für den Moment). Sie gewannen nicht nur, sondern der Unternehmensname wurde sogar zu einem Verb, das den Akt des Suchens im Internet *beschreibt*. So geht Dominanz durch Effizienz und Ordnung!

Jedes Unternehmen stellt etwas her, auch deines. Du stellst vielleicht nicht im engeren Sinne selbst ein Produkt her, aber wir alle produzieren ein Erlebnis, ein Gefühl als Endergebnis. Und wir alle vollführen einen Ablauf von Einzelschritten, um dieses Gefühl zu erzeugen. Schau auf die Schritte, die du absolvierst, guck dir an, wo es einen Zeitstau (wo die Dinge verlangsamt werden und die Zeit, die es zum Abschluss braucht, lang wird) oder einen Engpass gibt (Inventar oder Unterlagen stapeln sich und warten darauf, dass etwas oder jemand etwas unternimmt) und räume dort auf.

Ich beschreibe dies ausführlich in „Clockwork", aber ich möchte dem etwas hinzufügen, das ich in dem Buch nicht erwähne. Wir brauchen einen gewissen Puffer in der Produktionskapazität. Das bedeutet, dass du nicht alle Prozesse so stromlinienförmig gestalten und auf Kante nähen möchtest, dass ein plötzlicher Nachfrageanstieg dein Unternehmen ins Schleudern bringt. (Du weißt schon, wir versuchen, unkontrolliertes Wuchern zu verhindern.) Du brauchst ein bisschen Extra-Kapazität, um für den unvermeidlichen Bedarf an Nachbearbeitung (Bäh!) gerüstet zu sein und dafür, dass eine Nachfragewelle über dich hereinbricht (Hurra!).

Einstein soll gesagt haben: „Alles soll so einfach gemacht werden, wie möglich. Aber nicht einfacher." Das ist das Ziel, um vergebliche Mühe zu reduzieren.

OMEN: Minimale Verschwendung

Für dieses Beispiel nehmen wir an, dass du eine Computerfirma hast, die Computernetzwerke in Sportstadien installiert und betreut. Du hast deine erste FTN-Analyse durchgeführt und es hat sich gezeigt, dass Verschwendung minimiert werden muss. Das Problem liegt nicht darin, das UMSATZ-Stadium erfolgreich zu absolvieren. Deine Probleme beginnen nach dem Verkaufsabschluss und der Installation. Es braucht eine Weile, bis sich die Kunden an die neuen Systeme gewöhnt haben, und sie rufen noch Monate nach der Installation an, um dich zu bitten, ihnen einen neuen Kniff oder Trick zu zeigen. Zeit, dieses existenzielle Bedürfnis dem OMEN zu unterziehen, Baby!

1. ***Ziel (Objective):*** Reduktion der Anzahl der „Post-Installations"-Trainings um 75 Prozent. Aktuell habt ihr im Durchschnitt etwa 108 Anrufe von Nutzern, die nach einer Installation bei euch anrufen. Du möchtest das auf 25 oder weniger reduzieren.

2. ***Messen der Kennzahlen:*** In der Vergangenheit hast du die Anzahl der Support-Anrufe dokumentiert, aber du musstest durch eine ganze Reihe von Protokollen gehen, um herauszufinden, wie viele dieser Anrufe durchschnittlich auf einen Kunden entfielen. Jetzt möchtest du aber direkt für jeden Kunden dokumentieren, wie viele PIAs (eure Bezeichnung für die Post-Installations-Anrufe) ihr bekommt.

3. ***Evaluation:*** Ihr habt einen großen Installationsjob pro Monat und die Support-Anrufe ziehen sich über die folgenden beiden Monate hin. Da ihr etwa drei PIAs pro Tag bekommt, zeichnest du dies täglich auf. Du brauchst etwa drei Monate an kumulierten Daten, bevor du sehen kannst, ob ihr Fortschritte macht.

4. ***Anpassungen (Nurture):*** Du informierst dein Technik- und Installationsteam über das neue Ziel, die Kennzahlen und die Evaluationsfrequenz. Sie melden dir zurück, dass die Kennzahlen und Evaluationsfrequenz sinnvoll sind. Dann bittest du sie, Vorschläge für den Weg dorthin zu unterbreiten. Sie haben sofort eine Reihe von Ideen, wie zum Beispiel einen Techniker in der ersten Woche nach der Installation vor Ort zu lassen, um die Rückfragen zu beantworten oder Videotrainings oder einfach, „für jeden Anruf einen Extra-Betrag in Rechnung zu stellen". Eine Idee kam ganz von Linksaußen, aber sie hatte sowohl Potenzial als auch eine Besonderheit. Wie wäre es, wenn die wichtigsten Mitglieder des Kundenteams in der Zeit, in der bei ihnen das System während der Installation ohnehin nicht läuft, zu euch kämen, um das neue System in der Demo-Version zu erkunden? Die exakte Konfiguration, die ihr bei eurem Kunden installiert, gab es ohnehin in einer Demo-Version bei euch.

5. ***Ergebnis:*** Ihr testet eine Reihe der Ideen aus, aber die Sache mit der Demo-Version, die zum Trainingsplatz wird, hat alles verändert. Die Installation lief schneller. Die Kunden erledigten ihre Arbeit (auf eurer Demo-Version) und lernten das System kennen, indem sie es einsetzten, während dein Team anwesend war, um ihnen zu helfen, wenn sie Fragen hatten. Das reduzierte wiederum die Probleme, die dein Installationsteam hatte, weil die Kunden während der Installation in *deinem* Büro waren. Sobald die Kunden in ihr eigenes Büro zurückkehrten, waren sie in das System eingeführt und bereit zum Loslegen. Zwar kamen noch einige PIAs, aber es waren nun lediglich im Schnitt 21 pro Kunde. Besser als dein ursprüngliches Ziel.

Bedürfnis Nr. 2: Rollenpassung

Frage: Entsprechen die Rollen und Verantwortlichkeiten im Team den jeweiligen Stärken?

Michael und Amy Port sind die Gründer von *Heroic Public Speaking* (HPS). Ihre Organisation lehrt angehende und etablierte Redner, wie sie zu echten Hauptdarstellern werden. Meiner Erfahrung nach sind die Leute bei HPS die besten der Welt mit dem, was sie tun – Weltklasse-Trainer, die anderen beibringen, Weltklasse zu sein. Ich habe selbst bei ihnen gelernt und kann dir sagen, dass jeder, selbst jemand wie ich, der mehr als 500 Keynotes gehalten hat, seine Fähigkeiten großartig weiterentwickeln kann, wenn man die HPS-Methoden anwendet. Michael, Amy und ihr Team haben mir gezeigt, wie man vom Redner zum Darsteller wird und seit ich ihre Techniken einsetze, bekomme ich die besten Rückmeldungen, die ich in meiner Karriere als Redner je bekommen habe. Dafür bin ich beiden auf ewig dankbar.

Viele Leute kennen HPS, aber wenige Menschen machen sich klar, dass Michael und Amy ihr Zwei-Personen-Schulungsunternehmen, das an öffentlichen Theatern und in Bibliotheken aktiv war, innerhalb von lediglich acht Jahren zu einer Gruppe von Elite-Trainern (mit einem exquisiten Team in der Verwaltung) ausgebaut haben, die eine eigene supermoderne Schulungseinrichtung in Lambertville, New Jersey, haben.

Wie konnten sie mit ihrer Firma so schnell wachsen und gleichzeitig ihre strukturelle Integrität bewahren? Zunächst einmal weiß ich, dass Michael und Amy ihre UMSATZ-, GEWINN- und ORDNUNGS-Bereiche konsolidiert haben und dass sie ihre eigene Methode nutzen, mit der sie beständig prüfen, dass alles solide läuft. Ein weiterer Aspekt ihres bemerkenswerten Wachstums ist ihre Fähigkeit, den richtigen Leute die richtigen Rollen zuzuweisen. Michael und Amy haben neue Experten in ihr Team integriert und jene befördert, die ihre Bereiche gemeistert haben. Sie achten genauso auf die Ambitionen ihrer Mitarbeiter wie auf ihre eigenen. Das Ergebnis ist, dass ihr Unternehmen jeden Schritt des Weges nach vorn geschnellt ist. Sie haben sogar ehemalige Schüler weiter gefördert – Absolventen ihres besonderen, umfassenden Redner-Entwicklungsprogramms, Heroic Public Speaking Graduate School (HPS GRAD). Sie entwickelten Stipendienprogramm, sodass Schüler in Lehrerrollen schlüpfen konnten und sie für sich selbst so mehr Zeit frei schaufelten.

Das ist das Gleiche, was ich mit Kelsey Ayres zurzeit mache; ihre Geschichte erzähle ich weiter unten in diesem Kapitel. Sie ist eine faszinierende Ergänzung für unsere Bürokultur und meine Aufgabe ist es, aktiv nach Rollen zu suchen, die am meisten von ihrem großartigen Talent profitieren. So arbeitet HPS und zwar laufend. Sie stoßen auf die richtigen Leute, weisen ihnen die Rollen zu, bei denen es den entsprechenden Bedarf gibt und (das ist super wichtig) kümmern sich aktiv darum, diese Person in eine noch besser passende Rolle zu bringen.

Bei der Rollenpassung geht es darum, die Leute in Positionen zu manövrieren, wo sie aufblühen, was es dem Unternehmen ermöglicht, aufzublühen. Und für die Rollen, die übrig bleiben, sucht man neue Leute. Es geht nicht darum, die Leute in Rollen zu stecken, in die sie nicht passen und sie dort zu halten. Es ist wie ein Puzzle. Deine Aufgabe ist es, das Puzzleteil dort anzulegen, wo es hingehört und nicht, es auf Biegen und Brechen an die Stelle zu hämmern.

OMEN: Rollenpassung

In diesem Beispiel bist du ein Businessbuch-Autor. (Ich wette, du fragst dich, wie ich auf diese Idee kommen konnte.) Du hast eine Gruppe von Fans aufgebaut und Produkte und Dienstleistungen um deine Bücher herum kreiert. Alles ist super-duper, aber du musst dich dessen ungeachtet um das nächste existenzielle Bedürfnis kümmern. In diesem Falle hat die FTN-Analyse ergeben, dass die Rollenpassung dein existenzielles Bedürfnis darstellt. Du hast tolle Leute, aber du bekommst keine großartigen Ergebnisse von ihnen. Lass uns das fiese Ding mal OMEN, ok?

1. ***Ziel (Objective):*** Deine besten Mitarbeiter sollen die richtigen Dinge tun, damit sie zufrieden sind und dein Unternehmen effizienter wird. Das Ziel ist ein bisschen unscharf. Um also ein paar Zahlen drum herum bauen zu können, stellst du deinen Leuten in einer anonymen Befragung zwei Fragen: „Wie sehr gefällt dir das Unternehmen?“ und „Wie sehr magst du deinen Aufgabenbereich?“. Das Feedback ergibt, dass deine Leute das Unternehmen auf der Skala mit einer soliden 10 bewerten, was ihre Zuneigung angeht. Aber die Freude an ihrer eigenen Arbeit liegt bei einer gruselig-niedrigen 6.

2. ***Messen der Kennzahlen:*** Du schlussfolgerst, dass Leute, die in der Hauptsache Spaß an dem haben, was sie tun, automatisch effizienter arbeiten.

Also beschließt du, zwei Dinge zu messen: 1. Begeisterung für das Unternehmen und 2. Begeisterung für die eigene Arbeit. Du hast vor, die Begeisterung für das Unternehmen bei 10 zu halten und die Begeisterung für die eigene Arbeit auf eine 9 zu bekommen. Menschen können nicht immer nur das tun, was sie lieben – es gibt immer auch unangenehme Arbeiten. Aber der Begeisterungsfaktor kann deutlich über eine 6 kommen, so viel ist sicher.

3. ***Evaluation:*** Es kann gut sein, dass dies viele Monate oder sogar ein Jahr braucht, bis es richtig zieht, weil du nicht jeden Tag nachmessen kannst. Am besten veränderst du etwas und misst dann die unmittelbaren Auswirkungen. Und du nimmst quartalsweise eine „Wie geht's?"-Frage mit auf.

4. ***Anpassungen (Nurture):*** Du setzt ein Team-Meeting an und erläuterst deinen Plan, die Rollen umzuverteilen, damit dein Team zufriedener wird. Du bittest jeden Mitarbeiter, die Top 10 ihrer Aufgaben aufzuschreiben, die den größten Teil ihrer Zeit beanspruchen. Deine Mitarbeiter machen möglicherweise Hunderte von Dingen, aber du weißt, dass die alte 80/20-Regel darauf verweist, dass es nur ein paar Dinge gibt, die den Hauptteil der Arbeit ausmachen. Du bittest sie dann, neben jede ihrer Aufgaben eine exakte Analyse zu schreiben: lieben sie diese Tätigkeit, hassen sie sie oder ist es so la-la? Dann bittest du sie, fünf neue Aufgaben zu notieren, die sie gern machen würden. Dann setzt du dich hin und arbeitest an der Rollenpassung.

5. ***Ergebnis:*** Du hast es wirklich geschafft mit dieser Übung. Du hast herausgefunden, dass einige deiner Mitarbeiter Aufgaben hassten, die andere liebten und umgekehrt. Du konntest mit Leichtigkeit die Arbeit umverteilen und am Ende hatten die meisten Mitarbeiter Aufgaben, die sie etwa 70 Prozent der Zeit gern erfüllten. Du hast zudem eine Liste mit Dingen gemacht, die niemand gerne übernehmen wollte. Es gab etwa acht Aufgaben, die erledigt werden mussten. Es waren nicht unbedingt üble Aufgaben, lediglich üble Aufgaben für dein aktuelles Team. Also hast du eine Kleinanzeige online gestellt, in der du diese acht Aufgaben als Arbeitsplatzbeschreibung für eine Teilzeitkraft aufgeführt hast. Und, tatsächlich, du konntest jemanden engagieren, der kaum glauben konnte, einen Job gefunden zu haben, bei dem er genau die Art von Arbeiten erledigen muss, die er gern tut. Jetzt kannst du dich wieder daransetzen, diese

Hammer-Bücher zu schreiben, die du verfasst. Und du hast eine coole Geschichte für dein nächstes Buch zum Thema Rollenpassung.

Bedürfnis Nr. 3: Ergebnisverantwortung

Frage: Sind die Leute, die einem Problem jeweils am nächsten sind, befugt, das Problem zu lösen?

Bei uns, in den großartigen Vereinigten Staaten von Amerika gibt es einige wunderschöne Universitätscampus, aber der eine, der den Wettbewerb gewinnt – und das wird dich schocken – ist nicht der meiner geliebten Virginia Tech (Hokie, Hokie, Hi!). Nein. Es ist Ole Miss, auch bekannt unter dem Namen *University of Mississippi*. Wenn die aufgehende Sonne Regenbogen in jedem frischen Tautropfen schillern lässt, die an den smaragdgrünen Blättern der ... bla-bla-bla. Ich höre hier mal auf. Du hast eine Vorstellung. Der Campus sieht wirklich fantastisch aus. Er sieht aus wie der Fairway beim 18. Loch deines Lieblingsgolfplatzes. Perfekt gepflegte Anlagen. Zwitschernde Vögel. Du bekommst vermittelt, dass in der Welt alles in Ordnung ist. Und dieser Campus ist der Beweis.

Ich bin nicht der einzige Mensch, der denkt, dass Ole Miss einen der schönsten Campus des Landes hat. Sie sind dafür berühmt und das ist kein Zufall. Es ist gewollt. Oder, eher gesagt, es ist Teil der ORDNUNG.

In den frühen 2000er-Jahren wurde Ole Miss klar, dass andere Universitäten in der Region, der Southeastern Conference (SEC), von Studienplatzanwärtern überrannt wurden, während sie selbst anteilig weit weniger Bewerber hatten. Sie wussten, dass ihnen weitere Bewerbungen gut tun würden. Sie vermuteten, dass sie sich dafür auf den Vertrieb konzentrieren müssten. Klingt wie ein UMSATZ-Level-Problem im Bereich der Abschlüsse als existenziellem Bedürfnis, nicht wahr? Das war es. Um das Problem aber zu lösen, haben sie letztlich *auch* ein Problem mit Blick auf ein existenzielles Bedürfnis auf einem anderen Niveau gelöst: ORDNUNG. Wie ich schon sagte, passiert es gelegentlich, dass du ein existenzielles Bedürfnis bearbeitest und dabei ein oder mehrere weitere zentrale Bedürfnisse mit befriedigst, die irgendwie mit dem existenziellen Bedürfnis verbunden sind, auf das du dich gerade konzentrierst. Klingt rätselhaft, nicht wahr? In einfachen Worten: Manchmal löst du ein Problem und löst bei der Gelegenheit ein weiteres.

Nun, sie hatten keine fundierte FTN-Analyse, die ihnen dabei helfen konnte, das herauszufinden. Also liefen sie ein paar Mal um den sprichwörtlichen Block, um ihr Problem zu lösen. Ole Miss recherchierte, nach welchen Kriterien Studenten ihre Uni wählen. Und die Beweise lagen klar auf der Hand: Eine große Zahl an Studenten trafen die Entscheidung, ob sie sich für oder gegen eine Einrichtung entscheiden wollten, innerhalb der ersten Minuten, in denen sie sich den Campus ansahen.

Als sie damit begannen, zu identifizieren, was Studenten an die Ole Miss bringen würde, beschlossen sie, dass ein wunderschöner Campus einige Vorteile bringen würde. Weil unabhängig davon, wie viele Studenten sie dazu motivieren konnten, ihren Campus zu besuchen: Die meisten entschieden sich am Ende für eine andere Universität, weil der Campus einen nicht gerade überwältigenden ersten Eindruck hinterlassen hatte. Damals hatten sie den am schlechtesten bewerteten Campus in der SEC-Region. Also entschlossen sie sich dazu, sich richtig anzustrengen und ihren Campus aufzuhübschen. Um dieses Ziel zu erreichen, mussten sie sich zunächst klarmachen, dass sie ihr eigenes System überarbeiten mussten. Zum Beispiel brauchte ihre Grünanlagenmannschaft damals allein zehn Tage zum Rasenmähen.

Jeff McManus betritt die Bühne. Er ist der Chef-Gärtner an der Ole Miss und man übertrug ihm diese Aufgabe. Anstatt nun ein Aufsichtsratsmeeting einzuberufen oder zu googeln, was andere Hochschulen treiben, bestand sein erster Akt darin, seine Leute zusammenzurufen. Clever! Der erste Schritt ist immer der, die Leute zusammenzutrommeln, die dem Problem am nächsten sind und deren Ideen zur Lösung zusammenzutragen.

Die Analyse ergab letztlich, dass der Campus nicht tip-top war, weil die Leute, die in vorderster Reihe standen und die Aufgabe hatten, die Anlage zu verschönern, ignoriert wurden. Jeffs erster Schritt war es, sie aufzuwerten. Er besorgte neue Uniformen für sie und bat sie um Vorschläge. Es stellte sich heraus, dass die Arbeiter genau wussten, warum der Campus so aussah, wie er aussah: Es brauchte ewig, die tausend Hektar Land zu mähen, so dass keine Zeit mehr übrig blieb, um die Anlage aufzuhübschen. Was war an dieser massiven Ineffizienz schuld? Niedrige Äste.

Am Effektivsten lässt sich ein Rasen in geraden Linien mähen, doch das Team musste ihre Aufsitzrasenmäher häufig anhalten, um einen tief hängenden Ast oder andere Hindernisse wie Mülleimer oder eckig angelegte Beete zu umfahren. All dies verlängerte die benötigte Arbeitszeit. Also schmiedete die Crew der Ole Miss einen Plan, um Äste unterhalb einer

Höhe von drei Metern zurückzuschneiden, was ihnen ausreichend Platz fürs Mähen und den Bäumen ein gepflegteres Aussehen gab. Das Team hatte noch weitere Ideen, wie zum Beispiel, die eckigen Beete in eine runde Form zu bringen, damit sie mit dem Rasenmäher leichter daran entlang fahren konnten, und das Platzieren von Mülleimern an den Rand der gepflasterten Wege. Zum Mulchen nahmen sie nun Fichtennadeln an Stelle von Holzchips und veränderten noch ein paar weitere Dinge, um das Ganze ansehnlicher zu gestalten. Fichtennadeln sind natürlich, duften nach Grün und sind besser geeignet, Feuchtigkeit aufzunehmen, was dafür sorgt, dass die Pflanzen seltener gewässert werden müssen, wodurch weitere Zeit eingespart wurde.

Mit all diesen Verbesserungen, die aufgrund der Vorschläge von Seiten der Gartencrew umgesetzt wurden, waren die Leute in der Lage, den gesamten Campus der Ole Miss in der Hälfte der Zeit zu pflegen. Das bedeutete, dass der Campus beinahe zweimal mehr Pflege erhielt als zuvor, wodurch die gesamte Anlage immer hervorragend aussah. Und es bedeutete auch, dass mehr Zeit zur Verfügung stand, an weiteren Verschönerungen zu arbeiten.

Bei der Durchsicht des BHN-Modells hätte die Ole Miss zunächst die beiden Level unterhalb von ORDNUNG auf ihre Solidität geprüft. Als ich mit Jeff sprach, fragte ich ihn, ob er sicher sei, dass das GEWINN-Level solide sei. Er sagte ja. Ole Miss konnte eine rentable Struktur vorweisen. Sie benötigten lediglich mehr Studenten, um das Rentabilitätsmodell auch korrekt anwenden zu können. Allerdings gab es auf dem UMSATZ-Level eine existenzielles Bedürfnis. Eigentlich wäre es ein Fehler gewesen, das ORDNUNG-Level anzugehen, das über dem UMSATZ-Level ist. Denn das existenzielle Bedürfnis war im UMSATZ aufgetaucht und du solltest immer am erfolgversprechendsten existenziellen Bedürfnis der niedrigsten Stufe arbeiten. Doch manchmal musst du ein anderes existenzielles Bedürfnis der BHN auf einem anderen Level angehen, um das existenzielle Bedürfnis zu befriedigen. Manchmal liegen die Bedürfnisse deines Unternehmens nah beieinander.

Letzten Endes war es so, dass sie ein anderes Problem im Bereich ORDNUNG lösen *mussten*, um das UMSATZ-Problem im Bereich der Kundengewinnung zu lösen. Zugleich war es das oberste Ziel, das existenzielle Bedürfnis im Bereich UMSATZ zu befriedigen. In diesem Fall bedeutete die Effizienz in der Pflege der Anlage, dass sie zwei Fliegen mit einer Klappe erschlagen konnten: Der Campus von Ole Miss wurde verwandelt und sie erhöhten die Anzahl ihrer Bewerber dramatisch. 18 Jahre in Folge konnten sie steigende Bewerberzahlen vorweisen, was ihr existenzielles Bedürfnis im Bereich UMSATZ befriedigte.

OMEN: Ergebnisverantwortung

In diesem Beispiel stellst du Sonnenbrillen her. Deine Firma produziert etwa 1.000 Sonnenbrillen täglich und in letzter Zeit gab es Probleme mit der Qualität. Viele Brillen wiesen Kratzer auf und wurden von deinem Qualitätsprüferteam aussortiert. Das führt zu Materialverschwendung und zusätzlichen Arbeitskosten. Beides geht für dich gar nicht. Du hast dir deinen Kopf schon zerbrochen, um dieses Problem der Ergebnisverantwortung selbst zu lösen, aber jetzt ist dir klargeworden, dass die Leute, die dem Problem am nächsten sind, vermutlich auch am besten wissen, wie es gelöst werden kann. OMEN-Zeit!

1. ***Ziel (Objective):*** Reduzieren der Anzahl beschädigter Brillen von deinen derzeit 100 von 1.000 (unglaubliche 10 Prozent) auf 5 von 1.000 (0,5 Prozent), was sogar die Ergebnisse deines erfolgreichsten Wettbewerbers übertreffen würde.

2. ***Messen der Kennzahlen:*** Du brauchst dafür nur eine Kennzahl, jedenfalls jetzt, und das ist die Anzahl beschädigter Einheiten pro 1.000, die ihr produziert.

3. ***Evaluation:*** Deine Firma produziert eine solche Menge, dass du die Auswirkungen von Veränderungen schon an dem Tag sehen kannst, an dem sie eingeführt werden. Weil eine Sonnenbrille in weniger als 25 Minuten hergestellt wird, kannst du die Ergebnisse sogar in weniger als einer Stunde sehen. Du brauchst genügend Daten, um eine statistische Signifikanz zu erkennen, also legst du das Prüfintervall auf täglich. Um 20.00 Uhr wird ein Bericht erstellt, der die Ergebnisse zusammenfasst.

4. ***Anpassungen (Nurture):*** Du gehst zu deinem Team und sprichst mit ihnen über das Problem. Dann bittest du vier Leute aus dem Produktionsprozess mit der einen Person aus der Qualitätsprüfung, die unmittelbar das Problem vor Augen hat, ein Problemlösungs-Komitee zu bilden. Ihre Aufgabe ist zunächst, deinem Ziel und den Kennzahlen zuzustimmen, die du festgelegt hast. Das tun sie. Hätten sie es nicht getan, wäre es ihr Job

gewesen, dir zu einem besseren Ziel und besseren Kennzahlen zu verhelfen. Da sie alle an Bord sind, sagst du: „Ihr schafft das. Löst das Problem!“

5. ***Ergebnis:*** Ein Monitor in der Fertigung zeigt drei Zahlen: die Gesamtzahl beschädigter Brillen des Vortags, eine aktuelle Gesamtzahl der beschädigten Brillen des aktuellen Tages und den Durchschnitt der beschädigten Teile pro Tag für die letzten 30 Tage. Ihr sammelt Verbesserungsvorschläge und führt Tests durch. Nach ein paar Wochen berichtet jemand aus dem Produktionsteam, dass die Metalloxid-Pigmente, die dem Plastik beigemischt werden, eine neue Zusammensetzung haben. Und er hat von einem seiner Kumpels gehört, dass diese extrem anfällig für Kratzer sind. Die alte Zusammensetzung wieder zu nutzen, führt zu einem Rückgang an defekten Brillen, aber das Ziel ist noch nicht erreicht. Ein anderer Arbeiter stellt fest, dass der Linsenschleifer gelegentlich fast unmerkliche Geräusche macht und vermutet, dass er genau in jenen Augenblicken abrutscht und dadurch Kratzer verursacht. Das Team stellt die Produktion direkt ein und untersucht den Schleifer. Und tatsächlich, Metall- und Glasstaub hat sich auf dem beweglichen Arm des Schleifrads angesammelt, was gelegentlich kleine Unregelmäßigkeiten in seinen Bewegungen auslöst, was wiederum zu Kratzern führt. Die Störfaktoren werden entfernt und der Anteil der beschädigten Brillen sinkt sofort auf nur noch 20 auf Tausend. Ein Riesenschritt nach vorn. Und das Team ist elektrisiert und möchte herausfinden, welche weiteren Schritte sie entdecken können, um auf nur noch 5 beschädigte Brillen oder noch weniger zu kommen.

Bedürfnis Nr. 4: Vertretungsregeln

Frage: Ist dein Unternehmen so organisiert, dass es auch dann unvermindert weiterläuft, wenn wichtige Teammitglieder nicht verfügbar sind?

Am 6. Juni 2019 verabschiedete ich mich von meiner rechten Hand und meinem gesamten Hirn. Sie heißt Kelsey Ayres. Ich nenne sie meine BeMaZ – meine Beste Mitarbeiterin aller Zeiten. Ich kann nicht einmal annähernd vermitteln, was für eine fantastische Kollegin und Freundin Kelsey für mich ist. Sie kam 2017 als persönliche Assistentin in mein kleines Unternehmen und managte innerhalb von zwei Jahren die gesamte Organisation. So clever ist Kelsey, so engagiert und so freundlich. Sie wird von allen geliebt und respektiert, die bei uns arbeiten. Und wir waren sehr schnell von Kelsey abhängig.

Anfang 2019 managte Kelsey noch immer meinen persönlichen Dienstreiseplan (der komplex ist und sich ständig ändert) und sie leitete wichtige Projekte, wie zum Beispiel unsere neue E-Mail-Kampagne, unsere Online-Umsätze und die Launch-Aktivitäten für meine Bücher. Sie kümmerte sich auch um die gesamte Personalabteilung: entlassen, anheuern, Management und Gehälter. Und sie war verdammt nochmal diejenige, mit der man am besten gemeinsam als Gastgeber einen Podcast veranstalten konnte.[18] Kelsey erledigte all dies wie ein Star – und damit wurde mir klar, dass ich Kelsey gehen lassen musste.

Nein, ich habe sie nicht entlassen. Teufel nochmal, nein! Ich hänge an Kelsey mit allem, was ich habe, so lange sie bei uns arbeiten möchte. Kelsey ist fantastisch, aber sie war zu einer zentralen Stütze geworden. Wäre Kelsey krank geworden und hätte nicht arbeiten können oder, um Gottes Willen, wenn Kelsey hätte Urlaub haben wollen, wäre das gesamte Unternehmen zum Erliegen gekommen. Die Arbeit hätte sich gestapelt und auf ihre Rückkehr gewartet. Ich hätte mich nur mal „kurz gemeldet" mit einer „kurzen Frage" auf ihrem Anrufbeantworter oder als SMS, sobald sie das Büro verlassen hätte und hätte andauernd um ihre Zeit gebettelt. Mir wurde klar, dass wir vollkommen von ihr abhängig geworden waren und dass wir als Team, hätten wir aus welchem Grund auch immer auf sie verzichten müssen, in ernsthafte Schwierigkeiten gekommen wären.

Weiter oben in diesem Kapitel habe ich dir von der machtvollen Methode des vierwöchigen Urlaubs erzählt. Ich flehe jeden Unternehmensinhaber an, jedes Jahr einen Monat frei zu machen – mindestens. Das Ziel ist es, dich davon wegzubringen, all die Arbeit selbst zu erledigen und stattdessen dein Unternehmen so zu organisieren, dass es die Arbeit ohne dich erledigt. Der Tag, an dem du dich zu deinem vierwöchigen Urlaub verpflichtest, ist der

18 Du kannst sofort reinhören, indem du meinen Podcast „Entrepreneurship Elevated" auf iTunes, Stitcher.com oder irgendeiner anderen beliebten Podcast-Plattform abonnierst. Hör dir auch die anderen Shows an: Grow my Accounting Practice, um mehr über Wachstumsstrategien für Buchhalter, Steuerberater und andere Dienstleistungsservices für Unternehmen zu lernen; und „Profit First Nation", um mehr darüber zu erfahren, wie du deine Rendite steigern kannst und zwar von anderen Menschen, die diese Erfahrungen gemacht haben, und du bekommst Insider Tipps von Profit First-Experten. Der deutsche Podcast zu Profit First heißt „Finanzen neu denken" und du findest ihn auf https://deingesundesunternehmen.de/ (Anm.d.Ü.)

Tag, an dem du beginnst, dein Unternehmen mit anderen Augen zu sehen. Der Gedanke, dass sich dein Unternehmen während deines Urlaubs nicht auf dich verlassen kann, wird für dich zum Anlass, dein Unternehmen so zu strukturieren, dass es sich auf sich selbst verlässt. Tatsächlich sind so viele Unternehmer so ins Tun verstrickt, dass sie über Jahre (oder Jahrzehnte) keine Auszeiten und keinen Urlaub nehmen. Wenn du denkst, dass dein Unternehmen davon profitiert, dass du dich kaputtschuftest, und wenn du dies seit Jahren praktizierst, dann hast du bewiesen, dass schuften niemals funktionieren wird. Niemals nicht.

Bei Kelsey wurde mir klar, dass nicht nur der Inhaber einen vierwöchigen Urlaub nehmen können muss – jeder zentrale Mitarbeiter muss das machen. Ein Unternehmen kann nicht existenziell an einzelnen Personen hängen. Wir brauchen überall Vertretungsmöglichkeiten, weil Mist nun mal passiert.

Ich sagte Kelsey: „Wir müssen dich gehenlassen. Geh und tu etwas, von dem du schon immer geträumt hast. Nimm eine Auszeit. Du musst gehen, damit wir Vertretungen für die viele Arbeit, die du im ganzen Unternehmen erledigst, organisieren können. Damit du in die Position kommst, die ganze Arbeit nicht mehr selbst zu machen, sondern zu delegieren. Damit du dein Leben so leben kannst, wie es gedacht ist: Um das zu tun, was dich mit Freude erfüllt."

Der Tag, an dem wir ihren vierwöchigen Urlaub ausriefen, aus dem wir mit der Zeit eine achtwöchige Auszeit machten, verwandelte sich Kelseys Job. Anstatt alle Arbeiten selbst zu erledigen, übergab sie die Verantwortung für die Ergebnisse, die wir sehen wollten. Kelsey arbeitete Nina und Jenna in alle Finanzdinge ein. Paul und Jeremy übernahmen das Marketing und alle Online-Funktionen. Amber Vilhauer, die Gründerin von NGNG Enterprises wurde unsere Freie Mitarbeiterin für die Launches meiner Bücher (dieses hier eingeschlossen). Liz Dobrinska von Innovative Images, die unsere Grafikdesignerin und Webentwicklerin der letzten zehn Jahre war, überarbeitete unseren Internetauftritt und gestaltete das Cover der amerikanischen Ausgabe von „Prio1". Jenna übernahm die E-Mail-Betreuung und -Kampagnen. Lisa, die Neue, übernahm den Terminplan. Morgan war zuständig für meine Vortragsreisen und Auftritte. Und Amy Cartelli wuchs in mehr Bereichen, als du dir vorstellen kannst, und übernahm alle anderen Aufgaben immer dann, wenn sie gebraucht wurde.

Wir brauchten sechs Monate, bis Kelsey unser Team so eingearbeitet hatte und die Videos aufgenommen hatte, die alle Routine-Aufgaben festhielten, die sie zuvor erledigt hatte. In der Woche bevor sie zu ihrer zweimonatigen Asienreise aufbrach, um in einem armen Dorf als Freiwillige auszuhelfen, hatte Kelsey keine weiteren Aufgaben zu erledigen. Eher gesagt: Sie hatte sich in einen neuen Job befördert. Sie managte nunmehr unser gesamtes Unternehmen, anstatt die Arbeit des gesamten Unternehmens zu erledigen. Als Kelsey von ihrer Auszeit zurückkehrte, hatten wir große Neuigkeiten: Kelsey Ayers ist die neue Präsidentin unserer Firma. Und ich vollzog den Übergang zum Job eines Vollzeit-Redners.

Jetzt arbeiten wir daran, dass jeder unserer zentralen Mitarbeiter jedes Jahr vier Wochen Urlaub nehmen kann. Mach du das gleiche mit deinen zentralen Stützen. Du darfst dich niemals in der Situation befinden, dass du von Einzelnen abhängig bist. Du brauchst Vertretungsregeln. Das macht dein Unternehmen stark und bietet jedem die Möglichkeit, sich der Verantwortung zu stellen. Das ist die Definition eines Unternehmens, das wie ein Uhrwerk läuft. Und ein Unternehmen, das auf dem höchsten Niveau der ORDNUNG funktioniert.

OMEN: Vertretungsregeln

Sagen wir, du hast ein Unternehmensverzeichnis von US-Firmen. Deine Kunden kaufen Adresslisten potenzieller Interessenten von dir, um eMail-Kampagnen damit zu fahren, traditionelle Aussendungen und Telefonkampagnen. Du hast ein kleines Team von Kuratoren, die sich um die Datenpflege kümmern. Sie halten alle Kontaktdaten so aktuell wie möglich. Es ist eine harte Aufgabe, und wenn einer deiner Kuratoren des Teams frei nimmt oder geht, spürt ihr die Auswirkungen sofort. Deine FTN-Analyse erbringt, dass Vertretungsregeln euer existenzielles Bedürfnis ausmachen. Du bist besonders abhängig von einer Handvoll Leute, die eure Daten beständig aktuell halten und trotz allem technischen Fortschritt basiert die Genauigkeit eurer Daten nach wie vor auf diesen zentralen Mitarbeitern. Du verkaufst Datenakkuratesse – und deine zentralen Mitarbeiter bringen dich in eine prekäre Situation. Du musst dich dieses Themas annehmen und dein OMEN-Gerüst dafür errichten.

1. ***Ziel (Objective):*** Dich aus der Abhängigkeit vom Kuratorenteam befreien. Zurzeit erledigen sie über 80 Prozent der Datenvalidierung. Es wäre ein Wunder, das unter 10 Prozent zu bringen, aber dein Ziel ist es im Moment, dies auf die Hälfte zu reduzieren. Wenn du die Abhängigkeit von

deinen Kuratoren für die Validierung auf 40 Prozent reduzieren könntest, hättest du einen weit größeren Puffer aufgebaut.

2. ***Messen der Kennzahlen:*** Ihr erfasst die Anzahl der Aktualisierungen zu neuen und bestehenden Unternehmen, die ihr jeden Tag erhaltet. Deine Kuratoren dokumentieren die Anzahl der Aktualisierungen, die sie validiert haben. Während die Anzahl der Validierungen pro Tag, die von den Kuratoren erledigt werden, wichtig ist, ist es die Anzahl der Korrekturen, die von den Kuratoren erledigt werden müssen, um die es geht. Du möchtest, dass deine Kuratoren weiterhin effizient arbeiten und du möchtest ihren Einsatzbedarf verringern.

3. ***Evaluation:*** Sobald du einen Aktionsplan hast, kannst du die Auswirkungen pro Tag messen. Während du Strategien durchspielst, setzt du Zwischenziele.

4. ***Anpassungen (Nurture):*** Deine erste Aufgabe ist es, deinem Kuratorenteam zu vermitteln, dass ihre Jobs sicher sind und dass sie möglicherweise eingesetzt werden, auch andere Rollen im Unternehmen auszufüllen, während ihr das System verbessert. Du schilderst dem Team das Ziel, die Kennzahlen und die Auswertungshäufigkeit. Es ist schwierig, aus der „Das haben wir schon immer so gemacht"-Mentalität rauszukommen, bis eine der Kuratorinnen von hinten ganz leise „Wikipedia" sagt. Sie erläutert, dass Wikipedia genau dieses Problem hatte und nicht mit der Nachfrage nach Updates und der Pflege seiner Einträge nachkam. Es sah so aus, als wäre Wikipedia am Ende, bis sie ihr System öffneten, um es durch die Endnutzer pflegen zu lassen: die Öffentlichkeit.

5. ***Ergebnis:*** Ihr arbeitet an der Umsetzung dieser neuen Idee eines öffentlichen Unternehmensverzeichnisses. Gelbe Seiten online, aber im Wikipedia-Stil. Das Verzeichnis soll völlig kostenlos sein und wird von der Öffentlichkeit gepflegt. Du bietest den Unternehmen Vorteile, wenn sie ihre Daten aktuell halten, und gibst ihnen Sonderangebote dafür, wenn sie ihre Daten aktualisieren und auf dem Laufenden halten, indem du ihnen kostenlose Anzeigen auf der Internetseite überlässt. Im Stillen habt ihr die umfassendste und aktuellste Datenbank der Branche aufgebaut, ohne dass deine Kuratoren die ganze Arbeit zu machen hatten. Ihr verkauft die Adresslisten wie eh und je, sie sind nur besser als je zuvor und dein Team kann jetzt problemlos Urlaub machen.

Bedürfnis Nr. 5: Meisterhafte Reputation

Frage: Bist du dafür bekannt, dass du mit dem, was du tust, der Beste deiner Branche bist?

Mit Blick auf meisterhafte Reputation ist es leicht, an die Großen zu denken. Was sie groß macht, ist ihre Hingabe für ihre Sache. Sie machen ihre eine Sache so gut, dass die Menschen sich verpflichtet fühlen, von ihnen zu kaufen und die Kosten für ihre Leistung werden immer weniger wichtig.

Wenn ein Kunde einen Wert in deinem Angebot sieht, dann suchen sie nach dem Meister. Und hier liegt die Ironie: Wenn du eine meisterhafte Reputation hast, werden die Kunden sich außerordentlich bemühen, dich zu finden. Wenn mein Hausarzt zum Beispiel sagt, dass er ans andere Ende des Landes zieht und mir 5.000 Dollar für seine Konsultation abnimmt, anstatt 25 Dollar Zuzahlung, und mich auffordert, auch weiterhin zu ihm zu gehen, würde ich lachen. Bei einem Hausarzt möchte ich Bequemlichkeit und Bezahlbarkeit. Wenn ich aber eine spezifische Herzerkrankung habe, die von einer Herzchirurgin am anderen Ende des Landes meisterhaft behandelt werden kann und sie 5.000 Dollar pro Konsultation in Rechnung stellt, dann suche ich sie auf. Ich finde einen Weg, dorthin zu gelangen und ich finde einen Weg, das Geld aufzutreiben. Es geht darum, das Problem korrekt von einem Meister lösen zu lassen.

Generalisten ziehen eine unspezifische Kundschaft an und müssen laufend eine Vielzahl neuer, oberflächlicher Kompetenzen erlernen, um wettbewerbsfähig zu bleiben. Der Spezialist hingegen zieht Kunden an, die spezifische Bedürfnisse haben. Und er verbessert sein Angebot durch spezialisiertes Wissen und Verbesserungen in die Tiefe.

Mir geht es nicht darum, den Wert zu beurteilen. Ich möchte lediglich darauf hinweisen, dass es Spezialisten weit einfacher dabei haben, Meisterschaft in ihrer Sache zu erlangen, weil sie weniger Dinge häufiger tun. Im Ergebnis hat ein Spezialist in der Regel eine bessere Kundenqualität. Auf dem ORDNUNG-Level ist das Ziel deines Unternehmens, weniger Dinge besser zu tun.

Stacey Duff ist Präsidentin eines Unternehmens mit 28 Millionen US-Dollar Jahresumsatz: *Pacific-Ocean Auto Parts Co.* (PAPCO), die General Motors-Teile in Kalifornien und Oregon vertreiben. Sie hat einen Weg gefunden, PAPCO in eine dauerhaft rentable Unternehmensstruktur zu überführen, wie kaum ein anderer das je geschafft hat. Sie hat keine Preishoheit.

GM legt die Preise fest und sagt ihr, an wen sie verkaufen darf und an wen nicht. Stacey hat nicht einmal die Kontrolle über die Lagerbestandskosten. GM sagt ihr, was sie dafür zu zahlen hat. Wie kann PAPCO dann rentabel sein? Sie haben eine fantastische Reputation.

Stacey schöpft Rendite aus jedem Element ihres Unternehmens, indem sie dafür sorgte, dass ihr Team das Beste in der Branche ist. Da sie aufgrund der vorgegebenen Margen nicht mit einem einzigen Produkt einen großen Gewinn einfahren kann, erzielt sie den Gewinn dadurch, dass sie einen hocheffizienten Laden managt und den Erwartungen entsprechend pünktlich liefert. Stacey ist so gut mit dem, was sie tut, dass selbst GM häufig nachfragt, warum PAPCO so erfolgreich ist. Wenige Tage bevor dieses Buch zum Druck ging, rief Stacey mich an, um mir zu sagen, dass PAPCO verkauft wurde. Der neue Inhaber war fasziniert von PAPCOs exzellentem Ruf und nutzte die ultimative Abkürzung dorthin, indem er das Unternehmen kaufte.

OMEN: Meisterhafte Reputation

Zeit für ein Beispiel! Dein Restaurant ist gut, wirklich, aber du hast keine Schlange vor deiner Tür wie Mr. Sammy Soup nebenan. Das Einzige, das er macht, ist Suppe verkaufen. Du machst alles! Warte mal. Warte mal einen Sch*moment. Deine FTN-Analyse ergab gerade meisterhafte Reputation als existenzielles Bedürfnis. Während du also das Gefühl hast, die würdest alles meistern, zeigt dir jeden Tag die fehlende Schlange vor deiner Tür deutlich, dass deine Gäste dich nicht als Meister anerkennen.

1. ***Ziel (Objective):*** eine Reputation als der absolut Beste in deiner Branche zu haben. Der Schlüssel liegt darin, dein Angebot zu verkleinern und in der Perfomance besser als jeder andere zu sein. Derzeit hast du über 25 Speisen auf deiner Karte. Wie wäre es, du würdest dich auf eine einzige beschränken? Ein Ding, lediglich mit Variationen. Das ist dein großes, leicht wahnsinniges Ziel.

2. ***Messen der Kennzahlen:*** Umsatz ist ein Indikator. Speisenvielfalt ist ein Indikator. Aber der beste Indikator ist die Schlange vor der Tür. Kannst du es hinbekommen, dass die Nachfrage konstant hoch ist, so wie bei Mr. Sammy Soup nebenan?

3. ***Evaluation:*** Hier brauchst du Mut. Du willst etwas ändern und direkt nach der Veränderung messen. Du gibst dir selbst die Flexibilität zu deinem alten Geschäftsmodell zurückzukehren, falls der Versuch misslingt und dann etwas anderes ausprobieren.

4. ***Anpassungen (Nurture):*** Du schaust dir deine Unterlagen an und siehst, dass du eine überraschende Menge an Impossible Burgern verkaufst. Dein Restaurant ist im Comfort-Food-Bereich angesiedelt mit Chicken Nuggets, Hamburgern und Hotdogs. Den veganen Impossible Burger hast du vor einem Jahr hinzugefügt. Du überlegst, ob du auf die Meisterschaft als erstes veganes Restaurant in der Stadt abzielen und dich darauf konzentrieren solltest, den Geschmack der pflanzen-basierten alternativen „Fleisch"-Produkte zu optimieren. Du machst einen Testlauf, indem du einen Monat lang einen Pop-up-Stand in deinem eigenen Restaurant installierst.

5. ***Ergebnis:*** Du kündigst dieses neue, „temporäre" Restaurant an und lässt das andere für einen Monat „aufgrund von Urlaub" schließen. Die Gäste kommen, um das neue Restaurant zu testen. Du lernst rasch neue Arten, das Produkt zuzubereiten, sodass es geschmackvoller und saftiger ist als alle anderen pflanzen-basierten Burger. Du vollziehst die Verbesserungen in Lichtgeschwindigkeit, weil du nur noch Veggie-Burger servierst und die Gästezahl wächst. Nach einem Monat erkennst du das Potenzial und entschließt dich dazu, das alte normale Restaurant durch die neue meisterhafte Geschäftsidee zu ersetzen. Das Ganze braucht ein Jahr und es gibt Unfälle und blaue Flecken. Aber mit einem Relaunch und diesen neuen Burgern bist du der Beste in der ganzen Stadt – und vielleicht der Beste der Welt. Die Kunden stehen vor der Tür Schlange. Und ich freue mich sagen zu können, dass die Schlangen bei dir ein klitzekleines Bisschen länger sind, als bei deinem Kumpel Mr. Sammy Soup. Gut gemacht, mein Veggie-Burger-Freund!

FTN in Aktion

Stacey Seguin ist eine Business-Coach der Meisterklasse bei *Tap the Potential LLC* und kann auf eine breite Basis an Wissen, Zertifikaten und Erfahrung im Unterstützen ihrer Kunden zurückschauen. Ich erläuterte ihr das FTN-Modell eines regnerischen Morgens im Retreat Center ihres Unternehmens in Alexandria, Louisiana. Seit unserem Treffen beginnt sie jeden neuen Coaching-Auftrag mit einer FTN-Analyse und nutzt sie jedes Mal, wenn ein Kunde die nächste Herausforderung zu identifizieren hat.

Eine meiner Lieblingsgeschichten rund um FTN stammt aus Staceys Arbeit mit *American Landscape and Lawn Science LLC.* Dieses Unternehmen gehört Steve Bousquet. Und 2019 arbeiteten sie für über 3.000 Kunden.

Nur wenige Tage nach unserem Regnerischen-Morgen-Treffen saß sie in Steves Büro in Franklin, Connecticut, und nutzte FTN. Sie führten den einfachen Prozess durch, begannen beim UMSATZ-Level und arbeiteten sich nach oben. Sie hakten alles ab, was stabil war und versicherten sich, dass das 36-jährige Unternehmen eine stabile UMSATZ- und GEWINN-Basis hatte. Als sie allerdings an das ORDNUNG-Level kamen, starrte sie ein nicht abgehakte Kästchen an: Vertretungsregeln.

Chris Bishop managte den gesamten Zeitplan des Unternehmens. Das Aussenden der Service-Teams, das Management der Kundenanfragen und kurzfristige Änderungen aufgrund unvorhergesehenen Wetters. Ein gigantisches Unwetter konnte für manche Landschaftsbauer Auswirkungen über Wochen oder gar Monate oder mehr nach sich ziehen. Das war kein Problem für Chris Bishop, den Meister des Puzzles. Außer einer Kleinigkeit: Je mehr er sich um die Planänderungen kümmerte, umso weniger sprach er mit den Kunden, sodass die Leute sich fragten, was sie erwartete. Wenn Chris einen Tag frei hatte, oder gar für eine ganze Woche Urlaub machte, war der Zeitplan Makulatur.

Steve und Stacey entwickelten einen Plan. Zwei Mitarbeiter sollten das Backup beim Zeitplan für Chris sowie einen Großteil der Kundenkommunikation übernehmen, sodass das Training gleich in der Arbeit steckte. Sie sollten zuschauen, wie Chris die Planung machte und dies dann den Kunden vermitteln. Das war eine großartige Möglichkeit, zugleich die Feinheiten der Planung zu beobachten und zu lernen, während sie aktiv die Kommunikationsschwäche ausglichen.

Spulen wir auf Mai vor, dem inoffiziellen Startmonat für den Landschaftsbau, und die Vertretungsregeln für den Zeitplan waren installiert. Im Vorjahr hatte das Unternehmen rund 700 Beschwerden, die sich auf die Kommunikation um den Zeitplan bezogen. Als sie auf das Ende der Sommersaison 2019 zusteuerten, gab es weniger als 50 Beschwerden. Chris Bishop war in der Lage, seinen ersten zweiwöchigen Urlaub aller Zeiten anzutreten. Das Unternehmen lief unbeeindruckt weiter.

Chris vollzieht jetzt den Übergang in eine verantwortlichere Position als COO des Unternehmens und das Unternehmen ist stärker denn je, dank Stacey und dank Vertretungsregeln.

Kapitel 6
Erst bekommen, dann geben

„Ich bringe dir bei, wie du mit 100.000 US-Dollar dein eigenes Restaurant besitzen kannst“, sagte Mark Tarbell vor einem Publikum von Unternehmern.

Mark ist der Inhaber von *Tarbell's*, eines der am höchsten ausgezeichneten Restaurants in Arizona. Gemeinsam mit Wolfgang Puck und Bobby Flay ist er einer der wenigen Gewinner des „Iron Chef“. Und er ist mit Tarbell's seit über 20 Jahren erfolgreich. Mit anderen Worten: Mark ist gut. Er ist richtig gut. Also hatte er vielleicht ein Geheimnis zum Thema Restaurantbesitz.

Ich saß in der Mitte der dritten Reihe, auf meinem perfekten „Lernplatz“ – nah genug, dass ich den Redner perfekt sehen kann, aber nicht so nah, dass ich ihm in die Nase schauen kann. Die anderen Sitze waren mit Unternehmenslenkern besetzt, die ihrerseits großartige Erfolge erreicht hatten. Unmittelbar zu meiner Rechten saß Chris Kimberly (nicht sein echter Name), der Gründer einer der größten Event-Ticket-Agenturen der USA. Ich war nicht überrascht, als er sich intensiv nach vorn lehnte, um Mark zuzuhören. Chris hatte gerade fünf Restaurants gekauft für, sagen wir, etwas mehr als 100.000 US-Dollar.

Mark sagte, „Die ganze Zeit höre ich von den Reichen und den Armen, von Unternehmern und Fließbandarbeitern: ‚Eines Tages hätte ich gern mein eigenes Restaurant oder meine eigene Bar. Das wäre mein ureigener Ort‘, erzählen sie mir. ‚Ich kann dort sein, wann auch immer ich möchte. Ich kann neue Leute kennenlernen. Ich kann meinen eigenen Tisch haben.‘ In Wirklichkeit aber ist ein Restaurant genau wie jedes andere Unternehmen.

Ich habe ein Restaurant nach dem anderen untergehen sehen, weil die Inhaber nicht verstehen, dass man ein Unternehmen von unten nach oben aufbauen muss“, fuhr Mark fort. „Du musst die richtigen Kunden mit deinem einzigartigen Angebot anziehen. Du musst sicherstellen, dass deine Gewinnmargen ausreichen und du musst den Prozess meistern, massenhaft Essen zuzubereiten. Du musst ein hochgradig verderbliches Inventar managen und eine hochgradige Mitarbeiterfluktuation. Und du musst *all* dies effizient tun. *Und*, selbst wenn du das erreichst, hast du eine Chance von etwa 5 Prozent, dass du es schaffst. Der Wettbewerb ist unglaublich hart."

Ich wusste, dass diese Statistik ziemlich exakt zutraf. Laut CNBC schließen etwa 80 Prozent der Restaurants, bevor sie ihr fünftes Jubiläum feiern und 60 Prozent schließen innerhalb des ersten Jahres. In Wahrheit geben die meisten Unternehmen in den ersten paar Jahren den Löffel ab, und unabhängig von den jeweils individuellen Details, die zur Schließung führen, ist die Ursache für ihr Scheitern immer die gleiche: Sie haben sich nicht darauf konzentriert, das Fundament zu sichern.

Mark fuhr fort. „Wenn du ein Restaurant besitzen möchtest, weil du denkst, das wäre cool, oder weil du einen Ort möchtest, den deine Freunde gern besuchen oder aus irgendeinem anderen Grund, außer, dass du den Prozess meistern möchtest, indem du ihm dein Leben widmest, dann würde ich dir raten, die 100.000 US-Dollar-Methode zu nutzen, ein Restaurant zu kaufen. Und so funktioniert es: Such dir dein Lieblingsrestaurant aus, das du besitzen möchtest. Besuche es zweimal die Woche zum Mittag- oder Abendessen und bestell dein Lieblingsessen und deinen Lieblingswein. Gib dem Kellner 100 Dollar Trinkgeld. Gib dem Koch 100 Dollar Trinkgeld. Gib dem Bartender 100 Dollar Trinkgeld. Gib dem Besitzer 100 Dollar Trinkgeld. Und gib dem Türsteher 100 Dollar Trinkgeld. Mach dies zweimal die Woche über ein ganzes Jahr. Am Ende des Jahres gehört dir das Restaurant. Du könntest um 19.00 Uhr am Valentinstag anrufen und sagen ‚Ich möchte euren besten Tisch', und, glaube mir, der Tisch wird für dich vorbereitet sein. Das wird dein eigenes Restaurant sein."

Das Publikum lachte. Oder, sagen wir, die meisten. Chris mit den fünf neuen Restaurants lachte nicht, genau wie die anderen Restaurantbesitzer. Sie machten sich wie wild Notizen dazu, was sie in ihrem eigenen Laden als nächstes angehen müssten, also, so richtig sofort. Auch ich machte mir Notizen zu Marks Geschichte, damit ich mich immer daran erinnern könnte, dass der Wunsch danach, ein Unternehmen zu besitzen oder ein Unternehmen aufzubauen, zwei sehr unterschiedliche Angelegenheiten waren.

Viele von uns kommen in unserer Reise als Unternehmer an den Punkt, an dem wir denken, „Heilige Scheiße! Ich habe mir selbst etwas vorgemacht, was die Gesundheit meines Unternehmens angeht." Das ist dieser Moment, an dem wir uns fragen, ob wir etwas besitzen oder ein Unternehmen aufbauen wollten. Wenn wir beginnen zu zweifeln. Wenn wir zugeben und akzeptieren müssen, dass wir uns durchgebissen haben, lange Tage gearbeitet und Feuerwehr gespielt haben, in der Hoffnung, dass der nächste große Deal all unsere Probleme lösen würde. Häufig kommt dieser Moment, nachdem wir all das erkannt haben, das wir tun müssen, um unser Unternehmen abzusichern. Vielleicht erlebst du das genau jetzt.

Wenn du die FTN-Analyse durchgeführt hast und alle Beschreibungen und Beispiele der existenziellen Bedürfnisse in den Bereichen UMSATZ, GEWINN und ORDNUNG durchgegangen bist, hast du vielleicht deinen eigenen „Heilige Scheiße“-Moment, in dem dir klar wird, dass du jede Menge Renovierungen vor dir hast. Keine Angst. Dass du bis hierhergekommen bist, ist ein Zeichen dafür, dass du auf dem richtigen Weg bist.

Die Wahrheit zu akzeptieren, ist ein notwendiger, wenngleich schmerzhafter Schritt, um ein wirklich gesundes Unternehmen aufzubauen. Jetzt, wo du siehst, was zu tun ist, kannst du losziehen und deine unternehmerische Bestimmung erfüllen. Du hast erkannt, dass du eine Basis erschaffen musst, die so solide ist, dass nahezu jeder Traum, den du träumst, erfüllbar ist.

Ich weiß, dass du nicht deshalb Unternehmer geworden bist, um cool dazustehen oder weil du diese grandiosen Vorstellungen davon hast, wie es ist, ein Unternehmen zu besitzen, wie Mark Tarbell es mit Blick auf manche Restaurantbesitzer angedeutet hat. Du bist verrückt, genau wie ich: Es *gefällt* dir, ein Unternehmen zu besitzen. Du tust nicht nur so. Du bist vollkommen engagiert. Deshalb bist du bereit, das zu tun, was Mark erwähnte: den Prozess der Unternehmensführung zu meistern. Es ist etwas, das du tun möchtest. Du möchtest in dieser Disziplin großartig werden und du möchtest zuschauen, wie dein Unternehmen aufsteigt und wächst und jeden Tag stärker wird. Und jetzt weißt du, wie du es angehst.

Die Vision für dein Unternehmen ist im Allgemeinen am stärksten, *bevor* du die Türen öffnest. Das ist der letzte Tag, an dem dein Traum noch bloß ein Traum ist. Ab dem nächsten Tag dreht sich alles um die Umsetzung und das ist genau der Tag, an dem die Herausforderungen und Chancen, Probleme und Lösungen in Massen auftauchen.

In diesem tagtäglichen Management unserer Unternehmen verlieren wir unseren Traum aus dem Blick. Nicht, dass der Traum nicht mehr wichtig wäre, er ist nur in diesem Augenblick nicht so wichtig wie die Aufgaben des Tages. Doch bei den meisten Unternehmern, die ich kenne, wird dieser tägliche Überlebenskampf zur neuen Norm. Der Traum existiert noch – er wird nur einfach für den Moment nach hinten geschoben, später wird er in den Schrank gelegt und nicht lang danach kommt er auf den Dachboden zu den Spinnweben.

Es gab einen Grund für deinen Traum, mein Freund. Du sehntest dich nach einem besseren Leben. Oder du wolltest deiner Familie ein besseres Leben bieten. Du hattest die Chance gesehen, einer Arbeit nachzugehen, die dich mit Freude erfüllt. Oder du hattest die Chance gesehen, dein eigenes Schicksal zu bestimmen. Oder, wie ich vermute, du wolltest all das und mehr. Die gute Nachricht ist, unabhängig davon, wo du dich aktuell auf deiner unternehmerischen Reise befindest, dass du deinem Traum näher bist, als du denkst.

Die „Erhalten"- und „Geben"-Levels der BHN

Wir kommen jetzt zu einer melodischen Überleitung in diesem Buch, ein kurzes Kapitel, in dem ich dich bitte, dir einen Moment Zeit zu nehmen und darüber nachzudenken, was wirklich notwendig ist, um Einfluss zu nehmen und ein langfristiges Vermächtnis zu hinterlassen. Genau wie bei deinem Lieblingslied ist die Überleitung in der Musik ein Stück, das den Einstieg, die Mitte und das Ende einer Melodie verbindet. Mit UMSATZ, GEWINN und ORDNUNG hast du den Einstieg gehört. Jetzt beginnen wir den Übergang zu den späteren Stadien. Doch zuerst musst du dir diese Überleitung anhören...

Die beste Tasse Kaffee, die ich je in meinem Leben getrunken habe, bekam ich in Guatemala City. Philip Wilson, Gründer von *Ecofiltro*, führte mich durch die Gegend, zeigte mir die wundervolle Architektur und die berühmten Restaurants, als wir an einem kleinen Laden anhielten, um „den besten Kaffee der Welt" zu trinken. Und das war er mit Sicherheit auch.

Phil ist sehr energiegeladen. Als er mir die Verbesserungen vorführte, die in der Stadt durchgeführt wurden, strahlte er große Freude aus. Allerdings war er nicht immer so. Nein, früher war er mal ein ganz anderer. Jemand, der vor dem Fernseher hockte, auf CNBC starrte und Aktienkurse beobachtete. Das war, bevor er erfuhr, dass 80 Prozent der Familien in Guatemala kein sauberes Wasser haben.

Wie Phil mir erläuterte, kochten die Menschen das Wasser, um es zu reinigen, was sie täglich mindestens drei Scheit Holz verbrennen ließ. Das kostete sie zwischen 15 und 20 Dollar pro Monat, um das Wasser zu kochen. Und die meisten Familien konnten sich das nicht leisten. Phils Schwester hatte ein Non-Profit-Unternehmen gegründet, um beim Lösen des Problems zu helfen, doch sie war nicht in der Lage, ausreichend Spenden einzuwerben, um ihr Ziel zu erreichen. Phil wurde klar, dass dieses umfangreiche Problem sich nicht mit Spenden lösen ließ und es konnte sicherlich nicht dadurch gelöst werden, dass man sich allein auf den EINFLUSS konzentrierte.

Also wandelte Phil Ecofiltro in ein Sozialunternehmen um, bei dem die Umsätze mit den Wasserfiltern in den Städten das Verteilen der Wasserfilter in ländlichen Gegenden zu einem erschwinglichen Preis finanzierten. Ecofiltro hat ein superklares Ziel: einer Million gualtemaltekischer Familien in ländlichen Regionen bis zum Jahr 2020 mit sauberem Wasser zu versorgen. Ich freue mich sehr, berichten zu können, dass sie im Jahr 2019, als ich diesen Text schrieb, kurz davor waren, ihr Ziel zu erreichen.

Leider werden so viele noble Ziele ohne einen nachhaltigen Plan auf den Weg gebracht. Diese Unternehmen wollen die Welt verändern, aber sie haben keine Vorstellung davon, wie sie einen nachhaltigen Cashflow, interne finanzielle Gesundheit oder Effizienz erzielen können. Ich kann dir gar nicht sagen, wie viele kommerzielle Unternehmen, die ich beobachtet habe, die Kriterien für Non-Profit erfüllen. Und das ist mit Sicherheit nicht das, was sich ihre Inhaber vorgestellt hatten.

Sie sind darauf ausgerichtet, große Dinge mit großen Auswirkungen zu betreiben, aber sie ignorieren die Basis der BHN, etwas, das alle Unternehmen, seien es kommerzielle oder nicht-kommerzielle, berücksichtigen müssen. Unternehmen, die die „Bekommen"-Basis der BHN ignorieren (UMSATZ, GEWINN und ORDNUNG) und sich zuerst auf den „Geben"-Teil (EINFLUSS und VERMÄCHTNIS) konzentrieren, sind bestenfalls zu dauerhaftem Kampf verdammt oder, was wahrscheinlicher ist, zu einem schnellen Niedergang. Selbst ein Non-Profit-Unternehmen braucht eine gesunde Basis: Auch sie sind Unternehmen.

Phil folgte dem BHN-Kompass bis ins Detail, obwohl er es „gute Unternehmenspraxis" genannt hätte. Um das Problem der Wasserqualität in Guatemala wirksam anzugehen, musste Ecofiltro zunächst ihre drei grundlegenden Stufen der Unternehmensbedürfnisse absichern: UMSATZ, GEWINN und ORDNUNG. UMSATZ und GEWINN befeuern ihre gute Arbeit und indem sie sicherstellen, dass ORDNUNG funktioniert, können sie diese so verstärken, dass sie ein Ziel erreichen, mit dem sie die Welt verändern.

Als wir uns trennten, fragte ich ihn nach seiner heutigen Lebensqualität. Phil nahm seinen letzten Schluck Kaffee und sagte, „Ich dachte immer, in Unternehmen ginge es darum, Geld anzuhäufen. Ich dachte, dass ich eines

Tages in der fernen Zukunft ein Philanthrop werden würde. Dass ich einen Punkt erreichen würde, an dem ich aufhören würde Geld einnehmen zu wollen und beginnen würde, Geld zu geben. Doch Ecofiltro lehrte mich eine neue Wahrheit: Unternehmertum dreht sich gleichzeitig um Nehmen und Geben. Du musst ein Unternehmen aufbauen, bei dem du einen wachsenden Bedarf decken kannst, bei dem du rentabel und effizient arbeitest. Du musst all diese Dinge am Laufen halten, um in der Lage zu sein, zu geben."

Seit er sich nicht mehr darauf konzentriert, mehr Geld anzuhäufen, sind Phils Leben und Arbeit nunmehr darin verwurzelt, einen Einfluss auszuüben. Und er sammelt Geld weiterhin im gleichen Tempo an. Lustig, wie das funktioniert, oder?

„Ich kann nicht einmal anfangen zu erklären, wie viel Freude dieses Unternehmen mir bereitet," fügte er hinzu. „Ich glaube, ich mache das bis an mein Lebensende."

Du bist auf diesem Planeten, um etwas zu bewirken – daran zweifle ich keinen Augenblick. Und diese Wirkung ist nicht dadurch zu erreichen, dass du dich für dein Unternehmen aufopferst. Es geht hier nicht darum, den Märtyrer zu spielen. Du musst die Basis von UMSATZ, GEWINN und ORDNUNG perfektionieren, damit du an die Welt mit EINFLUSS zurückgeben kannst.

Erhalten und Geben läuft in der BHN folgendermaßen:

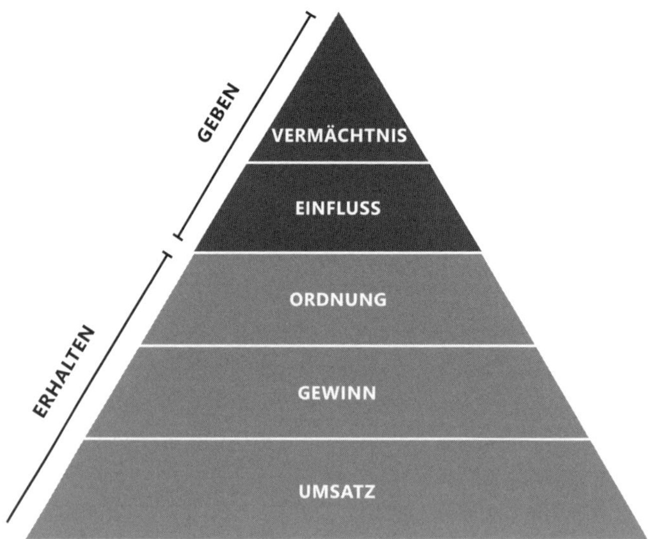

Abb. 6. Die Erhalten- und Geben-Level der BHN

Um in der Lage zu sein, nachhaltig geben zu können, musst du dich zunächst darauf konzentrieren, die zugrundeliegenden Niveaus der BHN in Ordnung zu bringen. Ich weiß, dass ich an dieser Stelle von einigen Unternehmenslenkern Widerspruch ernte, insbesondere von jenen Unternehmern, die sich an dem Zuerst-Geben-Ansatz orientieren, den einige Experten vertreten. Vielleicht schüttelst auch du gerade deinen Kopf. Lass mich deutlich sagen: Ich möchte nicht nahelegen, dass Großzügigkeit als leitender Wert unangebracht sei. Und ich möchte auch nicht suggerieren, dass Zurückgeben unwichtig sei. Ich möchte, dass du geben kannst. Ich möchte, dass du so viel und so doll zurückgibst, dass du eine messbare Veränderung in unserer Welt feststellen kannst. Ich *wünsche* mir, dass du einen Beitrag dazu leistest, dass die Welt besser wird. Ich möchte bloß, dass du eine solide Basis hast, von der aus du diese wichtige Arbeit leisten kannst.

Damit du es im Kopf behältst, zeige ich hier noch einmal, wie du die BHN als deine Checkliste verwenden kannst, um herauszufinden, welches zentrale Bedürfnis dein existenzielles Bedürfnis ist, das du als nächstes angehen musst:

1. Schritt – Identifizieren: Innerhalb eines jeden Levels hakst du die zentralen Bedürfnisse ab, die dein Unternehmen angemessen befriedigt, um so das darüber liegende Level zu unterstützen. Wenn du ein Bedürfnis nicht angemessen adressierst oder dir nicht sicher bist, hakst du es nicht ab.

2. Schritt – Genau lokalisieren: Analysiere das unterste Level, das zentrale Bedürfnisse hat, die nicht abgehakt sind. Solltest du also Bedürfnisse auf den Niveaus von GEWINN, EINFLUSS und VERMÄCHTNIS haben, dann arbeitest du am untersten dieser drei: GEWINN. Von den Bedürfnissen auf diesem Level, die du nicht abgehakt hast: Welches ist aktuell das wichtigste? Markiere dir dies als dein existenzielles Bedürfnis.

3. Schritt – Erfüllen: Entwickle messbare Lösungen für dieses markierte existenzielle Bedürfnis. Setze deine Lösungen um, bis dein existenzielles Bedürfnis angemessen befriedigt ist.

4. Schritt – Wiederholen: Wenn dieses existenzielle Bedürfnis versorgt ist, suche das nächste existenzielle Bedürfnis, indem du die drei vorherigen Schritte wiederholst. Verwende diesen Prozess über die Lebenszeit deines Unternehmens, um Herausforderungen zu meistern, günstige Gelegenheiten maximal zu nutzen und dein Unternehmen laufend zu verbessern.

Thomas Edison sagte, „Ich habe immer Erfindungen entwickelt, um Geld zu bekommen, damit ich weitere Erfindungen entwickeln konnte." Vielleicht liegt deine Art des Zurückgebens darin, laufend Innovationen zu entwickeln und Angebote zu entwerfen, die unser Leben einfacher und besser machen. Ich würde sagen, dass dein Unternehmen irgendwann unter der Last deiner Ideen zusammenbrechen wird, wenn du dich ausschließlich auf das Schaffen (eine weitere Form des Gebens) konzentrierst. Warum? Weil du es versäumt hast, zunächst die ersten drei Level des Nehmens zu festigen.

Vergleich versus Beitrag

Zwei magnetische Kräfte treiben die Nehmen- und Geben-Teile der BHN voran. Ich habe dies in Phils Geschichte deutlich gesehen, ich sehe es in meiner und ich sehe es in der Geschichte eines jeden Unternehmers, den ich treffe. Entweder ist der primäre Treiber die Konzentration des Egos auf den Vergleich oder der primäre Treiber ist der Fokus des Superegos darauf, einen Beitrag zu leisten. Die Leute, die sich darauf konzentrieren, mit den Unternehmer-Geißens mitzuhalten, kehren beständig zur Basis der BHN zurück. Dann müssen sie mehr Umsatz machen, weil es notwendig ist, dass mehr Geld reinkommt, um die eigene Bedeutsamkeit über die eigene Größe zur Schau zu stellen. Man braucht mehr Gewinn, um weitere Trophäen einsammeln zu können, mehr Dinge, mehr Zeugs. Man braucht ein Unternehmen, das automatisch mehr schafft, damit man mit anderen Unternehmen noch mehr tun kann. Das ist nicht unbedingt schlecht: Es treibt die Wirtschaft voran und hilft Mitarbeitern. Um es deutlich zu sagen: Ich behaupte nicht, dass die Leute, die von ihrem Ego angetrieben werden und von der eigenen wachsenden Bedeutsamkeit, falsch liegen. Ich kenne sehr gute Leute, die genau in dieser Situation sind. Ich sage nur, dass ich es als inhaltsleer empfinde. Es ist nicht erfüllend.

Smiles 4 Keeps, eine Zahnklinik für Kinder in Bartonsville, Pennsylvania, ist ein solches Unternehmen (oder zumindest *war* es ein solches Unternehmen). Sie blieben in der Erhalten-Phase stecken, was, wie einige es formulieren würden, dazu führte, dass sie ihre Integrität verloren. 2018 schickte Smiles 4 Keeps Briefe an Eltern, die es bis dahin versäumt hatten, einen Termin für die normalen Kontrolluntersuchungen zu vereinbaren. In den Briefen sagte Smiles 4 Keeps, dass sie diese Eltern bei den staatlichen Behörden wegen „Vernachlässigung der Zahnhygiene" melden würden. Mit anderen Worten, wegen Kindesmissbrauch. Der Brief, den die Eltern, die ihre Kinder „vernachlässigten", bekamen, weil sie den Zahnarztbesuch nicht innerhalb der empfohlenen Zeit vereinbart hatten, schloss: „Um Ihr Kind möglichst gesund zu erhalten und eine Meldung bei den staatlichen Behörden zu vermeiden, rufen Sie Smiles 4 Keeps bitte sofort an, um einen Behandlungstermin innerhalb der nächsten 30 Tage zu vereinbaren." Dies führte zu einem Aufschrei bei den Eltern und schaffte es in die Nachrichten. Letzten Endes schrieben sie den Brief neu und entfernten die enthaltene Drohung, doch der Schaden war bereits angerichtet. Vielleicht hatten sie es geschafft, einige Eltern so einzuschüchtern, dass diese einen Termin vereinbarten, und waren so zu mehr Umsatz gekommen, aber was hatte sie das gekostet? Es sieht so aus, als hätte Smiles 4 Keeps aktiv versucht, ihren Ruf zu verbessern, doch die Kommentare von 2018 sind noch zu sehen. Eine einfache Suche nach „Smiles 4 Keeps neglect (Vernachlässigung)" erzeugt Seiten um Seiten nicht sonderlich positiver Informationen.

Es ist wichtig, sich selbst zu kontrollieren, sodass du nicht im Nur-Erhalten-Modus stecken bleibst. Viele Unternehmen kommen niemals über die ersten drei Stufen hinaus und das ist sehr schade, weil Unternehmer die Kraft haben, alle Probleme dieser Welt zu lösen. Ich glaube das wirklich. Aber ohne zu verstehen, dass man nimmt, um wieder zu geben, bekommt ein Unternehmen gelegentlich derart Schlagseite in Richtung des Nur-Erhalten-Teils, dass es Krebsgeschwüre entwickelt.

Die Berufung zum Geben ist auch nicht perfekt. Manche Leute wollen nur geben und geben. Und sie tun dies, indem sie sich selbst aufopfern. Sie geißeln sich selbst. Sie verwechseln das Gefühl des Aufopferns mit Erfolg. Ich kenne Leute, die so sind (wie du auch) und es sind gute Leute – aber sie konzentrieren sich zur falschen Zeit auf die falsche Stufe der Pyramide. Sie „geben bis es weh tut" und dieser Schmerz führt sie dann direkt in die Insolvenz.

Wenn du dich dazu verpflichtet fühlst, manchen Kunden zu helfen, weil sie dich ganz dringend brauchen, sich das aber nicht leisten können, dann bist du am Rande der Opfergabe. Und wenn du sie weiterhin bedienst, selbst wenn der Geldmangel langsam dazu führt, dass du pleitegehst, dann bist du ein ganz und gar aufopfernder Geber. Großzügig, aber sicherlich nicht nachhaltig.

Wenn du in die Insolvenz gehst, weil du ohne nachhaltige Basis zu viel gegeben hast, dann werden zahllose weiter potenzielle Kunden niemals die Chance bekommen, ihre Erfahrungen mit dir zu machen. Die Selbstaufopferung des Gebens bis zum Schmerz führt dazu, dass zahllose Kunden niemals davon profitieren können, was du zu bieten hast, weil dein Unternehmen ausgelöscht wurde.

Mit der Vollendung unserer musikalischen Überleitung können wir nun zu unserer zentralen Melodie zurückkehren, ok? Auf zum EINFLUSS-Level der BHN!

Kapitel 7
Die Entwicklung von der Transaktion zur Transformation mit Einfluss

Ein paar Monate nachdem mein erstes Buch, „Not macht erfinderisch: der Klopapier-Unternehmer“[19], erschienen war, saß ich mit Krista am Küchentisch. Ich hatte zuvor eine E-Mail von einem Unternehmer bekommen und hatte sie ausgedruckt, um sie Krista zu zeigen. Der Unternehmer erzählte, wie er einige der Strategien aus dem Buch angewendet hatte und unmittelbare Ergebnisse beobachten konnte.

Krista las die E-Mail zweimal. Zuerst überflog sie sie. Dann las sie sie langsam, bewusst und nahm jedes einzelne Wort auf. Als sie fertig war mit Lesen, sah sie mir direkt in die Augen und sagte nach einer langen Pause: „Das ist deine Berufung, Mike.“

Die Reise des Unternehmers ist ein holpriges Unterfangen mit extremen Hochs und sehr tiefen Tiefs. Ich wusste, dass mein neues Leben als Autor uns beiden viel Unsicherheit und Zukunftsangst beschert hatte. Um genau zu sein: Nachdem ich unser gesamtes Vermögen und unser Zuhause verloren hatte und darin versagt hatte, mich selbst in meiner (selbst-diagnostizierten) funktionalen Depression zu managen, war die Lage für Krista und mich „ein klitzekleines Bisschen“ angespannt. Es war, als würden wir in einer Schrottkarre eine Serpentinenstrecke hinunterrasen; Krista ohne Sicherheitsgurt auf dem Beifahrersitz, ich auf dem Fahrersitz, aber mit einem kaputten Lenkrad und ohne Bremsen. Beängstigend für den Unternehmer, aber die reine Todesangst für die Frau des Unternehmers.

19 Ich schrieb „Not macht erfinderisch: der Klopapier-Unternehmer“, um Start-ups dabei zu helfen, ihre Konkurrenz direkt zu überflügeln. Du findest Materialien zum englischen Original auf ToiletPaperEntrepreneur.com. Informationen zum deutschen Buch findest du auf inspirited.de/der-klopapier-unternehmer.

Deshalb bedeutete dieser Vertrauensbeweis von meiner Frau in diesem Moment mir alles. Zu wissen, dass sie mich in meiner Karriere als Autor unterstützte, berührte meine Seele zutiefst.

Doch die Fahrt ging (in wildester Manier) weiter und vier Jahre später saßen Krista und ich an genau dem gleichen Tisch in unserer Küche, vermutlich bei der gleichen Mahlzeit und stellten uns der Tatsache, dass Autorenschaft für die meisten von uns – und eigentlich jede unternehmerische Reise – ein sehr langsamer Aufstieg ist.

Diesmal sagte Krista: „Du musst einen Job finden, Mike."

Diesmal fühlten sich ihre Worte an wie ein *Messerstich* tief in meine Seele. Einen Job anzunehmen ist der ultimative Tiefschlag für jeden Unternehmer. Es ist das unbestreitbare Anerkennen totalen Versagens. Damit ist die unternehmerische Reise vorbei. Ramm mir ein Messer zwischen die Rippen – ich bin am Ende!

Krista hatte Recht. Sie hatte Recht damit, dass Autorenschaft meine Bestimmung war, aber auch mit der Feststellung, dass wir dringend Geld brauchten. Zu diesem Zeitpunkt hatte ich ein zweites Buch veröffentlicht, „Der Pumpkin-Plan", und Zuspruch von Lesern kam jeden Tag. Doch das Geld kam nicht. Unsere finanzielle Situation hatte sich kaum verbessert.

Ich hatte mein erstes Business im Alter von 23 gegründet, hatte zwei Unternehmen mit Umsätzen von mehreren Millionen gegründet und verkauft und zum ersten Mal im Verlaufe von knapp 20 Jahren suchte ich in den Jobangeboten nach Arbeit. Ich fand rasch heraus, dass „Unternehmer" so ziemlich die schlimmste Angabe ist, den du in deinem Lebenslauf haben kannst, vielleicht auf Platz zwei hinter „Autor". Niemand möchte einen Unternehmer einstellen (und ein Unternehmer, der mehrere Unternehmen hatte, ist noch schlimmer), weil sie wissen, dass wir nicht dafür gemacht sind, als Angestellte zu arbeiten. Es ist ziemlich wahrscheinlich, dass wir wieder kündigen, um eine neue Geschäftsidee zu verfolgen.

So kam es, dass ich mich auf Gedeih und Verderb wieder meiner Mission zuwandte, unternehmerische Armut auszumerzen – und zwar als Autor. Zugleich musste ich zugeben, dass Autorenschaft genau meine Art von Unternehmen *war*. Ich hatte das Unmögliche erwartet: den Übernacht-Bestseller. Ich musste das, was ich über Unternehmenswachstum wusste, auf Autorenschaft anwenden. Ich konnte mich nicht auf das Ziel konzentrieren, die Welt zu verbessern, bis ich meine grundlegenden Bedürfnisse abgesichert hatte: UMSATZ, GEWINN und später ORDNUNG.

Auf keinen Fall konnte ich mich anstellen lassen. (Ich kann deinen Handschlag fühlen, mein Freund. Und ich weiß, dass du mich verstehst.) Und ich konnte meine Familie nicht mehr wegen meiner luftigen Träume hängen lassen. In dieser Nacht wurde mir klar, dass ich mich zunächst um mich selbst kümmern musste, bevor ich mich um die Welt kümmern konnte. Bevor ich meinen Instinkten folgen und mich komplett um den EINFLUSS kümmern konnte, musste ich meine Instinkte auf die zugrundeliegende Unternehmensbasis ausrichten, meine Umsätze, den Gewinn und die Installation von effizienten Systemen. Und zwar in dieser Reihenfolge.

Heute bin ich stolz darauf, sagen zu können, dass diese verrückte Fahrt nicht mehr so beängstigend ist. Wir düsen (jedenfalls jetzt) auf einem konstant hohen Niveau – keine wahnsinnigen Loopings oder Panik auslösende Abfahrten. Kristas Worte, *Das ist deine Bestimmung*, waren tatsächlich prophetisch. Sie hatte Recht. Genau das war meine Aufgabe. Der Grund, dass ich noch immer hier bin, immer noch für uns Unternehmer ackere, immer noch nach Lösungen suche, um das Unternehmerleben für *dich* einfacher zu machen, damit *du deine* Bestimmung erfüllen kannst, ist, dass ich den reinen Instinkt beiseite gelegt habe, dem BHN-Kompass gefolgt bin und mich ums Unternehmertum gekümmert habe. Ich habe weitere Umsatzströme implementiert, die mit meinen Büchern verbunden sind, und dafür gesorgt, dass diese Ströme abgesichert sind. Der Einfluss, den du ausüben möchtest, ist wichtig, aber du kannst ihn nicht durchziehen, bevor nicht alle grundlegenden Level funktionieren. Niemand kann das. Ich konnte das sicher nicht.

Ich erzähle dir das, damit du immer daran denkst, dass du nicht einfach alles überspringen kannst, um an die Spitze zu gelangen. Wenn du ein Problem löst, dann gehst du zurück an die Basis und arbeitest dich durch alle Stufen. Jedes. Einzelne. Verdammte. Mal.

Wenn deine drei Grundlagen-Level gut in Form sind, kannst du dich auf EINFLUSS konzentrieren. Auf dem EINFLUSS-Level ist dein Angebot nicht länger nur ein Tauschgeschäft von Produkt gegen Geld – es ist transformierend. Die Menschen erkennen das große Ganze, dem eine Organisation dient – und zwar sowohl in ihrer eigenen Welt als auch insgesamt. Wenn deine fünf Basisbedürfnisse auf dem EINFLUSS-Level befriedigt sind, wird der Preis für deine Kunden zweitrangig. Ihre Frage lautet nicht mehr, „Ist dies das beste Angebot?". Stattdessen wollen sie wissen, „Wie kann ich daran teilhaben?". Ihre Überlegungen beziehen sich mehr auf die Bewegung oder die Bedeutung als allein auf den Konsum. Auf dem EINFLUSS-Level entwickeln sich Markentreue, Botschafter und lebenslange Mitgliedschaften, *weil dein Unternehmen auf einer Mission ist zum Wohle der Allgemeinheit.*

Ich möchte klarstellen, dass jedes Unternehmen und jedes Angebot einen Einfluss auf deine idealen Kunden haben muss, damit sie es konsumieren. Der Unterschied liegt darin, dass auf dieser Stufe der Pyramide das Gemeinwohl im Vordergrund steht. Hier liegt der Gewinn darin, dass *alle* gewinnen – du, deine Kunden, dein Team, deine Lieferanten, deine Branche, deine Gemeinde, dein Land und unsere Welt. Ja, ich weiß, das ist eines der großen und wunderbaren Noblen Ziele – auf Englisch Big Beautiful Audacious Noble Goals (Big BANG) –, die sich wie ein Märchen anhören, mit Ergebnissen, die sich vielleicht nicht leicht messen lassen. Unternehmerische Armut auszumerzen ist auch ein großes Ziel, aber ich bin entschlossen, daran weiterzuarbeiten, bis jeder Unternehmer all die unnötigen Kämpfe hinter sich lassen kann, um der eigenen Mission zu folgen. Und weil dies meine Bestimmung ist, werde ich bis zu meinem letzten Atemzug auf diesem Planeten dafür arbeiten. Das ist ein Versprechen.

Das EINFLUSS-Level dreht sich darum, dass du deinen Big BANG erreichen kannst. Ich möchte betonen, dass dies deine eigene Wahl ist. Es geht nur um dich und das, was sich für dich richtig anfühlt. Es muss nicht dem Wohle der ganzen Welt dienen und es geht nicht darum, Leben so zu verändern, wie andere Leute es definieren. Es geht um deine eigene Definition und es ist dein gutes Recht, sie zu verändern.

Ich erinnere mich an einen Unternehmer, der seine Frau an eine furchtbare Krankheit verlor. Er sah mich mit Tränen in den Augen an und sagte mit sichtlichem Unbehagen: „Mike, meine Bestimmung ist klar. Ich muss jeden Tag für meine Kinder das Essen auf den Tisch stellen und ich muss es alleine tun. Es gut mir leid, ich habe kein „Big BANG“-Ziel. Aber das ist nun einmal das, was ich tun muss.“

Ich begann zu weinen (ich bin ein totaler Mit-Heuler) und sagte, „Das *ist* dein Big BANG, mein Bruder. Das ist ein eindrucksvoller Lebenssinn und es ist ein vollkommen nobler EINFLUSS, den dein Unternehmen haben kann. Ich kann mir nichts Großartigeres für dich vorstellen.“

Zwei Jahre später traf ich ihn erneut und wieder sprach er unter Tränen. „Mein Big BANG war es, meine Kinder zu ernähren und das hat mein Unternehmen gemacht. Nun ist es gewachsen und wir ernähren weitere Kinder Alleinerziehender. In meinen Augen ist das Abendessen die beste Zeit, die Beziehungen zu festigen. Wenn Alleinerziehende eine fertige warme Mahlzeit bekommen, sodass sie sich nicht um das Kochen zu kümmern brauchen, dann können sie sich darauf konzentrieren, die Zeit mit der Familie zu verbringen und das verändert die Welt, wie ich sie kennengelernt habe." Hervorragend, Bruder! EINFLUSS dreht sich der Definition nach darum, deine Welt zu verändern. Es geht nicht darum, wie vielen Menschen du helfen kannst. Es geht um die Größe der Dankbarkeit, die du spürst, wenn du das Geschenk überreichst.

In diesem Kapitel schauen wir uns die fünf Essenziellen Bedürfnisse an, die du erfüllen musst, um den EINFLUSS auszuüben, den du dir vorstellst.

Bedürfnis Nr. 1: Transformationsorientierung

Frage: Verhilft dein Unternehmen den Kunden zu einer Transformation über die Transaktion im engeren Sinne hinaus?

Kochen hilft einer Reihe von Seelen auf unterschiedliche Arten. Die *Lost Kitchen* in Freedom, Maine, hat acht Tische und besetzt pro Abend jeden Tisch nur einmal. Das bedeutet, dass sie dort zum Abendessen etwa 45 Kunden bedienen können. Das ist alles. Keine zweite oder dritte Location. Kein Frühstück, kein Mittagessen, kein Brunch an Sonntagen. Keine Happy Hour. Keine Schlange an der Tür, die auf einen Tisch wartet. Ach, und sie haben nur neun Monate im Jahr geöffnet. Nur acht Tische und eine Schicht, und die Lost Kitchen ist bemerkenswert, wenn nicht sogar auf magische Weise erfolgreich. Genauer gesagt, sind sie trotz ihrer abgeschiedenen Lage eines der Restaurants, für das eine Reservierung am schwierigsten zu ergattern ist.

Nachdem sie ihr Restaurant und ihr Heim aufgrund der Scheidung von ihrem Mann verloren hatte, eröffnete Köchin und Eigentümerin Erin French ein neues Restaurant, in dem frische Produkte direkt vom Bauernhof auf den Tisch kommen. Ihre Absicht war es, ihren Kunden, die sie als ihre Gäste betrachtet, mehr als nur ein Essen zu bieten. Sie wollte ihnen das Gefühl einer Dinner-Party vermitteln, im Einklang mit dem Tempo, den Werten und Idealen ihrer Gemeinde. Und sie wollte ein Restaurant ohne die übliche Plackerei führen, die von den meisten Köchen fraglos ertragen wird.

Kurz nachdem sie Lost Kitchen eröffnet hatte, bekam sie schon internationales Lob. 2017 erhielt French drei begehrte James Beard-Nominierungen (Oscars für Köche) und veröffentlichte ihr erstes Buch „The Lost Kitchen: Recipes and a Good Life Found in Freedom, Maine". Zu diesem

Zeitpunkt war es für sie und ihr Team von 15 Frauen bereits schwierig geworden, mit der Zahl der Reservierungen Schritt zu halten. Ihr Anrufbeantworter war immer voll und die Leute tauchten persönlich mit Geschenken auf, um zu versuchen, sich eine Reservierung zu erschleichen. In einer Woche erhielten sie mehr als 10.000 Anrufe.

French wünschte sich eine Lösung für dieses Problem, die ihr Team nicht überfordern und das Erlebnis des Speisens in der Lost Kitchen nicht beeinträchtigten würde. Sie hatte die Idee, lediglich im Zeitraum von zehn Tagen in einem einzigen Monat im Jahr Reservierungen entgegenzunehmen. Genauer gesagt, in der Zeit vom 1. bis 10. April. Es gab nur eine klitzekleine, weitere Hürde: Man konnte eine Reservierung nur durch das Einsenden einer normalen Postkarte beantragen.

Im April 2018 erhielten sie über 20.000 Postkarten. Diejenigen, die das Glück hatten, aus dem Kartenhaufen gezogen zu werden, wurden zur Bestätigung ihrer Reservierung angerufen. Die Postkarten wurden auch zu einem besonderen Teil der Arbeit für das Team. Vor jedem Abendessen reihten sie die Postkarten der Gäste des Abends auf. Auf diese Weise wurden die Vorbereitungen sehr persönlich und dieses Gefühl begleitete alle durch den gesamten Abend. Für viele Gäste wurde die Lost Kitchen zu einem Erlebnis, das ihr Leben veränderte, denn hier erfuhren sie, was auswärts essen *sein kann*: wunderschön in seiner Einfachheit.

Wenn wir uns stärker auf die Transformation konzentrieren, die wir unseren Kunden bieten möchten, als auf die Transaktion (diesen Umsatz machen), dann haben wir wirklichen Einfluss auf ihr Leben.

OMEN: Transformationsorientierung

Angenommen, du hast ein Unternehmen mit dem Namen *Best Bean.* Du verkaufst gemahlenen Kaffee an lokale Läden und direkt über deine Webseite. Die Leute lieben deinen Kaffee, aber du möchtest mehr für deine Kunden. Du möchtest ihr Leben verändern. Hier ist dein OMEN:

1. ***Ziel (Objective):*** deine Kunden sollen morgens nicht nur eine gute Tasse Kaffee trinken, sondern das Gefühl haben, dass ihr Kaffee den Beginn eines großartigen Tages markiert. Du möchtest wirklich, dass deine Kunden sich jedes Mal, wenn sie deinen Kaffee trinken, geradezu verwandelt und inspiriert fühlen.

2. ***Messen der Kennzahlen:*** Spontane Rückmeldungen funktionieren hier am besten. Du bekommst großartige Online-Reviews zum Geschmack deines Kaffees, aber das ist so ziemlich alles. Wie wäre es, wenn die Leute anfangen würden, Rückmeldungen dazu zu posten, wie der Kaffee ihr Leben verändert? Das ist es, was du messen möchtest.

3. ***Evaluation:*** Wenn nötig, wirst du im Prozess verschiedene Strategien fahren und deine Kennzahlen ändern. Zurzeit kommen die Rückmeldungen in etwa im Tempo von einer pro Woche. Für den Moment wirst du also deine Daten monatlich begutachten.

4. ***Anpassungen (Nurture):*** Du und dein Lean Mean Grinding Bean (Spitzname deines COO), ihr entwickelt einen Plan. Ihr werdet eine einfache Excel-Datei verwenden, um das Datum der Online-Reviews zu dokumentieren, die Bewertung und das Thema (Geschmack oder Transformation). Ihr entwickelt einen Plan, um euer Ziel zu erreichen: Ihr motzt eure Kaffeepackungen mit Sprüchen in der Art von chinesischen Glückskeksen auf. Ihr werdet „Tassen-Sprüche" in jede Packung Kaffee hineingeben, die ihr verkauft. Da aus jeder Packung etwa 50 Tassen Kaffee zubereitet werden können, packt ihr 50 individuelle Sprüche in einen einfachen Spender in die Packung. Wenn euer Kunde eine neue Packung öffnet, liegt der Spender obenauf mit der einfachen Anweisung „Lies zu jeder Tasse Kaffee eine Nachricht". Die Sprüche lauten zum Beispiel „Egal wie wunderbar Kaffee ist, du bist weit wunderbarer." Oder „Gute Momente entstehen aus einer guten Tasse Kaffee und einem guten Menschen. Du hast gerade beides."

5. ***Ergebnis:*** Dein COO schlägt während der Analysephase Veränderungen an den Messungen vor. Es gibt eine unerwartete Quelle für Rückmeldungen: Instagram. Die Leute posten täglich ihren Glücksspruch zum Kaffee auf Instagram. Also nehmt ihr Instagram-Posts mit in eure Excel-Datei als eine weitere Quelle zum Dokumentieren auf. Die Online-Reviews strömen ebenfalls herein, da eure Kaffee-Affirmationen dazu führen, dass die Menschen über sich und ihre Möglichkeiten nachdenken, den Tag gut zu nutzen. Vielleicht rettest du keine Leben, aber du inspirierst die Menschen. Transformation gelungen!

Bedürfnis Nr. 2: Motivation durch Mission

***Frage:** Sind alle Mitarbeiter (die Führung eingeschlossen) eher dadurch motiviert, dass sie die Mission erfüllen, als durch ihre je individuellen Rollen?*

Wenn ich sage, „Erinnert ihr euch an eine höllische Woche?“, dann können sich die meisten Unternehmer an eine schreckliche Zeit erinnern, als alle mit anpacken mussten – alle mussten rund um die Uhr arbeiten, um einen Auftrag zu erfüllen. Doch die schlimmste Woche der Hölle für mein Unternehmen kann nicht einmal in die Nähe dessen kommen, was die Navy Seals Woche der Hölle nennen. Nach Wochen des Trainings, in dem sie physisch zu Grunde gerichtet werden, müssen die Kandidaten sechs Tage mit massivem Schlafentzug erdulden, während sie andauernd physisch und mental ausgelaugt werden. Die Woche der Hölle ist so angelegt, dass sie aufgeben, denn wenn die Seals im Einsatz sind, dann *dürfen* die Seals *nicht* aufgeben – oder ihre Mission scheitert. Wenn sie die Woche der Hölle überstehen, erreichen sie die nächste „Aufbau“-Phase des Trainings. Die meisten allerdings nicht – nur 25 Prozent der Kandidaten schaffen es.

Während der Woche der Hölle wird einer von sechs Tagen in den Tijuana Sloughs verbracht, wo der Schlamm so tief ist, dass er dich verschlingen kann. In seiner Begrüßungsansprache an der Universität von Texas in Austin 2014 erzählte der Navy Seal Admiral William H. McRaven die Geschichte, wie er und seine Kameraden diese Phase der Woche der Hölle überlebten. Zunächst paddelten sie hinaus in den Schlick. Dann verbrachten sie die nächsten 15 Stunden bis zu ihren Köpfen im Schlamm. Das Wetter macht es schlimmer – sie müssen eiskalte Temperaturen und Wind ertragen. Vielleicht ist der härteste Teil des Ganzen der Druck von ihren Vorgesetzten, dass sie aufgeben sollten. An diesem Tag bekamen sie erzählt, dass sie alle aus dem Schlamm herauskämen, wenn nur fünf von ihnen aufgeben würden.

Es waren noch acht Stunden übrig, als McRaven bemerkte, dass einige Kandidaten kurz davor waren, aufzugeben. Er konnte zwischen leisem Stöhnen ihre klappernden Zähne hören. In seiner Rede erzählte er, was dann passierte.

„Und dann hob eine Stimme an und war durch die Nacht zu hören. Eine Stimme, die ein Lied sang. Der Sänger traf die Töne nicht, sang aber mit großem Enthusiasmus. Aus einer Stimme wurden zwei, dann drei und es dauerte gar nicht lange, und alle aus unserer Einheit begannen zu singen. Die

Vorgesetzten drohten, uns noch länger im Schlamm ausharren zu lassen, wenn wir weitersängen – aber wir sangen weiter. Und irgendwie schien der Schlamm ein bisschen wärmer, der Wind nicht mehr ganz so schlimm und die Morgendämmerung nicht mehr so weit entfernt."

Es war das Singen, das Admiral McRaven und seine Kameraden daran erinnerte, *warum* sie nicht aufgeben durften. Sie motivierten einander, auf Kurs zu bleiben und die Mission zu erfüllen. Am nächsten Morgen hatten 100% von ihnen die Woche der Hölle überstanden. Admiral McRaven war seit 37 Jahren ein Seal, obwohl sich seine Titel veränderten, während er die Ränge nach oben kletterte. Er diente in unterschiedlichen Kriegen – dem Golfkrieg, dem Irakkrieg, dem Krieg in Afghanistan. Und, was am bemerkenswertesten ist: Er organisierte und beaufsichtigte die Durchführung der Operation Neptune Spear, den Sondereinsatz, der zum Tod von Osama bin Laden führte.

Jetzt magst du vielleicht denken, dass ein Unternehmen eine nicht ganz so ernste Angelegenheit ist wie ein Kampfeinsatz. Es geht nicht um Leben und Tod. Und für die meisten von uns, trifft das sicherlich zu. Und es ist auch zutreffend, dass du und dein Team ohne ein „Lied" als Motivation in harten Zeiten oder extrem arbeitsreichen Zeiten oder auch nur wenn es darum geht, die Arbeit besser zu erledigen, am liebsten aufgeben würdet. Aufgeben kann im Wortsinne passieren, sodass man das Unternehmen verlässt, oder es kann ein langsames Abgleiten in Widerstand oder Gleichgültigkeit sein, was es nahezu unmöglich macht, das Unternehmen voranzubringen. Wenn du möchtest, dass dein Team dir dabei hilft, die Welt zu verändern, dann musst du ihnen etwas geben, an das sie glauben können – ein Lied, das sie singen können. Dieses Lied ist die Mission deines Unternehmens.

Wenn dir klar wird, dass deine Mission dein Lied ist, dann werdet ihr, du und die Leute, die mit dir zusammenzuarbeiten wollen, in der Lage sein, die Melodien zu identifizieren, die euch motivieren. Der wiederholte Refrain „Unsere Mission ist es, den Shareholder Value zu erhöhen", den so viele Unternehmen singen, kommt so gut an wie ein Betrunkener, der in der schmuddeligen Eckkneipe „Free Bird" trötet, ohne auch nur einen Ton zu treffen. Wir alle haben diesen Liedtext schon Millionen Mal gehört, und dieser Typ ist sicherlich kein Lynyrd Skynyrd. Gute Worte, die niemanden motivieren. Missionen aber wie die von Make-A-Wish – die Kindern in lebensbedrohlichen medizinischen Situationen Wünsche erfüllen – oder von Tesla – die Umwelt dadurch zu schützen, dass sie Produkte entwickeln, die die Branche dominieren und weniger umweltbewusste Produkte verdrängen – treffen bei vielen Menschen auf Resonanz. Deine Mission ist deine Melodie. Finde heraus, welche zu deiner Seele passt und beginne mit dem Singen.

OMEN: Motivation durch Mission

Dein hypothetisches Unternehmen produziert Six-Pack-Ringe aus Plastik. Du hast eine große Produktpalette an diesen Six-Pack-Ringen, was für eure Kunden sehr bequem ist und du kannst dir nicht vorstellen, dass sie bald vom Markt verschwinden könnten. Diese Ringe sind jedoch schlecht für die Umwelt. Am Ende landen sie im Meer und die Meeresbewohner verfangen sich darin. Bilder von Meeresschildkröten, die sich in Packringen verfangen haben und ertrinken, sind überall im Internet zu finden. Es ist an der Zeit, dass es jemand zu seiner Mission macht, das zu beenden und dein Herz sagt dir, dass du aufstehen und dieser Jemand sein musst.

1. ***Ziel (Objective):*** Deine Mission, dein Unternehmen als Lieferant von Produkten zu definieren, die bequem zu nutzen sind, ohne der Umwelt zu schaden. Du möchtest, dass alle an Bord sind, von deinen Verwaltungsleuten bis hin zu deinen Designern: Alle sollen daran mitarbeiten, eine nachhaltigere Alternative zu Six-Pack-Ringen aus Plastik zu entwickeln.

2. ***Messen der Kennzahlen:*** Du erkennst euren Erfolg daran, dass euer Umsatz steigt und die Umweltverschmutzung sinkt. Wie wäre es, wenn ihr eine deutliche Farbcodierung für eure Packringe hättet, sodass die Leute eure umweltfreundlichen Produkte sofort erkennen können? So weiß jeder, dass es eure sind und wenn ihr mit eurer Mission erfolgreich seid, werdet ihr extrem sichtbar. Natürlich wird es auch gut sichtbar sein, wenn die Sache schief geht.

3. ***Evaluation:*** Es kann Jahre dauern, bis du dies flächendeckend umgesetzt hast, doch das innovative Denken kann heute schon beginnen. Deshalb wirst du zunächst die Häufigkeit erfassen, mit der Ideen zum Erreichen des Ziels generiert werden. Sobald die Produktion begonnen hat, wirst du die Umsätze und die Auswirkungen eures neuen Designs dokumentieren.

4. ***Anpassungen (Nurture):*** Der klassische Weg dahin, das Team auf ein Ziel einzuschwören, sind Ergebnisanzeigen und Excel-Tabellen. Du möchtest

hier jedoch so richtig zulangen, deshalb gibst du eine sehr öffentliche Aussage ab. Im Empfangsbereich eures Gebäudes stellst du ein riesiges Salzwasseraquarium auf. Dann geht ihr auf eine besondere Meeresschildkröten-Tour im nahegelegenen Zoo. Das Team übernimmt dein Ziel. Das erste Mal in ihrem Leben dreht sich ihre Mission nicht darum, mehr Geld zu verdienen und mehr zu produzieren. Es geht darum, etwas anzubieten, das jeder möchte, ohne den Mitbewohnern des Planeten Erde zu schaden. Die Anzahl der Ideen explodiert, und das Team zieht am gleichen Strang, um „der Jemand" zu sein, der Position bezieht.

5. ***Ergebnis:*** Dein Unternehmen entwickelt einen kompostierbaren Six-Pack-Ring, der aus Maisspindeln (dem Rest des Kolbens nachdem die Körner entfernt wurden) und einer geheimen Mischung weiterer kompostierbarer Inhaltsstoffe gefertigt wird. Die neuen Ringe sind deutlich teurer als Plastik, aber ihr werdet die Kosten noch senken. Ein Teammitglied hatte eine bessere Idee als eine einzigartige Farbe. Sie schlug vor, ein einzigartiges Logo zu verwenden. Mit dieser Idee im Kopf prägt ihr das Bild einer Meeresschildkröte auf jeden Ring und werdet dafür bekannt. Kunden verlangen nach den „Schildkröten-freundlichen" Six-Pack-Typen. Dein Unternehmen wächst kontinuierlich und deine Mission geht unaufhaltsam weiter. Mit den Jahren werdet ihr zu einem der größten Unterstützer für den Schutz des Ökosystems in den Meeren.

Bedürfnis Nr. 3: Traumpassung

Frage: Sind die individuellen Träume deiner Mitarbeiter mit der großen Vision des Unternehmens vereinbar?

Amy Cartelli ist ein entscheidendes Mitglied im Team rund um meine Autorenschaft. Sie wurde eingestellt, um Bestellungen zu managen. Und während Kelseys Auszeit übernahm sie mehr Verantwortung, kümmerte sich um den Blog, um Kundenanfragen und um jede Art von Wunder. Sie arbeitet in Teilzeit und hatte sich für den Job beworben, um unter Leute zu kommen, während sie ein bisschen leichte Arbeit verrichtete, um die ruhigeren Zeiten in ihrem Tagesablauf zu füllen.

Amy sagte mir von Beginn an: „Ich möchte für meine Familie da sein." Das war ihr Ziel. Ihr Mann war häufig geschäftlich unterwegs, ihr ältester

Sohn war im College und sie verbrachte viel Zeit damit, sich um ihre älter werdenden Eltern zu kümmern. Die ganze Familie zur gleichen Zeit zusammenzubringen, war nicht einfach und die Gelegenheiten, Zeit mit ihnen zu verbringen, konnten sich sehr kurzfristig ergeben. Amy lebte bereits ihren Traum: Zeit mit ihrer Familie zu verbringen und mit Freude die Matriarchin zu sein, die sie war. Unser Ziel war, ihren Job mit diesem Traum auf eine Linie zu bringen.

Deshalb arrangierten wir den Job für Amy so, dass sie plötzlich für eine Woche weg sein und ihre Arbeit entweder eine Woche liegenbleiben oder von jemand anders erledigt werden konnte. Wir organisierten es so, dass sie wortwörtlich eine Auszeit ausrufen kann, während sie tatsächlich *auf der Arbeit* ist. Das Ergebnis ist, dass Amy super gern bei uns arbeitet und wir *liiiiieeeeben* sie. Wenn sie im Büro ist, ist sie zu 100 Prozent auf ihre Ergebnisse fokussiert. Und wenn jemand anders Unterstützung braucht, dann gibt sie diese, ohne dass man sie je fragen müsste. Amy ist all die Jahre bei uns geblieben – auch als ihr Vater starb und als sie selbst mit Krebs kämpfen musste.

Wie du dich vielleicht erinnerst, nahm sich Kelsey eine achtwöchige Auszeit. Ihr Traum ist es, Menschen zu dienen, die Hilfe und Hoffnung brauchen. Davor war es jedoch ihr Traum, ein Haus im Wald zu kaufen. Also arbeiteten wir mit ihr an ihrem ersten Traum und richteten für sie eine Vier-Tage-Woche ein, die es ihr ermöglichte, bei uns Vollzeit zu arbeiten und ein langes Wochenende in einem anderen Job. Sie sparte das Gehalt aus dem Zweitjob für ihr Haus. Traum erfüllt.

Die Lektion hier ist: Um die Träume deiner Mitarbeiter zu erfüllen, musst du nicht laufend mit Geld angerannt kommen. Es gibt unzählige Innovationen und kostengünstige Möglichkeiten, deine Kollegen dabei zu unterstützen, ihre Träume zu verwirklichen. Zunächst musst du herausfinden, wovon sie träumen.

Die Autorin C.B. Lee schreibt Fantasy- und Sci-Fi-Romane für junge Erwachsene. Sie schreibt auch die Ben 10-Comics, die sie zu einem Rockstar machen, wenn du zehn Jahre alt bist. C.B. arbeitet zudem Vollzeit und sie nahm den Job teils deshalb an, weil ihr Chef sie in ihrer Karriere als Autorin unterstützte. Sie konnte sich frei zu nehmen, um ihre Bücher auf der Comic-Con und Buchmessen zu präsentieren. Sie reißt sich für ihren Chef den Arsch auf und er erlaubt es ihr – streich das: er ermuntert sie –, ihre Träume weiter zu verfolgen. Ich weiß, dass du nicht überrascht bist. Natürlich tut sie alles für ihren Chef, weil ihr Chef alles für C.B. tut. So funktionieren wir Menschen.

Wenn die Aufgaben deiner Mitarbeiter so angelegt sind, dass sie zu ihren persönlichen Zielen und Träumen passen, dann werden sie für dich bessere Leistungen erbringen und bei dir bleiben. Das liegt daran, dass du einen Einfluss auf ihr Leben ausübst, der über die Gehaltszahlungen und reguläre Sozialversicherung hinausgeht. Du hilfst ihnen, den Lebensstil zu kreieren, den sie sich wünschen und zu dem Menschen zu werden, der sie sein möchten. Du stellst sie an die erste Stelle und dadurch stellen sie dich an die erste Stelle. Wenn du ein exzellentes Buch zum Thema lesen möchtest, dann besorg dir „The Dream Manager" von Matthew Kelly.

OMEN: Traumpassung

In diesem hypothetischen Beispiel hast du die beliebteste Eisdiele der ganzen Stadt, *The Dairy King*[20]. Die Leute lieben die Vielzahl an Eissorten und die fantastische Cremigkeit, die „nur der König" hinbekommt. Das Problem ist nur, dass dein Team bloß da ist, um die Arbeit zu erledigen. Ja, sie sind stolz darauf beim King zu arbeiten. Und sie sind verblüffend zuverlässig für ein Unternehmen in der Food-Branche. Doch als du deine FTN-Analyse vorgenommen hast, wurde deutlich, dass du keine Traumpassung vorweisen kannst.

1. ***Ziel (Objective):*** Ein Unternehmen zu haben, das deinen Mitarbeitern genauso dient wie deinen Kunden. Die Mitarbeiter sind zufrieden, doch ihre Arbeit ist für sie derzeit lediglich ein Einkommen und nichts anderes.

2. ***Messen der Kennzahlen:*** Das ist ziemlich einfach. Sehen deine Mitarbeiter The Dairy King als einen Arbeitsplatz an oder als einen Ort, an dem sie ihre Träume verwirklichen können? Eine einfache anonymisierte Umfrage bestätigt das Offensichtliche: Es ist nur ein Job. Ein guter Job, aber nur ein Job.

3. ***Evaluation:*** Diese Angelegenheit braucht etwas Zeit. Du wirst mit deinem Team vierteljährliche Meetings abhalten und den Fortschritt dokumen-

20 Dies ist ein frei erfundener Name für diese Geschichte und alles, was ich über The Dairy King schreibe, ist frei erfunden. Doch möchte ich, dass du weißt: Es gibt eine sehr echte Dairy King Eisdiele auf Long Beach Island in New Jersey. Es ist meine Lieblingseisdiele. Wenn du also das nächste Mal im Sommer in Jersey bist, schau mal abends bei Dairy King vorbei. Gut möglich, dass ich dort bin. Lass uns einen Eisbecher essen. Ich zahle!

tieren, den sie mit Blick auf ihre Träume erzielen. Außerdem gibt es zweimal jährliche Umfragen, um zu prüfen, ob The Dairy King zu einem Ort wird, an dem Träume wahr werden.

4. ***Anpassungen (Nurture):*** Du ernennst deinen ältesten Mitarbeiter, der seit zwölf Jahren bei dir arbeitet, zum Traum-Manager und orientierst dich am Prozess, der in Matthew Kellys Buch „The Dream Manager" erläutert wird.

5. ***Ergebnis:*** Das Ganze braucht Zeit – tatsächlich sogar ein paar Jahre. Einige Mitarbeiter waren direkt von deinem Vorhaben begeistert. Andere waren einfach nur verwirrt. Du bleibst dabei und The Dairy King erarbeitet sich den Ruf, die persönlichen Träume zu erfüllen. Nach ein paar Jahren brauchst du keine Jobanzeigen mehr zu schalten: Die Leute wollen bei dir arbeiten, weil es die ultimative Startrampe fürs Leben ist. Jobs in deinem Unternehmen sind schwer zu bekommen, weil die Leute nicht gehen. Das Beste daran ist aber, dass es in deiner Community nun sogar ein Privileg ist, für The Dairy King zu arbeiten ... wo „Eis-Träume" wahrhaft Wirklichkeit werden.

Bedürfnis Nr. 4: Feedback-Integrität

Frage: Sind deine Mitarbeiter, Kunden und deine Community in der Lage sowohl kritisches als auch positives Feedback zu geben?

Hast du jemals diese Nachrichten in einigen öffentlichen Toiletten bemerkt? Nein, nicht diese „Wenn du richtig Spaß haben möchtest, ruf Mikes Mutter an" gemeinen Schmierereien. Ich spreche von diesem kleinen Schild beim Ausgang, auf dem steht: „Wie gefällt Ihnen unsere Einrichtung?" oder „Wie sauber ist diese Toilette?". Unter der Frage gibt es häufig drei Buttons. Eines ist ein grünes lachendes Smiley, eines ein gelbes neutrales und das letzte ist ein rotes wütendes Gesicht. Das ist ein starkes, zeitnahes Feedback-System, denn mit einem schlichten Knopfdruck weiß die Reinigungs-Crew, ob die Toiletten gereinigt werden müssen oder nicht, und können sofort jemanden schicken, der etwaige Schweinereien direkt beseitigt.

In der Vergangenheit musste das Reinigungs-Team die Toilettenräume auf ihren regelmäßigen Runden überprüfen. Wenn jedoch in den Zeiten zwischen diesen Runden eine Toilette verdreckt wurde oder ein Abfluss überlief oder der örtliche Fußballverein vorbeigekommen war, nachdem sie bei Taco Bell gegessen hatten, dann fanden die Leute, die die Einrichtung im Anschluss nutzen wollten, eine unangenehme Überraschung vor. Eine öffentliche Toilette wurde vielleicht über einen längeren Zeitraum nicht überprüft und konnte so zu zahlreichen unzufriedenen Kunden führen. Mit dem einfachen grünen, gelben und roten Feedback-System, das über WLAN verbunden ist, werden die Toiletten von ihren Benutzern geprüft. Bei einem gleichmäßigen Strom grüner Rückmeldungen mit gelegentlichen gelben oder roten Knopfdrücken, sind die Dinge in Ordnung – du kannst es nicht jedem Recht machen. Wenn es eine unangemessene Menge an gelben oder roten Rückmeldungen gibt, wird sofort jemand vom Reinigungspersonal losgeschickt. So nutzt du Feedback optimal.

Wie ich bereits oben erwähnte, ist es die Mission meines Lebens, unternehmerische Armut auszumerzen. (Du kannst hören, wie ich hier dafür trommele, richtig?) Mein Pfad dorthin liegt darin, dass ich mit meinen Büchern und Vorträgen echte, umsetzbare Lösungen für Unternehmensinhaber biete. Es reicht allerdings nicht, wenn wir unsere Angebote in die Welt bringen und beten. Um sicherzustellen, dass wir Einfluss ausüben, müssen wir von den Menschen hören. Wir müssen von unseren Kunden, unseren Lieferanten und unserer Community hören. Wir müssen von unserem Team hören. Folgen wir unserer Bestimmung? Sind wir unserer Mission treu? Beeinflussen wir ihre Welt? Unsere Welt?

Ich habe eine Feedback-Schleife für mein Unternehmen eingerichtet, um sicherzugehen, dass ich meiner Bestimmung *folge*. In jedem meiner Bücher lade ich die Leser ein, mich zu kontaktieren. Jede dieser Aufforderungen passt zum Versprechen des jeweiligen Buches. Jeden Tag erhalte ich Briefe und Anrufe von meinen Lesern und ich bekomme stündlich E-Mails. Und ich sage dir, wenn ich bloß eine dieser E-Mails lese, scheint der Druck, den ich fühle, von mir abzufallen.

Diese Art des Feedbacks ist so kraftvoll, weil sie zeitnah und direkt bei mir ankommt und ich sogar die Möglichkeit habe, darauf zu antworten. Ich möchte behaupten, dass 99,99 Prozent der E-Mails freundlich gemeint sind, aber das bedeutet nicht, dass jede ein Kompliment enthält. Einige Menschen haben mir zurückgemeldet, dass mein Buch „Surge“ irgendwie Scheiße ist. Nicht, dass es schlecht geschrieben wäre oder das Konzept an sich doof wäre, aber dass ich von meinen Stärken abgewichen sei. Anstatt ein Werkzeug zu bieten, das das Leben von Unternehmern einfacher machte, sei ich in unternehmerische Theorie abgeglitten. Wichtiges Zeug, aber nicht meine Stärke, und meine Leser fühlten sich berufen, mir diese Wahrheit mitzuteilen.

Das Resultat dieser Rückmeldung ist, dass sich seitdem all meine neuen und zukünftigen Bücher nur darum drehen, Werkzeuge zu bieten, die Aspekte des Unternehmerseins leichter machen – wie ich es auch mit diesem Buch zu tun hoffe. In ganz, ganz seltenen Fällen bekomme ich fiese Nachrichten wie „Du kleidest dich wie ein Idiot und schreibst wie ein Depp. Diese schmierigen Westen sind hässlich und die furchtbaren „Witze" in deinen Büchern sind sogar noch hässlicher." Ich ignoriere so etwas, trage meine schmierigen Westen einfach weiter und reiße immer noch meine ekligen Witze.

Ich bekomme diese roten und gelben Rückmeldungen nur selten und das ist mehr als in Ordnung: Ich erwarte das. Nur wenn ich eine unverhältnismäßig große Anzahl roter und gelber Rückmeldungen bekomme, muss ich mich darum kümmern, nachhaken und mein System anpassen. Doch zumindest für den Moment bekomme ich einen recht konstanten Rücklauf in Grün. Ich höre mit Begeisterung, dass eines meiner Bücher jemandem ein bisschen oder ganz viel geholfen hat. Und das bestätigt meinen Kurs.

Wenn möglich, würde ich anregen, dass auch du eine Feedback-Schleife implementierst, die zu deiner „Sprache der Liebe" passt. Die Grundannahme im internationalen Bestseller von Gary Chapman „Die fünf Sprachen der Liebe. Wie Kommunikation in der Ehe gelingt" (unbedingt lesen!) lautet: Er geht davon aus, dass es fünf primäre Ausdrucksmöglichkeiten für Liebe gibt und jeder von uns reagiert auf eine davon am stärksten. Dies sind positive Worte, Liebesdienste, Geschenke, gemeinsame Zeit und physische Berührung. Vollkommen schockierende Enthüllung schockierender Schocks: Meine Sprache der Liebe sind positive Worte. Das weiß ich über mich selbst, deshalb habe ich meine Feedback-Schleife nicht nur angelegt, um die Wirkung zu evaluieren, sondern um es mir zu ermöglichen, die Sympathie meiner Leser zu spüren. Schau, es mag selbstgerecht klingen, aber das ist für mich allen Ernstes Treibstoff. Treibstoff, um weiterzumachen. Treibstoff, mein Angebot mehr und mehr zu verbessern. Treibstoff, meine Mission zu erfüllen. Treibstoff, dem Sinn meines Lebens zu dienen.

OMEN: Feedback-Integrität

In diesem Szenario betreibst du ein Boutique Hotel in einer beliebten Touristengegend. Der Wettbewerb ist hart, aber dein Hotel ist für seine Sorgfalt und seine unschlagbare Sauberkeit bekannt. Die Frage ist, ob du sicher bist, dass deine Gäste das merken? Die FTN-Analyse ergab Feedback-Integrität als dein existenzielles Bedürfnis.

1. ***Ziel (Objective):*** ein System zu etablieren, bei dem du automatisch Feedback von deinen Gästen zur Sauberkeit und Ordnung deines Hotels bekommst. Obwohl du dafür bekannt bist, möchtest du die nächste Ebene erreichen und das Ziel setzen, dass „kein Kissen je am falschen Platz sein darf".

2. ***Messen der Kennzahlen:*** Du möchtest die Rückmeldungen nicht erst bekommen, wenn die Gäste abreisen, sondern du wünschst dir Echtzeit-Feedback. Du beschließt, deine Kennzahlen an dem System mit den grünen, gelben und roten Emojis in den öffentlichen Toiletten zu orientieren. So können die Gäste dem Team jederzeit Informationen zum Zustand der Toiletten dadurch geben, dass sie einen grünen (sauber), gelben (bald zu reinigen) oder roten (dieser Bereich ist eklig!) Knopf drücken. Woher du dieses System wohl kennst? Egal, dein System soll noch einfacher sein: nur grün oder rot. Entweder ist dein Hotel einwandfrei oder nicht.

3. ***Evaluation:*** Für dich ist dies ein System in Echtzeit. Stunde für Stunde, Minute für Minute muss dein Hotel am Ball sein.

4. ***Anpassungen (Nurture):*** Dein Hotelmanager überprüft all dies schon jetzt und leistet, wie du hinzufügen kannst, hervorragende Arbeit. Du brauchst noch mehr Prüfungen in einem schnelleren Tempo, allerdings hast du aktuell keine Möglichkeit, noch jemanden einzustellen. Deshalb schlägt dein Manager vor, dass du eine rot/grüne App installierst. Jeder Gast bekommt eine kostenlose App. Und wenn ihnen etwas auffällt, von dem sie nicht begeistert sind, dann drücken sie den roten Knopf und der Hausmeister meldet sich über den Chat, um sofort aktiv werden zu können. Doch deine Gäste beschweren sich nicht sonderlich häufig, weil sie sich sehr wohlfühlen. Du möchtest diese Hrmpf-Momente einfangen. Deshalb beschließt du eine Variante des heimlichen Testkunden zu nutzen: Leute, die bereit sind, zwei Stunden durch dein Hotel zu laufen und sofort für Verbesserungen zu sorgen – wie zum Beispiel ein Haar vom Boden aufzuheben und in den Müll zu werfen oder eine quietschende Tür zu finden und sofort den Hausmeister zu benachrichtigen –, erhalten Punkte für eine kostenlose Übernachtung oder ein paar Drinks an der Bar. Sobald

sie 100 Stunden investiert haben, wird ihr Name zu den „Schutzpatron"-Schildern an der Wand hinzugefügt.

5. ***Ergebnis:*** Einheimische, vor allem Sauberkeitsfanatiker, sorgen dafür, dass dein Hotel makellos bleibt. Dein exzellenter Ruf taucht in den Bewertungen auf – aber das war schon immer so. Jetzt kannst du dies auch daran sehen, dass Gäste wiederkommen und die Medien berichten.

Bedürfnis Nr. 5: Unterstützernetzwerk

Frage: Sucht dein Unternehmen nach der Zusammenarbeit mit Partnern (inklusive Konkurrenten), die den gleichen Kunden dienen, um das Kauferlebnis zu verbessern?

Ich bin in den meisten Angelegenheiten ein geiziger Mensch. Ich meide Cafés in der Regel, weil ich meinen eigenen preiswerten Kaffee selbst machen kann, schönen Dank auch. Dennoch konnte mich ein lokales Café als Kunden gewinnen. Als ich den Laden von *Boonton Coffee Co.* betrat, wurde ich von einem dünnen Typen mit einem noch dünneren Vincent Price Schnäuzer begrüßt. (Wenn du nicht weißt, wer Vincent Price ist, dann hast du noch nie einen großartigen Horrorfilm gesehen.)

Ich bestellte einen Chai und er sagte, „Da empfehle ich den Laden hier um die Ecke. Deren Tee ist fantastisch!" Er fuhr fort mit der Erläuterung, warum der Tee des Konkurrenten der beste war und wie ich dort hinkam. Und dann sagte er, „Aber bitte, fühlen Sie sich hier herzlich willkommen. Wenn Sie mögen, können Sie mit Ihrem Tee wiederherkommen und ihn hier trinken. Oder, wenn Sie mögen, bringe ich Ihnen etwas anderes. Wir haben bloß keinen Chai."

Ich wählte einen Kaffee. Schnäuzer-Typ machte ihn und sagte mir dann: „Den gebe ich Ihnen aus, weil es nicht das ist, was Sie eigentlich wollten." Wow! Da wurde mir klar, dass Boonton Coffee Co. nicht im Kaffee-Geschäft ist. Sie verkaufen Gemütlichkeit. Deshalb macht es ihnen nichts aus, wenn ich um die Ecke zu „diesem anderen Laden" gehe, um meinen Chai zu besorgen. Sie wissen, dass ich zurückkommen werde, um meinen Kaffee hier zu kaufen. Jetzt weiß ich, was du denkst: „Warum nehmen sie nicht einfach Chai auf ihre Karte? Das könnten sie natürlich, aber das wäre der erste Schritt, das ORDNUNG-Level der BHN zu unterlaufen. Um wirklich ein Meister in irgendetwas zu sein, musst du dich auf deine eine Sache fokussieren. Ihre eine Sache ist Kaffee, nicht Tee. Ich vermute, dass sie wissen: Der Tag, an dem aus Booton Coffeee Co. Boonton Coffee & Chai Co. wird, ist der Tag, an dem sie auf den gefährlichen Wildschweinpfad der Generalisten kommen. Sie wissen, dass du immer dann den größten Einfluss hast, wenn du deinem Kunden genau das gibst, was er braucht – selbst wenn er es von deinem Konkurrenten bekommt. Oder im Falle vom Weihnachtsmann, ganz *besonders* dann, wenn er es von einem Konkurrenten bekommt.

Erinnerst du dich an den Film „Das Wunder von Manhattan"? Wenn nicht, setze ihn unbedingt auf deine „Anschauen"-Liste, gemeinsam mit den Vincent Price Horrorfilmen. Das ist dieser Weihnachtsklassiker, in dem der Weihnachtsmann (also der *echte* Weihnachtsmann) im Kaufhaus Macy's einen Job als Weihnachtsmann annimmt. Die meisten Leute konzentrieren sich auf die Geschichte, in der er beweisen muss, dass er der richtige Weihnachtsmann ist, um einer Einweisung in die Klapsmühle zu entgehen. Doch es gibt eine spezifische Szene, die für mich wirklich herausragt. Ein Teil der Aufgaben von Macy's Weihnachtsmann ist es, den Eltern zu erklären, wo sie im Laden die Spielzeuge finden, die sich ihre Kinder wünschen. Nur dass der *echte* Weihnachtsmann die Regeln nicht genau befolgt. Wenn Gimbels, der größte Konkurrent von Macy's, Inliner mit besserer Qualität anbot oder einen billigeren roten Eisenbahnwagen, dann schickte er die Eltern rüber in den anderen Laden.

Zunächst war der Manager von Macy's stinksauer. All diese potenziellen Kunden, die den Laden wieder verlassen! Doch dann machte die Nachricht die Runde, dass Macy's versuchte, den Weihnachtsstress seiner Kunden zu lindern, indem sie ihnen zumindest ein bisschen Erleichterung mit besseren Angeboten verschafften. Plötzlich wurde Macy's von Kunden überrannt. Die Umsätze schossen in die Höhe und die Schlange für den Weihnachtsmann reichte bis vor die Tür.

Natürlich ist das bloß ein Film, aber du wärst überrascht, wie sich diese Dinge im richtigen Leben gestalten. Ob es mein Café am Ort ist oder Progressive Insurance, die es dir ermöglichen, ihre Prämien mit denen anderer Versicherungen zu vergleichen, um ein besseres Angebot zu bekommen: Deine Konkurrenz oder andere Lieferanten einzubeziehen, stärkt das Vertrauen deiner Kunden. Wenn du darauf abzielst, den größten Einfluss auf deine Kunden zu haben – mit dir oder ohne, dass du direkt beteiligt bist – dann steigt die Wertschätzung deiner Kunden für dich gigantisch. Auf welche Art und Weise kannst du mit anderen Organisationen kooperieren, deren Zielgruppe sich mit deiner überschneidet?

Bevor du dies als etwas abtust, „was es nur im Film gibt", sei daran erinnert, dass Amazon die Konkurrenz grandios einbezogen hat. Anstatt zu versuchen, die Konkurrenz über den Preis zu besiegen, entschlossen sie sich dazu, mit ihnen zu kooperieren. Heute kann nahezu jeder eine eCommerce-Präsenz bei Amazon haben. Selbst wenn dein Kunde beschließt, von einem Affiliate von Amazon zu kaufen und nicht von Amazon direkt, haben sie etwas davon. Amazon bekommt einen Anteil vom Umsatz und sie werden als der Online-Shop angesehen, bei dem man alles bekommt – von der Zahnseide bis hin zum Tiny House. (Ah, und ich habe gehört, dass sie noch immer Bücher verkaufen.) Zu alldem dient Amazon als Fulfillment-Center für zahlreiche Lieferanten, was bedeutet, dass Amazon mehr Geld durch den Versand dieser Dinge verdient, als sie daran verdienen würden, genau diese Dinge selbst am Lager zu haben. Wenn du also siehst „Versand durch Amazon", dann bedeutet dies, dass sie so richtig Geld scheffeln.

OMEN: Unterstützernetzwerk

Nehmen wir mal an, du bist ein Florist für besondere Anlässe. Du verkaufst unterschiedliche Blumen-Arrangements für Hochzeiten, Geburtstagsfeiern und andere Anlässe. Deine FTN-Analyse zeigt auf das existenzielle Bedürfnis eines Unterstützernetzwerks. Zeit, den bösen Buben zu OMEN.

1. ***Ziel (Objective):*** Du möchtest den größtmöglichen Einfluss auf deine Kunden haben, indem du dich so auf ihre Feiern fokussierst, wie sie es selbst tun. Ja, du lieferst immer spektakuläre Blumen, aber noch wichtiger als das: Du möchtest sicherstellen, dass ihre Feier so großartig ist, wie sie nur sein kann, sogar ohne dein Angebot.

2. ***Messen der Kennzahlen:*** Du vertiefst dich intensiver in die EINFLUSS- und VERMÄCHTNIS-Level und stellst fest, dass es schwieriger ist, quantitative Daten zu erheben und es eigentlich mehr um qualitative Daten geht – also um Goodwill und die Markenreputation. Dadurch wird es in keinster Weise weniger wichtig, dadurch wird lediglich das Messen erschwert. Du beschließt, dich auf das Feedback deiner Kunden und Online-Reviews zu beziehen, weil du dort die direktesten Rückmeldungen erwartest. Ja, natürlich sollte auch der Umsatz mit der Zeit steigen. Doch für den Moment geht es schlicht darum, herauszufinden, wie deine Kunden sich fühlen.

3. ***Evaluation:*** Du lieferst für gewöhnlich Blumen für drei Feiern pro Woche. So gesehen kommen die Rückmeldungen nicht eben häufig. Du überprüfst sie monatlich, aber kannst nicht viel erkennen. Also beschließt du, dass es vielleicht besser ist, die Größe deines Netzwerks an unterschiedlichen Partnern festzuhalten, und später eine Follow-up-Kampagne bei deinen Kunden anzugehen, um zu prüfen, wie die Empfehlungen gelaufen sind. Die Veränderung deiner Kennzahlen bringt dir etwas und du kannst sehen, welche Fortschritte du machst.

4. ***Anpassungen (Nurture):*** Es stellt sich heraus, dass die Online-Reviews ein guter Indikator für deinen Fortschritt sind. Du siehst Kommentare wie „Dieser Florist hat weit mehr getan und geliefert, als jeder andere Lieferant, mit dem ich je zusammengearbeitet habe." Und dein Favorit: „Mein Florist hatte noch weitere Kontakte und hat mir mehr geholfen als mein Hochzeitsplaner. Unglaublich!" Zusätzlich hast du noch deinen Follow-up-Plan, um von deinen Kunden zu erfahren, welcher Lieferant gut funktioniert hat und welcher nicht. Natürlich waren einige deiner Empfehlungen ein Schuss in den Ofen. Du streichst diese Lieferanten von deiner Liste und baust dein Netzwerk auf einer ganz einfachen Basis weiter aus: Dein Unternehmen arbeitet nur mit solchen Partnern zusammen, die sich um die jeweilige Feier genau so intensiv kümmern wie deine Kunden.

5. ***Ergebnis:*** Dein Ruf, hervorragende Dienste zu leisten, eilt dir voraus. Du hast ein bemerkenswertes Netzwerk an Spezialisten aufgebaut, darunter ein Unternehmen, das spezielle Kerzenhalter für bestimmte Anlässe fertigt. Sie machen nur das und sie sind auf riesige Feste spezialisiert. Und du bist der Florist, den sie am häufigsten empfehlen.

FTN in Aktion

Das ultimative Privileg, das mir als Business-Autor zu Teil wird, ist es, die Entwicklung der unternehmerischen Reise meiner Leser über die Jahre verfolgen zu dürfen. Für mich ist die Reise von Jesse Cole und seinem Team eine der besten überhaupt. Sein Team pflückt die Chancen wie Bananen immer im Bund ... die *Savannah Bananas.*

Das erste Mal habe ich von diesem All-Star Baseball-Team gehört, als der Besitzer, Jesse, mich kontaktierte. Er hatte die erste Auflage von Profit First gelesen und das System in seinem Unternehmen eingeführt. Da er dem Prozess von Profit First so eng verbunden ist und weil er tut, was andere in seiner Branche nicht tun, haben die Savannah Bananas unerhörten Erfolg erreicht. Ihre Spiele waren für die gesamte Saison ausverkauft – und zwar in den Jahren 2017, 2018, 2019 – und es sieht so aus, als würde dies auch für 2020 gelten und es finanziell das beste Jahr aller Zeiten werden.

Ich war bei vielen ihrer Spiele und hatte die Ehre, den Eröffnungswurf der 2018er Saison zu vollführen. Getreu dem bekloppten Auftreten der Savannah Bananas wurde der Baseball durch eine Rolle Klopapier ersetzt (Jesses Hommage an mein erstes Buch „Not macht erfinderisch: Der Klopapier-Unternehmer") und zwar wenige Sekunden bevor ich an die Pitcher-Position kam. Die Dutzenden Übungsstunden im Pitchen haben sich hier *nicht* bezahlt gemacht.

Jesse und ich sind Freunde geworden. Wir haben das Brot gemeinsam gebrochen, viele lange Gespräche miteinander geführt und Krista und ich haben sogar ein Wochenende in Jesses Haus auf Tybee Island, Georgia, verbracht. Jesse ist zudem zu einem willigen Versuchskaninchen für jedwedes neue unternehmerische Tool geworden, das ich entwickle. Von daher ist es wenig überraschend, dass er einer der ersten Unternehmer war, die ich bat, eine FTN-Analyse mit mir durchzuführen.

Um das Ganze angemessen einzuführen: Das Baseball-Team Savannah Bananas machte im Jahr 2019 mehr als 3,5 Millionen US-Dollar Umsatz. Sie hatten zwölf Mitarbeiter in Vollzeit und 150 Teilzeitkräfte. Sie führten die Liga in den Bereichen Besucher, Umsatz, Gewinn und in unzähligen weiteren Kategorien an.

Jesse ging die FTN-Analyse durch und konnte alle Bedürfnisse auf den UMSATZ-, GEWINN- und ORDNUNG-Level abhaken. Als er durch die EINFLUSS-Ebene ging, machte er drei Häkchen an die Transformationsorientierung. Keine Frage, dass er seinen Kunden Baseball-Spiele lieferte – er lieferte zudem ganzen Familien echte Freizeit, offline und mit guter Unterhaltung. Sie transformieren wahrlich ganze Familien und das Leben von Menschen.

Als Jesse das EINFLUSS-Level abschloss, gab es einen Haken, den er nicht setzen konnte: das Unterstützernetzwerk. Er hatte zwar in diesem Bereich Fortschritte gemacht, doch er war noch nicht fertig damit. Also begann Jesse, daran zu arbeiten. Zuerst definierte er das gewünschte Ergebnis. Und dann schaute er auf den einen großen Erfolg, den er in diesem Bereich bereits erreicht hatte: Bier.

Jesse betreibt sein Unternehmen mit Blick auf Langfristigkeit. Er möchte die Marke ausweiten und sie auch außerhalb des Stadions bekanntmachen. Wenn er die Leute mit dem Schuhlöffel ins Stadion quetschen würde, könnte er die Zuschauerzahlen vielleicht von 4.000 auf 5.000 steigern. Jesse wusste, dass seine Möglichkeiten, die Leute ins Stadion zu bekommen, bereits am Anschlag waren. Wenn er aber die Marke auch außerhalb des Stadions bekanntmachen konnte, könnte er weit mehr Menschen erreichen. Seine Idee war es, diesen Pfad mit Hilfe eines Unterstützernetzwerks zu beschreiten.

Jesse hatte im Jahr zuvor einen Vertrag mit der Service Brewing Co. in Savannah, Georgia, geschlossen. Sie brauten Savannah Banana Beer ohne Lizenzgebühren. Die Brauerei musste nicht für das Logo oder den Namen bezahlen. Ihre Aufgabe war es lediglich, das Zeug mit Bananengeschmack zu brauen und abzufüllen, um es während der Spiele zu verkaufen. Das Gebräu flog regelrecht aus den Regalen. Service Brewing Co. hatte unmittelbar einen Top-Hit gelandet und das Baseball-Team hatte eine weitere Möglichkeit gefunden, wie die Menschen die Savannah Banana-Kultur erleben konnten.

Dann traf es ihn wie ein Blitz ... oder besser gesagt: Das öffnete seine Augen für das, was unmittelbar vor ihm lag: Fernsehauftritte.

Aufgrund der Einzigartigkeit der Savannah Bananas gab es regelmäßig Fernseh-Features über sie. ESPN berichtete häufiger über sie als über jedes andere Team der unteren Ligen oder aus den Reihen der All-Stars. Jesse sagte, „Mir wurde klar, dass wir nicht bloß ein Unterstützernetzwerk nutzen könnten, sondern ein tatsächlich existierendes Mediennetzwerk."

Nachdem er das existenzielle Bedürfnis ausgemacht hatte, brauchte Jesse nicht den Hörer in die Hand zu nehmen, um Kaltakquise zu betreiben. Er schaute in alte Anfragen, die bei ihm eingegangen waren und prüfte sie. Im Stapel der Medienanfragen gab es eine Nachricht von einem Unternehmen mit dem Namen *Imagine Entertainment.*

Jesse rief sie an, als die Baseball-Saison sich ihrem Ende zuneigte. Während der beiden letzten Spiele der 2019er Saison saß Jono Matt, ein Produzent von Imagine Entertainment auf den Rängen und nahm alles in sich auf. Er schrieb eine Skizze für eine Sitcom. Wenn du je die amerikanische Comedyserie „Arrested Development" gesehen haben solltest, stell dir dies mit Baseball vor.

Von den 4.500 unterschiedlichen Skizzen, die bei Imagine Entertainment aufliefen, wurden 20 zur Weiterentwicklung ausgewählt. Und nur eine von ihnen wurde einstimmig als die Top-Geschichte zum Entwickeln ausgewählt. Jap, du hast es schon vermutet … die Savannah Bananas.

Die Geschichte wird gesendet, wenn die US-Ausgabe dieses Buches zum Druck geht, so dass du und ich dann sehen werden, ob die Show realisiert werden wird. Allerdings hat sie echtes Potenzial. Sie hat das Potenzial Millionen Menschen zu berühren. Und sie hat echtes Potenzial, weil die Eigentümer von Imagine Entertainment Brain Grazer und Ron Howard sind. Die Herrschaften, die „Arrested Development" erschaffen haben und einige der besten Filme und Fernseh-Shows der Moderne.

Die Savannah Bananas sind wahrlich gerade kurz davor, ihren Einfluss massiv auszuweiten, weil Jesse das existenzielle Bedürfnis seines Unternehmens identifiziert und seine Energie darauf konzentriert hat. Kennst du das? Wenn etwas in deinen Fokus rückt, von dem du manchmal feststellst, dass es die ganze Zeit über bereits direkt vor deiner Nase gesessen hatte?

Kapitel 8
Das Vermächtnis deines Unternehmens entfachen

Es war nicht bloß eine Kanonenkugel – das war eine komplette Stadt, die verloren ging. Ausgerechnet im Bundesstaat Kansas! (Du wirst das gleich verstehen.)

Als ich anfing, BHN für mich selbst zu verwenden, hatte ich Vertrauen in meine Basis-Level (UMSATZ, GEWINN und ORDNUNG), doch irgendetwas fühlte sich unvollständig an. Mein Herz sagte mir, dass etwas fehlte.

Viele Unternehmen beschließen, sich bis in alle Ewigkeit auf diese drei Level zu konzentrieren. Ein alter Freund von mir (der namenlos bleiben soll, um die Schuldigen zu schützen) hatte sogar ein Unternehmen aufgebaut, das einen mehr als nachhaltigen Umsatz vorwies – es wuchs Jahr ein, Jahr aus. Mittlerweile seit über 20 Jahren. Es ist unglaublich rentabel. Das Unternehmen läuft, wenn ich das sagen darf, wie ein Uhrwerk. Er selbst geht bloß arbeiten, „um meine Zeit sinnvoll zu verbringen".

Ich fragte ihn nach seinem Plan und er antwortet, „Ich glaube, ich werde in den nächsten paar Jahren in Rente gehen. Wenn ich 50 werde."

Und dann?

„Dann spiele ich so ziemlich jeden Tag Golf. Vermutlich zweimal täglich."

Ich versuche gar nicht, mich hier mal wieder zum richterlichen Richter aufzuspielen, doch meine Antennen sagen mir, dass der Plan meines Freundes nicht so aufgehen wird, wie er sich das vorstellt. Ich glaube, der Augenblick wird für ihn kommen, wo er zum hundertsten Mal auf den Abschlag für das 18. Loch zugeht. Und dann fragt er sich, „Soll das alles gewesen sein?" Erinnere dich daran, dass ich diesen unvermeidlichen Moment in Kapitel 6 erwähnt habe. Ich habe unzählige Männer und Frauen gesehen, die die ersten drei Level des Unternehmensaufbaus gemeistert haben. Und dann sind sie ins Nichts in Rente gegangen. Endlich hatten sie alles, von dem sie je geträumt hatten – und genau *das* ist das Problem. Der Traum ist erfüllt. Und jetzt?

Natürlich hast du das Recht darauf, dein Unternehmen zu einem Goldesel zu machen, der immer Geld auswirft, ohne dass du etwas tun musst. Es ist völlig in Ordnung, ein Unternehmen nach dem anderen zu starten und innerhalb dieser ersten drei Level zu bleiben, um Geld zu machen, Geld einzunehmen und die ganze Zeit über Mai Tais zu trinken. Aber unser guter alter Kumpel Maslow würde vielleicht seine Augen verdrehen, wenn das alles wäre, was wir tun. Denn wir würden keine Selbstverwirklichung erreichen. Damit das passieren kann, musst du verstehen, dass es zwei weitere Level gibt, von denen ich keine Ahnung hatte. Ich dachte, dass ich fertig sei, sobald mein Unternehmen auf Autopilot lief. Himmel, das war nicht bloß eine Kanonenkugel – eine komplette Stadt war damit verknüpft.

Im April 2017 lief ein Teenager aus der Umgebung durch ein Feld in Kansas und fand eine Kanonenkugel. Eine alte Kanonenkugel. Eine sehr alte Kanonenkugel. Die lokale Regierung benachrichtigte Archäologen und die Kanonenkugel wurde sofort identifiziert: Sie stammte von den spanischen Eroberern und wurde bei Angriffen auf die indigene Bevölkerung genutzt. Was im Anschluss „unter" der Kanonenkugel gefunden wurde, war die Stadt Etzanoa. Eine vollständige verlorene Stadt eingeborener Amerikaner, versteckt in Kansas.

So wird es sich anfühlen, was dir widerfährt, wenn du die beiden obersten Niveaus der BHN entdeckst: EINFLUSS und VERMÄCHTNIS. Diese Stufen haben im Vergleich zu den drei Basis-Levels die Ausmaße einer Stadt. Denn es ist auf diesen Stufen, dass ihr, dein Unternehmen und *du*, transformiert werdet und euch vom Nehmen dem Geben zuwendet. Hier wird dir klar, dass du auf diesem Planeten bist, um einen ganz einzigartigen Beitrag zu leisten, den nur du leisten kannst. Hier wird dir die Chance deines Lebens klar. Als Unternehmer hast du die Plattform bekommen, um unzählige andere Menschen zu berühren und zwar auf einer dauerhaften Basis.

Ein großes Mindset und vielleicht eine moralische Veränderung setzen auf diesen beiden Stufen ein. Du musst zunächst die Stufen von UMSATZ, GEWINN und ORDNUNG meistern. Dann wird dir klar, dass du eine Macht hast, die du nunmehr zum Wohle deiner Community, deines Landes, unserer Welt einsetzen kannst. Dann kannst du die Entscheidung treffen, ob du in dieser Liga spielen möchtest.

Wenn du darauf aus bist, Transformation zu erwirken und ein Vermächtnis aufzubauen, dann wird das Unternehmen in den Bereichen Umsatz, Gewinn und Ordnung stärker, weil, du, wie die Blues Brothers es sagen würden, „... im Auftrag des Herrn“ unterwegs bist.

EINFLUSS und VERMÄCHTNIS sind wichtig, jedoch erst an dem Tag, an dem du einen mentalen Schalter umlegst. Wenn du zufrieden und erfüllt damit bist, als Unternehmensinhaber Reichtum und Komfort anzusammeln ... dann ist das völlig in Ordnung ... und es bedeutet, dass es für dich am besten ist, nur auf den ersten drei Stufen der BHN zu spielen. Wenn du jedoch diese Veränderung spürst (wie ich es getan habe) und dir klar wird, dass etwas weit Größeres möglich ist, dann bist du bereit, auf allen fünf Ebenen zu spielen. Wenn du dich jetzt fragst: „Soll das alles gewesen sein?“, dann bist du definitiv bereit für EINFLUSS und VERMÄCHTNIS.

Es ist nicht bloß eine Kanonenkugel, Compadre. Da ist eine ganze pulsierende Metropole, die auf deine Entdeckung wartet.

Vermächtnis, wie ich es definiere, besteht darin, wie viel Geld du hast und es geht nicht um Berühmtheit und Macht. Vermächtnis kann genauso gut durch die Verteilung von Reichtum erfüllt werden, wie dadurch, dass man jene Worte genau im richtigen Moment flüstert, die jemand hören muss. Vermächtnis setzt nicht voraus, dass du Millionen oder auch nur Tausende angespart hast. Wenn du es aber wünschst, kannst du Millionen (oder Tausende) nutzen, um das Ganze nachhaltig zu gestalten. Vermächtnis dreht sich nicht um dich. Es geht darum, was du hinterlässt.

Das Vermächtnis eines Unternehmens dreht sich darum, dass das Unternehmen seinen Einfluss auch nach deiner aktiven Teilhabe weiter ausübt. Hier wird dir klar, dass das Unternehmen, das du gestartet hast und hast wachsen lassen, dem du gedient hast und für dessen Erfolg du alles in deiner Macht stehende getan hast, sich niemals um dich gedreht hast. Hier wird dir klar, dass es im Unternehmen immer nur darum ging, einen positiven Einfluss auf unsere Welt auszuüben. An diesem Punkt wird dir klar, dass es dein Job ist, dafür zu sorgen, dass es ohne dich leben kann. Und jetzt wird dir klar, dass du das Unternehmen niemals wirklich „besessen“ hast – du warst immer nur sein Verwalter.

Wer hat Coca-Cola gegründet? Nicht googeln! Nein, der Gründer war nicht Dr. Pepper. Ich wette, du weißt nicht aus dem Kopf, wer der Gründer war, und es kümmert dich vermutlich auch nicht. Das bedeutet nicht, dass Asa Griggs Candler darin versagt hat, ein Vermächtnis zu hinterlassen. Wir alle wissen, dass Coca-Cola heute stärker ist denn je – und deshalb ist Candler ein großartiger Vermächtnis-Erfolg gelungen. Apple machte ohne Steve Jobs weiter. Mary Kay marschiert ohne Mary Kay weiter. Dale Carnegies Trainings leben ohne ihn weiter. Levi's, Walmart und zahllose weitere Unternehmen leben weiter, lange nachdem ihre Gründer sich abgewandt haben oder verstorben sind – und das ist genau das, was die Gründer wollten.

Auf dem VERMÄCHTNIS-Level der BHN ist das Unternehmen mit der Mission und dem Sinn der Organisation verbunden, nicht mit dem Gründer. Diese Mission und dieser Sinn kommen möglicherweise ursprünglich vom Gründer, doch sind sie nicht länger mit ihm *verbunden*. Anders gesagt, dreht sich das Vermächtnis ausschließlich um dich und überhaupt nicht um dich. Du hast dein Unternehmen gegründet, du hast es mit Blut, Schweiß und Tränen aufgebaut und deine Aufgabe liegt jetzt darin, sicherzustellen, dass es weiterlebt, lange nachdem du dich abgewandt hast. Vielleicht lebt es sogar weiter, lange nachdem du diese Erde verlassen hast.

Als Führer legst du fest, wie dein Unternehmen die Welt verändern soll (EINFLUSS) und wie diese Mission für immer auch ohne dich erfüllt werden soll (VERMÄCHTNIS).

Bedürfnis Nr. 1: Kontinuität der Community

Frage: Verteidigen, unterstützen und fördern deine Kunden dein Unternehmen mit großem Eifer?

Ich erinnere mich an mein letztes Telefonat mit Burt Shavitz, dem Mitbegründer und dem Gesicht von *Burt's Bees*, dem Hautpflege-Unternehmen mit einer Milliarde Umsatz, das mit ihrer berühmten Bienenwachs-Lippenpflege begann. Er war ein exzentrischer Typ, um es milde auszudrücken. Er hatte in seiner kleinen Hütte in Maine kein Telefon und er hatte kein Handy. Um Burt zu erreichen, musste ich an einem bestimmten Tag zu einer bestimmten Zeit das kleine Restaurant in seiner Stadt anrufen, um zu fragen, ob Bert in der Gegend war und für ein Gespräch zur Verfügung stand. Wir sprachen ein paar Mal und ich habe seine faszinierenden Wachstumsstrategien in meinem Buch *„Surge"* festgehalten. In einem dieser Gespräche erfuhr ich mehr darüber, wie er und seine Businesspartnerin Roxanne Quimby das Unternehmen gegründet hatten und wie es dazu kam, dass er ihr seine Anteile für mickrige 130.000 US-Dollar verkaufte. Zu der Zeit unseres Gesprächs war er aus Burt's Bees komplett raus, mal abgesehen von seinem Gesicht, das noch immer im Einsatz war, um die Marke zu vermarkten. Das Unternehmen war für 925 Millionen US-Dollar von Clorox aufgekauft worden und er steckte in einem üblen Gerichtsverfahren mit seiner früheren Businesspartnerin.

Bei unserem letzten Telefonat beschwerte sich Burt darüber, was aus seinem Unternehmen geworden war. Es war jetzt ein großer Konzernmoloch und seiner Meinung nach hatte es die Essenz dessen verloren, woran Burt glaubte: Einfachheit.

Bevor wir zum letzten Mal auflegten, fragte ich, „Burt, wenn du alles nochmal von vorn beginnen könntest, was würdest du tun?"

„Ich würde es nicht machen", sagte er.

Ich kann mir keine genauere Art vorstellen, es auszudrücken. Wenn du dein Vermächtnis nicht definierst und alles dafür vorbereitest, dann wird es trotzdem stattfinden. Nur nicht auf die Art und Weise, wie du es dir wünschst.

Vermächtnis bedeutet nicht, an die Börse zu gehen oder Milliarden zu scheffeln. Vermächtnis dreht sich darum, mit Absicht deine Spur zu hinterlassen und zwar so, wie du es dir vorstellst. Wie möchtest du die Welt verändert sehen, selbst wenn deine Welt schlicht aus deiner Community oder deinen Freunden besteht? Auf dem VERMÄCHTNIS-Level der BHN definierst du selbst, was du als deine Spur hinterlassen möchtest. Du organisierst die Struktur, die dafür sorgt, dass dies auch passiert und vollziehst dann deinen Exit – nach deinen Bedingungen.

Burt starb im Juli 2015. Die Community, die Burt geliebt hatte, den wahren Burt, war nicht die Community, die Burt's Bees von Clorox kaufte. Die neuen „Clorox" Burt's Bees-Kunden kämpften nicht dafür, die Einfachheit zurückzubringen, um die es Burt gegangen war. Es gab keine Empörung, als die Marke die Werte seiner Gründungszeit verriet. Wenn die Qualität eines Produktes abrutscht, dann wenden die Kunden sich eher ab, als dass sie sich dafür einsetzen, dies wieder zu ändern. Es ist bloß ein Markenname und vielleicht einer, der für weitere Jahrzehnte erfolgreich sein wird. Es war nur nicht das, was Burt wollte.

OMEN: Kontinuität der Community

Lass uns mal so tun, als seist du der Gründer und Geschäftsführer von *Smoketastic Smokers*. Du produzierst großartige elektrische Räuchergrills, mit denen man das zarteste Fleisch der Welt zubereiten kann. Deine UMSATZ-, GEWINN-, ORDNUNG- und EINFLUSS-Level reflektieren dies. Doch deine FTN-Analyse hat ergeben, dass es keine eigentliche Community gibt. Bis jetzt. OMEN-Zeit.

1. ***Ziel (Objective):*** Du bist davon überzeugt, dass großartige Mahlzeiten das Herzstück großartiger Familien sind. Wie man so sagt: „Eine Familie, die gemeinsam speist, bleibt zusammen." Unabhängig von deinem Unternehmen möchtest du, dass diese wichtige Nachricht für immer weitergegeben wird. Du hast jetzt eine Chance für dein Unternehmen, die Fackel zu sein, die deine Kunden tragen.

2. ***Messen der Kennzahlen:*** Eine Sache, die du bei anderen Marken beobachten konnte, war die Entwicklung von Communitys. BMW und Harley-Davidson haben beide regelrechte Fan-Gruppen. Der Spieleentwickler Blizzard hat seine berühmte BlizzCon, die als die „epischste Familienzusammenführung des Planeten" gilt. Und selbst die Flat Earth Society hat ihr jährliches Bekloppten-Meeting, offenbar irgendwo am Rande des Planeten. Also möchtest du die Anzahl der Zusammenkünfte deiner Kunden messen, in denen dein Produkt zum Mittelpunkt gehört. Familienfeiern? Parkplatz-Partys? Food Festivals?

3. ***Evaluation:*** Für diese Sache wirst du einige Entwicklungszeit benötigen. Du beschließt, dass dein eigenes jährliches Event den Startschuss geben könnte.

4. ***Anpassungen (Nurture):*** Du informierst dein Team über den Plan und bittest um kritisches Feedback. Ihr einigt euch darauf, dass ihr ein Beratungskomitee braucht, ausgewählte Kunden, die sich zu euren Grills geäußert haben oder erfahren sind oder beides. Dann machst du dich daran, dein erstes jährliches Event zu planen, „die große Smoketastic Familienfeier". Dein Ziel ist es, Räucher-Wettbewerbe zu veranstalten, dazu gibt es Musik, Aktivitäten und alles konzentriert sich darauf, Familien eine tolle Zeit zu bieten.

5. ***Ergebnis:*** Die erste Veranstaltung ist ein kleiner Hit mit hundert Teilnehmern. Das Ganze war viel kleiner, als du gehofft hattest, aber es wurde trotzdem hinterher viel darüber gesprochen – das machte es wertvoll. Offenbar gab es beim Event eine improvisierte Session, in der alles miteinander geteilt wurde: Garten-Köche teilten Rezepte miteinander, die nur auf einem Smoketastic Smoker zubereitet werden konnten. Dann konn-

test du die erste Webseite sehen: Köche, die begannen, ihre Rezepte und Familiengeschichten mitzuteilen. Während das Fest wuchs und wuchs, wurden die Ereignisse neben dem Hauptfest zur eigentlichen Attraktion. Die Magie begann so richtig bei eurem dritten Treffen, als ein Mitglied deines Stammes eine neuen „Familienessen"-Nationalfeiertag ausrief und die Führung übernahm. Vermächtnis gestartet – durch deine Community! Selbst als dein Unternehmen neue Modelle an den Start brachte und alte ausrangierte, begannen „Smoketorianer" in Foren darüber zu diskutieren, die alten Modelle zu bewahren, um ihren Familien über Jahre und Jahrzehnte damit weiterhin Mahlzeiten zuzubereiten. Du bist durch deine Community zur Legende der Räuchergrills geworden. Das Vermächtnis wird weiterbestehen.

Bedürfnis Nr. 2: Bewusste Führungsplanung

Frage: Gibt es einen Plan zum Übergang der Führungsaufgaben und dafür, die Führung lebendig zu halten?

Ein paar Jahre nachdem die überarbeitete und erweiterte Auflage von „Profit First" erschien, wurde ich eingeladen, die abschließende Keynote auf einer großen Unternehmer-Konferenz mit mehr als 10.000 Teilnehmern zu halten. Bevor ich spreche, bekomme ich gern ein Gefühl für die Veranstaltung und das Publikum. Wenn ich also kann, besuche ich die Konferenz für ein paar Stunden und mische mich unters Volk. Es überrascht dich vermutlich nicht, dass nur wenige Leute mich erkennen, bevor ich auf die Bühne komme. Ich bin immerhin ein Autor. Sie erkennen vielleicht einen Buchtitel wieder, aber nicht das Bild des Typen mit seiner Weste, das auf der Innenklappe des Schutzumschlags versteckt ist. Nach der Rede allerdings erkennt einen *jeder*, weil man gerade auf der Bühne war.

Auf dieser speziellen Konferenz saß ich neben einem Typen, der mich (wenig überraschend) nicht erkannte. Als ich mich hinsetzte, tippte er mir auf die Schulter.

„Ich glaube nicht, dass wir uns kennen", sagte er im Flüsterton. „In welcher Sparte bist du aktiv?"

„Ich bin Autor", gab ich in einem etwas lauteren Flüstern zurück.

Seine Augen begannen zu leuchten und er sagte, „Du *musst unbedingt* dieses großartige Buch lesen mit dem Titel" - warte, waaaaarte - „Profit First."

Mir wurde ganz warm ums Herz und mein Ego führte einen kleinen Freudentanz auf. Ha! Dieser total coole Typ, den ich gerade kennenlernte, empfahl *mir selbst* mein eigenes Buch, dachte ich. Ich konnte es kaum abwarten, die Bombe hochgehen zu lassen und ihm zu eröffnen, dass er sich mit dem Autor höchstpersönlich unterhielt. Oh, die Überraschung, die ich in seinem Gesicht sehen würde.

Bevor mein dickes, fettes Ego enthüllen konnte, dass ich dieses Buch geschrieben hatte, fügte er hinzu: „Es ist von Cyndi Thomason."

Große spitze Nadel? Jap. Dicker, fetter Ego-Ballon? Jap. Und, zack, war die Luft raus aus dem dicken fetten aufgeblasenen Ego.

Hammer. Ich hatte das Buch geschrieben – zweimal – und die Methodik tausende Male präsentiert. Und dieser total-depperte Typ dachte, jemand anders hätte es geschrieben. Ich war erschüttert und mein dummes, fettes Ego war fertig – etwa eine Minute lang. Dann bewegte sich etwas in mir und Freude erfüllte mich. Der Ballon begann aufzusteigen.

Weißt du, Cyndi ist eine Profit First Professional (PFP)[21] und die Autorin von „Profit First for eCommerce", einem der Profit First-Ergänzungsbücher, die sich auf Nischenmärkte konzentrieren. Cyndi ist zudem eine der PFPs, ausgebildet und autorisiert meine Reden zu halten – ja, den gleichen Inhalt – auf ihren eigenen und anderen Veranstaltungen.

Ich dankte dem wunderbaren Mann für seine (exzellente) Empfehlung und ging Backstage. Während ich darauf wartete, auf die Bühne zu gehen, wurde mir klar, dass ich Gänsehaut an meinen Armen hatte. Ich war vollkommen begeistert, dass sich Profit First als Idee von mir losgelöst weiterverbreitete. Ich war aufgeregt, dass jetzt andere die Idee weiterführten. Profit First gehört heute zu mir, wie es auch zu Cyndi Thomason gehört, zu John Briggs, Shawn Van Dyke, Chris Anderson, Drew Hinrichs, Katie Marshall, Mike McLenahan und vielen anderen, die autorisiert sind, Profit-First-Bücher für Nischen zu schreiben und/oder auf die Bühne zu gehen und die Kunde zu verbreiten.

---

21 Profit First Professionals ist eine Organisation von Buchhaltern, Steuer- und Finanzberatern, die für die Methode Profit First zertifiziert sind. Um mehr darüber zu erfahren, gehe zu ProfitFirstProfessionals.com. Informationen für den deutschen Sprachraum findest du auf profit-first.de.

An diesem Tag, auf dieser Veranstaltung wurde mir klar, dass ich lediglich ein Statthalter für Profit First bin. Es gehört jetzt der Welt.

Du weißt, dass du ein Vermächtnis erschaffen hast, wenn du die Idee loslässt, dass es dir gehört. Du fühlst mehr Freude dadurch, wie die Idee der Menschheit dient, als dass du dich daran klammerst.

Um es klar zu sagen, ich lasse andere PFPs oder irgendwen anders nicht meine Idee stehlen und sie für ihre eigene ausgeben. Das ist Plagiat und Diebstahl. Es ist traurig, dass ich tatsächlich gegen ein Unternehmen gerichtlich vorgehen musste, das behauptete, sie hätten Profit First erfunden. Diese Leute sind Diebe. Cyndi nicht: Auch sie ist eine Statthalterin. Ich liebe es sehr, dass sie da raus geht, den Prozess vermittelt und dabei darauf achte, das Konzept korrekt zuzuordnen. Und ich liebe es, dass Profis aus dem Buchhaltungs- und Finanzbereich mit Expertise in Nischen das Grundkonzept nehmen, das ich entwickelt habe, und neue Ideen und Adaptionen erschaffen. Ich möchte, dass Profit First Teil des Stroms der ständig wachsenden Veränderungen zum Guten für Unternehmer wird. Die Tatsache, dass ein wildfremder, total toller Typ dachte, Cyndi hätte mein Buch geschrieben, ist der Beweis dafür, dass es bereits passiert.

Hast du einen Plan dafür, dass andere die Führungsrolle übernehmen, wenn du dich anderen Dingen zuwendest? Wie werden sich deine innovativen Ideen ohne dich weiterverbreiten? Dies sind die Fragen, die du dir selbst stellen musst, wenn du dieses grundlegende VERMÄCHTNIS-Bedürfnis erfüllen möchtest.

OMEN: Bewusste Führungsplanung

In diesem hypothetischen Setting nehmen wir an, du hast eine Anzeigenagentur. Nach zehn Jahren und mit einer kontinuierlichen Beharrlichkeit, die richtigen Dinge zum richtigen Zeitpunkt in deinem Unternehmen zu beheben, ist es so gewachsen, dass es eine starke Basis hat, angefangen von den UMSÄTZEN bis hin zum VERMÄCHTNIS. Du liebst es, für dein Unternehmen zu arbeiten, aber da gibt es noch etwas, das du noch mehr liebst: Deinen Kunden so zu dienen (die nahezu ausnahmslos kleine Unternehmen sind), dass sie im Anzeigenbereich den großen Marktteilnehmern gegenüber im Vorteil sind. Dein Ziel ist es, sicherzustellen, dass dein Unternehmen dein Versprechen erfüllen kann, auch wenn du nicht da bist. Zeit für OMEN!

1. ***Ziel (Objective):*** Du möchtest eine Anzeigenagentur haben, die weiterwächst und ihr Vermächtnis erfüllt und zwar unabhängig von der jeweiligen Führung. Du hast die Mission gesetzt, kleinen Unternehmen einen großen Vorteil zu bieten. Du hast jetzt 35 Mitarbeiter und brauchst einen Plan dafür, dass sich Führungskräfte melden und die Verantwortung übernehmen.

2. ***Messen der Kennzahlen:*** Hier geht es weniger um Timing als vielmehr um Vorbereitung. Du hast nicht den Plan, in nächster Zukunft in Rente zu gehen, aber dir ist auch klar, dass sich das Leben jederzeit drastisch verändern kann. Und damit das Unternehmen weitermachen kann, muss es vorbereitet sein. Also ist deine erste Kennzahl: Hast du einen Plan? Und die nächste Kennzahl ist: Ziehst du ihn durch?

3. ***Evaluation:*** Dieser Prozess lässt sich nicht über Nacht implementieren, aber einen Plan kann man rasch entwickeln. Du setzt Zwischenziele, um eine Checkliste mit Kriterien zu entwickeln, dann einen Übergangsplan für die Führungsrolle, schließlich potenzielle Kandidaten, die du ausbilden kannst und letztlich, die neue Führungsperson, die du präsentieren kannst. Du liest viel über das Für und Wider von Übergängen, wie den Übergang von General Electric von Jack Welch zu Jeff Immelt. Nach außen sah alles gut aus, doch im Innern war alles voller Ego und Konflikt. Du versuchst, zu lernen, was möglich ist und das Zeug umzusetzen, das funktioniert hatte. Und du versuchst, Parameter zu entwickeln, um Konflikte im Übergang zu vermeiden.

4. ***Anpassungen (Nurture):*** Dies ist eine Team-Aufgabe und all deine Führungskräfte sind beteiligt. Übergang bedeutet, dass viele Menschen sich verändern müssen. Die Frage, die du deinem Team kontinuierlich stellst, ist: Wie können wir unsere Mission stabil halten und unser Führungsteam gleichzeitig flexibel sein lassen? Einige schlagen eine Präsidentschaftszeit vor, wie in einem demokratischen Land. Wie schön sich das auch immer anhören mag: Dies ist keine Demokratie. Dein Team kommt zu dem Schluss, dass die Leute im Innern, die die Mission bereits gelebt haben und die Fähigkeit haben, Führungskompetenz zu entwickeln, die besten Nachfolger im Führungsbereich werden. Dein Team schaut sich die Geschichte von Kat Cole an, der ehemaligen Kellnerin bei Hooters, die Vizepräsidenten bei Hooters wurde. Sie wurde anschließend vier Jahre lang Präsidentin von

Cinnabon, bevor sie zur Präsidentin des Unternehmens befördert wurde, dem Cinnabon und weitere Marken wie Moe's und Auntie Anne's gehören.

5. ***Ergebnis:*** Der Prozess ist installiert und die potenziellen Führungskräfte sind identifiziert. Doch du managst das Ganze nach wie vor und wirst es auf absehbare Zeit auch weiterhin tun. Schließlich liebst du, was du tust, und dein Unternehmen ist das Beste in seiner Nische. Die neuen Führungspersönlichkeiten werden so hervorragend auf ihre neue Rolle vorbereitet, dass sie, sollten sie nicht die Gelegenheit bekommen, dich im Laufe der nächsten fünf Jahre zu ersetzen, von dir aus anderen Unternehmen vorgeschlagen werden, um dort für Führungsrollen vorgesehen zu werden. Dein Ziel ist es nicht, sie in einer Warteschleife zu halten, sondern kontinuierlich Führungskräfte für Unternehmen heranzuziehen, die ihr eigenes positives Vermächtnis hinterlassen möchten. Und selbst ein paar Leute zu haben, die vorbereitet sind, wenn dein Unternehmen eine neue Führung benötigt.

Bedürfnis Nr. 3: Gefühlsgeleitete Unterstützer

Frage: Wird die Organisation von Einzelnen innerhalb und außerhalb der Organisation unterstützt, ohne dass diese Menschen angeleitet werden müssen?

Hast du jemals im Fernsehen „Brooklyn Nine-Nine" gesehen? Es ist eine Comedy über das fiktive 99. Revier in Brooklyn mit Andy Samberg, dem Typen, der durch die kurzen witzigen Videos auf „Saturday Night Live" berühmt wurde. „Brooklyn Nine-Nine" wurde 2013 von Fox ausgestrahlt. Und obwohl sie Lob von Kritikern einheimsten und eine Kult-Anhängerschaft aufwiesen, setzte das Netzwerk die Sendung nach fünf Staffeln wieder ab.

Als am 11. Mai 2018 die Nachricht die Runde machte, dass die Sendung abgesetzt wird, äußerten sich die eingefleischten Fans massenhaft in Social Media. Sie nutzten einen Hashtag auf Twitter - #SaveB99 – und posteten unablässig auf zahlreichen Plattformen zu dieser Sendung. Sie legten auch eine Petition auf, um Fox dazu zu bewegen, die Meinung zu ändern. Lin-Manuel Miranda, der Erfinder des Broadway Hits „Hamilton", beteiligte sich, wie auch weitere bekannte Fans. Am 12. Mai – nur einen Tag nach Bekanntwerden des Absetzens – kündigte der Erfinder der Sendung an, dass NBC

„Brooklyn Nine-Nine“ übernehmen würde. Die Fans hatten ihre Show gerettet.

Der Punkt hier ist, dass die Community jetzt das Unternehmen trug. Es war nicht so, dass Andy Samberg den Protest koordinierte. Es waren nicht die Produzenten der Sendung, die ihre Zuschauer aufforderten, die Petition zu unterzeichnen. Es war das Publikum selbst, die nicht wollten, dass ihre Sendung beendet wird.

In letzter Zeit haben wir Fernsehsendungen aus früheren Zeiten wieder aufleben sehen: „Full House“ und „Will & Grace“ zum Beispiel. Das ist Fan-Power auf hohem Niveau. Würden diese Sendungen, Jahre nachdem sie abgesetzt worden waren, wieder laufen, wenn ihre Fans sich die Wiederholungen nicht weiter anschauen und sich an Fan-Events online und offline nicht beteiligen würden? Nein. Dank Netflix und anderen Streaming-Diensten bekommen die älteren Sendungen ein neues, jüngeres Publikum.

Ich hatte angefangen, über die Verbindungen zwischen aktiven Fan-Generationen nachzudenken, als ich zu Marc Freedmans Vortrag ging. Er ist der Autor des Buches „How to live forever“ und seine gesamte Rede befasste sich damit, generationenübergreifende Beziehungen aufzubauen. Ich hatte erwartet, dass er über Fortschritte in der Stammzellen-Forschung berichten würde, über Hormon-Ersatzstoffe, unterschiedliche biochemische und Gen-Techniken und ein bisschen in der Art von „mehr Bewegung und besseres Essen“. Stattdessen konzentrierte er sich auf Forschung, die zeigt, dass die Lebenserwartung sowohl von Jüngeren als auch von Älteren dadurch verlängert wird, dass man Beziehungen mit jüngeren Generationen hat.

Als Marc zum Ende kam, wurde mir klar, dass erfolgreiche Unternehmen (langlebige Unternehmen) ebenfalls mit Absicht Verbindungen zu Generationen aufbauen – Generationen von *Konsumenten*. Diese Verbindungen beruhen auf Liebe und Zuneigung. Die Frage ist, wie du deine Kunden mit Liebe und Zuneigung überschütten kannst, sodass dein Unternehmen über Generationen hinweg bestehen bleibt? Wie kannst du dafür sorgen, dass sie aktiv und begeistert damit angeben, dass sie mit dir verbunden sind? Du machst dies mit Hilfe von Geschichten. Du machst dies durch Symbole. Du machst dies mit einer spezifischen Sprache. Du erreichst dies durch Versammlungsorte.

In Disneyland geht es um Spaß in der Familie und Mickey Mouse repräsentiert dies. Fans mit Liebe im Herzen tragen die Botschaft dadurch in die Welt, dass sie sein Symbol und die von anderen Disney-Figuren tragen. Die

Versammlungsorte sind die Freizeitparks. Starbucks hat seine Versammlungsorte in den eigenen Verkaufsräumen. Sie haben ihre eigene Sprache, wie „Venti, Grande, Frappadings". Sie haben ihre Symbole und Farben und ihren Look. All das macht die Loyalen noch loyaler. Sie fangen an, die Starbucks-Atmosphäre in ihr eigenes Zuhause zu tragen. Bei uns Zuhause gibt es Starbucks-Becher, Starbucks-Kaffee und ich wage zu behaupten, dass meine Frau ein Starbucks-T-Shirt hat (oder zehn).

Bei allem, was einem heilig sein mag: Harley-Davidson hat Anhänger, die sich das Unternehmenslogo auf ihren verdammten Körper tätowieren lassen. Jimmy Buffett hat Fans, die in ihren Margaritaville Bars richtig eklige Margaritas trinken (glaub mir, ich kenne meine Margaritas), denn die Leute sind zu „Parrot Heads" (Papageienköpfen) geworden – in der einzigartigen Sprache der Community. CrossFit hat sein eigenes Zeug, die eigene Sprache und Versammlungsorte. Wie auch „Saturday Night Live", Southwest Airlines und die Liste lässt sich fortsetzen. Jede dieser Marken hat eine Community von gefühlsgeleiteten Unterstützern, Menschen, die das große Ganze und den Einfluss sehen, den das Unternehmen hat. Und sie fühlen sich verpflichtet, diese Nachricht in die Welt zu tragen. Sie sind zu Jüngern geworden.

Fernsehen, Filme und Lese-Zirkel leben von Fans, die sich selbst als Teil der Fan-Kultur identifizieren. Fan-Gemeinschaften haben Online-Bereiche, wo sie Fan-Fiction zu ihren Serien verfassen. Sie organisieren Zusammenkünfte (Cons), bei denen sie sich wie ihre Charaktere kleiden und treffen die Schauspieler und Autoren.

Ein kurzer Verweis an den guten Jungen Maslow an dieser Stelle. In seiner menschlichen Bedürfnispyramide weist er daraufhin, wie wichtig das Gefühl der Zugehörigkeit ist. Die dritte Stufe seiner Pyramide bezeichnet das Bedürfnis, zu einer Gemeinschaft zu gehören, Teil eines größeren Ganzen zu sein. Erfolgreiche Marken erschaffen eine einzigartige Community für ihre Kunden. Diese Unternehmen überschütten ihre Kunden mit Liebe, Zuneigung und dem Gefühl der Zugehörigkeit, durch das, was sie tun und wofür sie stehen. Letzten Endes ist es das, was die Menschen sich wirklich wünschen. Und wenn sie es von einem guten Unternehmen bekommen oder einer Fernsehsendung, dann werden sie es von den Dächern rufen, weil sie Teil eines größeren Ganzen sind.

OMEN: Gefühlsgeleitete Unterstützer

Für dieses Szenario lass uns sagen, dass du ein Museum der Merkwürdigen und Schrägen Dinge gegründet hast. So ein bisschen wie „Ripley's unglaubliche Welt", allerdings mit einer eigenen Note. Jede Merkwürdigkeit, die du sammelst, steht für eine Form von Triumph. Das könnte etwas aus der Natur sein oder etwas aus der Menschenwelt oder etwas anderes. Doch in jedem Falle repräsentieren deine Exponate einen unerwarteten Sieg. Eines davon ist eine Puppe, die eine Gasmaske trägt und nach dem Atomunfall in Tschernobyl gefunden wurde. Der Sieg liegt in diesem Fall in der Natur. Wissenschaftler hatten ursprünglich geschätzt, dass es 20.000 Jahre dauern würde, bevor Leben an diesen Ort zurückkehren könne. Doch nach lediglich 30 Jahren kehrten Wildtiere zurück. Selbst nach einer furchtbaren, von Menschen gemachten Katastrophe fand Mutter Natur einen Weg, sich zu erholen. Du liebst Botschaften eines derartigen Triumphs und weißt, dass du Besucher brauchst, die diese Nachricht verbreiten, wenn dein Museum weiter existieren soll.

1. ***Ziel (Objective):*** die Botschaft des Triumphs zum Vermächtnis machen. Du machst dies dadurch, dass du deine Community in die Lage versetzt, das Museum bekannt zu machen und, was noch wichtiger ist, es aus freien Stücken zu tun.

2. ***Messen der Kennzahlen:*** Dies wirst du im Internet erkennen können. Du wirst vermutlich auch andere Indikatoren sehen, wie ansteigende Besucherzahlen in deinem Museum. Es ist im Vorfeld unklar, deshalb planst du, darauf zu achten, während du voranschreitest und zu messen, was auch immer sich anbietet. Während du deinen Fortschritt bewertest, wirst du die Kennzahlen anpassen, um dein Ziel zu erreichen.

3. ***Evaluation:*** Es ist schwierig, einen Zeitrahmen festzulegen, denn du hast keine rechte Vorstellung davon, wie lange es dauern wird, dein Ziel zu erreichen. Und du weißt nicht, wie du es gut messen kannst. Deshalb besteht der Plan lediglich darin, anzufangen und deine Beobachtungen anschließend einmal monatlich zu diskutieren.

4. ***Anpassungen (Nurture):*** Du sprichst mit deinem Kuratoren-Team darüber, wie ihr es am besten schaffen könnt, dass die Community sich angesprochen fühlt, von dem, was ihr tut, und ihr entwickelt zwei geniale Ideen. Eine ist, die Besucher zu ermutigen, eine Bezeichnung zu übernehmen: Triumph-Kuratoren. Am Ende der Museumstour erhalten die Besucher einen kleinen Flyer, der sie einlädt, diese Rolle für das Museum zu übernehmen. Ihr Job ist es, neue potenzielle Ideen für Exponate auf

der ganzen Welt zu identifizieren, das Museum zu benachrichtigen und nach Möglichkeit dabei zu helfen, die Stücke zu erwerben (sofern legal). Die zweite Idee passt perfekt zur ersten. Wenn ein Stück auf diese Weise erworben wurde, erhält das Exponat eine dauerhafte Dankes-Plakette, in dem es der jeweiligen Person zugeordnet wird.

5. ***Ergebnis:*** Die meisten Menschen möchten keine Kuratoren werden, sie wollen lediglich schräges Zeug anschauen. Doch einige wenige Auserwählte oder, eher gesagt, einige wenige, die sich selbst auserwählen, erkennen die übergeordnete Mission des Guten, das in deinem Museum generiert wird – bei dem es nicht um schräges Zeug geht, sondern um unerwartete Pfade zum Triumph. Diese Menschen übernehmen die neue Freiwilligenrolle. Während die Zahl der Museumsbesuche steigt, ist dies noch kein Indikator dafür, dass dein Museum die Art von Dauerhaftigkeit erreicht, die dir vorschwebt – doch es gibt etwas anderes. Es wird klar, dass die Triumph-Kuratoren ihren Titel ernst nehmen. Du siehst, wie sie ihre eigenen Webseiten über ihre Arbeit aufsetzen und eine Seite hat derartige Beliebtheit erlangt, dass sie für den Triumph-Kurator zu einem Vollzeit-Business geworden ist. Nach drei Jahren werden mehr Exponate von der Community kuratiert als von deinem Team. Und du bist sicher, dass du ein Museum etabliert hast, das durch seine Community weiter wächst. Die Tatsache, dass mindestens ein weiteres Unternehmen auf der Basis deiner thematischen Inspiration gegründet wurde, ist der beste Indikator dafür, dass da ein Vermächtnis im Werden ist.

Bedürfnis Nr. 4: Quartalsdynamik

Frage: Hat dein Unternehmen eine klare Vision für die Zukunft und wird es quartalsweise daraufhin ausgerichtet, sich der Vision anzunähern?

Quartalsdynamik ist ein sehr einfaches Konzept, die Parameter um dein Unternehmen herum alle 90 Tage anzupassen, um deinem Ziel so effektiv wie möglich näherzukommen. Ähnlich wie das Tacking (Kreuzen) beim Segeln, um den Wind (die Energie) für das Segelboot zu nutzen, ist die Quartalsdynamik eine Methode, alle Elemente deines Unternehmens regelmäßig auf Spur zu bringen. Kurz gesagt, ist Tacking der Vorgang, bei dem du zunächst dein Ziel definierst – vielleicht eine Insel ein paar Meilen weiter draußen im

Meer. Dann setzt du deine Segel, um den Wind zu nutzen, möglichst direkt zu dieser Insel zu segeln, während du zeitgleich Hindernisse umschiffst, wie Sandbänke, andere Boote und den Monster-Hai aus der „Weiße Hai" in 3-D, der ganze Boote auf einmal verschlang. Nach einem kurzen Stück richtest du das Boot neu aus, indem du in die andere Richtung navigierst. Genug, um den Wind bestmöglich einzufangen und wieder voranzukommen in Richtung auf die Insel. Dieses Mal hast du das Boot jedoch in einen neuen Winkel zum Wind gebracht, wiederum, um den Wind bestmöglich zu nutzen (und die Hindernisse zu vermeiden). Man macht dies kontinuierlich, sodass man seinen Weg zur Insel im Zickzack zurücklegt. Mit dem Tacking erreicht das Segelboot jedes Mal die Insel, allerdings nicht in einer geraden Linie. Und so läuft es auch im Unternehmen: Wir möchten vielleicht in gerader Linie zu unseren Zielen gelangen, doch in Wirklichkeit ist eher eine Zickzack-Bewegung, weil wir die Winde nutzen (den Markt) und Hindernissen ausweichen (Konkurrenten, Wirtschaft usw.).

Um das VERMÄCHTNIS-Level zu meistern, muss dein Unternehmen in der Lage sein, sich selbst neu zu erfinden und neu auszurichten. Schau dir Lego an, die Spielzeugfirma, die berühmt dafür ist, Kinder mit ihren bunten Bausteinen, die sich miteinander verbinden lassen, zu begeistern. Sie können damit Feuerwachen bauen und die Piratenschiffe ihrer Träume – und dafür sorgen, dass Eltern vor Schmerz laut fluchen (direkt vor ihren Kindern), wenn sie auf eines dieser kleinen Plastikteile treten. Lego gibt es seit 1932, doch in den 1990er Jahren standen sie kurz vor der Insolvenz. Dies lag zum Teil daran, dass die Menschen ihre Lego-Sets der Vergangenheit zurechneten, die sich in der Hauptsache an Jungen richteten, und weil Lego nicht mit dem schnellen Wandel im Spielzeugmarkt Schritt halten konnte.

Lego verbesserte sein System und reduzierte die Kosten und erfand schließlich im Jahr 2011 seine Marke neu und machte sie inklusiver. Jetzt wandten sich ihre Sets sowohl an Jungs wie auch an Mädchen. Dann kam der Film – „The Lego Movie". So macht man Titel, Lego! Dieser Film veränderte alles. Zusätzlich zu der knappen halben Milliarde Dollar, die der Film weltweit einspielte, positionierte dieser Film und seine Nachfolger das Unternehmen als mehr denn eine bloße Spielzeugfirma. Jetzt war es ein Franchise-Unternehmen. Bloomberg berichtete, dass Lego 2015 einen Umsatzzuwachs von 31 Prozent vorweisen konnte, grob 1,34 Milliarden US-Dollar.

OMEN: Quartalsdynamik

Willkommen in deinem hypothetischen Unternehmen, das ein bisschen Hilfe braucht: *Ice Me Tea*. Du machst mit den besten Eistee im Lande, das ist unbestreitbar. Dein Umsatz ist stabil, dein Gewinn planbar, du hast all die Bedürfnisse auf dem ORDNUNG-Level befriedigt und berührst das Leben vieler Menschen. Du schaffst dies, indem du Eistee beinahe in eine Zeremonie verwandelst, als würde man gemeinsam mit einem Freund Kaffee trinken. Die Herausforderung liegt jetzt darin, dass dein Unternehmen auf der Stelle tritt. Stagnation. Die FTN-Analyse hat das Bedürfnis ergeben, dass die Führungsriege Quartalsdynamiken in der gesamten Organisation einführen muss. Lass uns das OMEN!

1. ***Ziel (Objective):*** Stagnation vermeiden – nicht nur in deinem Produkt sondern in allen Teilen deiner Organisation. Dies setzt voraus, dass jede Abteilung ihren eigenen Quartalsplan entwickelt. Jeder Teil deines Unternehmens muss in der Lage sein, sich dynamisch anzupassen und zugleich kohärent zum gesamten Unternehmen zu verhalten.

2. ***Messen der Kennzahlen:*** Dies ist zum Glück einfach. Hat jede Abteilung ihren eigenen Quartalsplan am Start? Das ist ein 90-Tage-Plan, der die Abteilung näher an das übergeordnete Ziel bringt. Am Ende dieser 90-Tage-Phasen checken die Abteilungen erneut ein, um zu prüfen, wie ihr Vorgehen alle gemeinsam voranbringt (oder behindert), und entsprechende Anpassungen vorzunehmen.

3. ***Evaluation:*** Als Leiter der Organisation musst du die Kommunikation, die Harmonie und die produktiven Auseinandersetzungen der Abteilungen untereinander aktiv unterstützen. Dein Rhythmus sind sowohl wöchentliche Termine, bei denen du prüfst, ob die Kommunikation läuft, als auch quartalsweise Check-ins, bei denen du prüfst, ob die einzelnen Abteilungen die richtigen Kreuzschläge fahren, um das Unternehmen als Ganzes voranzubringen.

4. ***Anpassungen (Nurture):*** Dies ist eine Chance für Führung. Du kommunizierst die großen Vision an alle Abteilungsleitungen, diskutierst die Vision und bekommst von ihnen ihre Verpflichtung auf sie. Dann musst du deine Kennzahlen so strukturieren, dass jede Abteilung die große Vision mit voller Kraft verfolgt und gleichzeitig versteht, wie wichtig es ist, alle anderen Abteilungen dabei zu unterstützen. Auch wenn das bedeutet,

dass sie ihr eigenes Ziel etwas nach hinten stellen, weil sie einer anderen Abteilung dabei helfen, das ihre zu erreichen, um der Unternehmensvision näherzukommen.

5. ***Ergebnis:*** Dafür wird viel aktive Kommunikation benötigt und als Leiter deines Unternehmens hast du zwei große Aufgaben: Du bist der oberste Cheerleader und der oberste Kommunikator. Du predigst die Mission wieder und wieder, gerade so, als würdest du den Takt trommeln und sorgst dafür, dass alle darüber sprechen, wie sie einander auf dem Weg zum Erfolg unterstützen. Dann wird es magisch. Deine Vertriebsabteilung vermeldet einen Umsatzeinbruch, weil der Kundendienst ein unerwartetes Problem hat. Die Vertriebsabteilung war auf dem Weg, das beste Jahr aller Zeiten zu erleben, aber technische Störungen beim Kundendienst sorgten für lange Wartezeiten und unzufriedene Kunden. Also verlangsamte der Vertrieb mit Absicht die Umsätze und leitete die Kunden woanders hin, weil dies im gemeinsamen Interesse der Kunden und des Kundendienstes war. Ein großartiges Ausweichmanöver um ein großes potenzielles Problem. Für die meisten Führungspersonen mag es merkwürdig erscheinen, deinen Vertrieb dafür zu loben, dass der Umsatz einbricht. Doch für dich war die Tatsache, dass der Vertrieb sich mehr um den Erfolg und den Ruf des gesamten Unternehmens kümmert, als sich einfach nur darauf zu konzentrieren, die Zahlen zu erreichen, der Beweis, dass du Spieler mit wahrem Teamgeist hast.

Bedürfnis Nr. 5: Laufende Anpassung

Frage: Ist das Unternehmen so organisiert, dass es beständig angepasst und verbessert wird, was auch einschließt, dass das Unternehmen selbst Wege findet, immer besser zu werden?

Alles was in deinem Unternehmen jetzt für dich funktioniert, wird vermutlich irgendwann an den Punkt kommen, an dem es nicht mehr funktioniert und durch etwas Neues ersetzt werden muss – eine neue Herangehensweise, eine neue Technologie oder neue Gerätschaften oder neue Rollen in deinem Unternehmen. Die Schreibmaschine wich dem Keyboard, was am Ende den Sprache-zu-Text-Übersetzern Platz machen wird, die wiederum den Früchten der Forschung weichen werden, die gerade jetzt im Bereich Gedanken-zu-Text erfolgt, oder anderen Dingen, die wir uns gerade noch gar nicht vorstellen können. Die Frage ist: Ist dein Unternehmen auf brutale Veränderungen oder gar einen Wandel der völlig unvorhersehbaren Art vorbereitet? Du kannst kein Vermächtnis hinterlassen, wenn dein Unternehmen stirbt, weil es auf das Unerwartete nicht vorbereitet ist.

Als Autor möchte ich gern annehmen, dass es noch viele weitere Jahrzehnte lang Bücher geben wird, aber diese Art zu denken ist eine Falle. Nur weil etwas bereits seit Jahrhunderten existiert – oder auf andere Art und Weise gut etabliert ist – heißt das nicht, dass es so bleiben wird. Das ist der Grund, warum ich mit Eins-zu-eins-Beziehungen experimentiere, mit Wegen, wie Leser mich direkt ansprechen können, um ihre einzigartigen Fragen beantwortet zu bekommen. Im Moment besteht dies aus der Menge von positiven Feedback-Mails, die mir stündlich zugeschickt werden. Und doch ist es auf Dauer unmöglich, hunderte von E-Mails zu beantworten. Ich bin noch nicht sicher, wie ich das schaffen werde, aber die Sache ist die: Ich denke darüber nach. Ich grüble über diese Frage nach und experimentiere mit entsprechenden Lösungen. Ich gehe nicht davon aus, dass irgendetwas unverändert bleibt.

In Gedanken bin ich sofort bei Netflix. Netflix lieferte ursprünglich Filme via E-Mail und ging dann zu On-Demand-Lieferung übers Internet über. Sie verändern sich ständig weiter und sind gerade dabei, Filme für den Download auf deine smarten Geräte verfügbar zu machen, sodass du auf deinem Tablet einen Film schauen kannst, während du im Flugzeug sitzt. Dies wiederum hat Veränderungen bei den Fluggesellschaften nach sich gezogen. Immer weniger Flugzeuge haben in die Rückenlehnen eingelassene Monitore: Sie werden durch Halterungen für dein smartes Gerät ersetzt, sodass du deine heruntergeladenen Netflix-Videos schauen kannst oder Live-Fernsehen durch das WLAN des Flugzeugs. Ich vermute, dass Netflix (oder ein anderes flexibles Unternehmen) irgendeine Art von Implantat haben wird, das direkt in dein Gehirn eingebaut wird, sodass du den Film dadurch erlebst, dass du selbst eine Rolle darin spielst. So eine Art „Total Recall". Das einzig Konstante ist der Wandel.

Nintendo verwandelte sich von einem Spielkartenhersteller zu einem führenden Spiele-Konsolenanbieter. Wrigleys verwandelte sich von einer Seifenfirma zu einer Kaugummi-Firma. Und NASCARs bescheidene Anfänge lagen bei Schwarzbrennern, die einen Weg brauchten, um ihren schwarz gebrannten Alkohol in schnellen Autos vor der Polizei zu retten, und es wurde zu einem Unternehmen, dass legale Rennen mit einem Wahnsinnstempo vor Tausenden von Menschen veranstaltet, die dabei Schwarzgebrannten trinken.

Die Lektion lautet: Wenn du dich nicht veränderst, bist du zum Scheitern verurteilt. Deshalb muss der Wandel ein essentielles Element deines Unternehmens sein.

OMEN: Laufende Anpassung

Herzlichen Glückwunsch! Endlich hast du in diesem Beispiel die Bar, von der du immer geträumt hattest. Du hast sie den *Fan Dome* genannt und es ist eine einzigartige Sportbar. Sie hat eine einzige gigantische Leinwand wie in einem Kino und die Sitze ähneln zwei Ausschnitten aus einem Sportstadion. Man betritt das Ganze von oben und läuft die Stufen hinunter zur Tribünenbestuhlung links und rechts. Auf der einen Seite sitzt das Heim-Team und auf der anderen Seite die Gäste. Die Kellner servieren Essen und Getränke wie im Stadion: Sie laufen die Stufen rauf und runter und rufen „Hier gibt's Bier", während die großen Spiele auf der Riesenleinwand laufen.

Deine FTN-Analyse zeigt, dass dein existenzielles Bedürfnis laufende Anpassung ist. Komm, Alter. Du hast noch ein letztes OMEN in dir. Ich weiß, du schaffst das.

1. ***Ziel (Objective):*** Deine Geschäftsidee ist sofort ein Riesenhit, weil keine andere Bar je so etwas gemacht hat. Damit dein Unternehmen allerdings ein echtes Vermächtnis wird, muss es auf das Unerwartete vorbereitet sein und sich entsprechend anpassen.

2. ***Messen der Kennzahlen:*** Du hast deine Quartalspläne für dein Führungsteam am Start und hier fügst du ein letztes wesentliches Teil hinzu. Du wirst nicht nur die Herausforderungen und Chancen für die nächsten 90 Tage analysieren. Deine Kollegen und du, ihr werdet auch auf das ultimative Ziel schauen, das ihr gesetzt habt. Hier fragst du dein Team und dich, ob es an der Zeit ist, euch komplett neu zu erfinden. Um das zu tun, hast du einen einfachen Plan: Utopia Corp.

3. ***Evaluation:*** Mit euren Quartalsplänen fragt ihr euch nun alle 90 Tage und diskutiert die Frage intensiv: „Sind wir im richtigen Business?" Du möchtest alle Seiten hören, alle Ideen – die guten, die schlechten und die hässlichen.

4. ***Anpassungen (Nurture):*** Indem du die Utopia Corp.-Übung nutzt, sorgst du dafür, dass dein Team Geschäftsmodelle für neue Phantom-Unternehmen entwickelt, wobei sie ein Ziel im Sinn haben: Fan Dome zu zerstören. Jedes der Teams stellt dann seinen eigenen Plan der gesamten Gruppe vor und präsentieren dabei ihre einzigartigen Ideen für Utopia Corp., um Fan Dome auszustechen. Das ist die ultimative Brainstorming-Sitzung, in der du dein eigenes Unternehmen gegen sich selbst antreten lässt. Eine Idee ist richtig gut: Nicht alle Spiele erhalten ausgewogene Zuschauerzahlen. Manchmal hast du 90 Prozent oder mehr Zuschauer nur für eine Seite. Also ist die Idee von Utopia Corp., die Abtrennungen an den Seiten flexibler zu gestalten, sodass das Team mit den meisten Zuschauern die größere Sektion bekommt. Eine weitere Idee verändert alles: Deinem Team fällt auf, dass viele Alumni-Gesellschaften sich in deiner Bar treffen und die Tribünen füllen: Sie möchten so nah wie möglich an die Stadion-Atmosphäre herankommen. Ihr arbeitet daran, uniformierte Cheerleader der Alumni auftreten zu lassen, um die Fans anzufeuern. Die bekommen als Gage Essen und Getränke umsonst. Das Unternehmen verändert sich und macht es möglich, Stadion-ähnliche Events zu organisieren, ohne ins Stadion gehen zu müssen.

5. ***Ergebnis:*** Den Prozess zu wiederholen zeigt dir, dass du das Unternehmen nicht vollständig umkrempeln musst, aber es bringt Ideen wie „Belohnungen" für Fans, wenn sie ihre Team-Uniform tragen, oder für Cheerleader, die das Publikum anfeuern, oder Security für die wenigen Spiele anzuheuern, bei denen die Leute aggressiv werden. Es gibt (bislang) kein Warnsignal, das darauf hindeutet, dass das Unternehmen komplett umgebaut werden müsse. Und die Tatsache, dass ihr alle 90 Tage mit eurem Quartalsplan arbeitet, gibt dir und deiner Führungsriege die Sicherheit, dass ihr weiter in die Zukunft schaut als eure Konkurrenz.

FTN in Aktion

Ping. Mein Handy bekam eine SMS von Mike Agugliaro. Er ist der Gründer von *CEO Warrior*, einem qualitativ hochwertigen Trainings- und Umsetzungsunternehmen für Unternehmer im Dienstleistungssektor, einschließlich Handwerker aus dem Bereich Heizung und Sanitär sowie Elektriker. Ich öffnete die Nachricht und fand ein Bild von Hulk, der seine Muskeln spielen lässt und brüllt. Ping. Der Text von Mike lautete: „Dieses Zeug verändert alles, Mike. Das ist das beste System, das ich von dir je gesehen habe."

Ich hatte gerade eine Rede zu FTN vor einer VIP-Gruppe von Unternehmern gehalten und Mike war im Publikum. Er hatte mich angeheuert, um bei seinem CEO Warrior-Event die Keynote zu halten und zwar etwa dreimal jährlich in den letzten zehn Jahren. Daher kennt er meine Arbeit in- und auswendig. Ich habe „Profit First“ mehr als zehn Mal präsentiert, „Clockwork“ fünf Mal, den „Pumpkin Plan“ fünf Mal und eine Mischung aus meinen anderen Büchern und meiner Konzepte. Mike ist jedes Mal dabei – selbst bei der zehnten Präsentation von „Profit First“. Er hört zu und macht sich eine Unmenge Notizen.

Dies war das erste Mal, dass Mike meine Rede zu FTN gehört hatte. Ich führte die Bedürfnispyramide des Unternehmens ein (BHN) und sofort schrieb er wie besessen, stellte Fragen und teilte seine Gedanken mit. Er verpflichtete sich dazu, die FTN-Analyse durchzuführen – gleich dort während der Veranstaltung. So funktioniert Mike – er identifiziert die eine Sache, die den größten positiven Effekt für sein Unternehmen haben wird und legt sofort los (klingt das vertraut?).

Am nächsten Morgen bekam ich eine E-Mail, die detailliert darstellte, wie er die BHN eingesetzt hatte und was er herausgefunden hatte. Und was er nun beschlossen hatte zu tun. Die E-Mail lautete:

„Die BHN ist Gold wert! Es war extrem hilfreich, um mir Klarheit über unsere nächsten Wachstumschancen zu verschaffen. Ich finde es toll, wie anschaulich es ist und habe die Grafik über meinen Schreibtisch gehängt.

Bevor ich die BHN durchgegangen bin, dachte ich, wir müssten die Vision unserer Führungsriege und die Kommunikation verbessern und elaboriertere Strukturen ausbilden (wie verbesserte Organigramme und stromlinienförmige Prozesse).

Während ich durch die BHN ging, bestätigte sich das, was ich vermutete hatte. Wir haben UMSATZ, GEWINN und ORDNUNG auf der Reihe. Ich habe ein planbares Unternehmen. Doch ich bin jemand, der nie wollte, dass das Unternehmen lediglich ein Geldautomat ist, damit ich jeden Tag faulenzen kann. Ich möchte das Leben anderer Menschen berühren oder, wie du es ausdrückst, Leben transformieren. Wir haben die EINFLUSS-Phase auf der Reihe. Unsere Kunden glauben an das, was wir vermitteln und tun nicht nur die Dinge, die wir ihnen beibringen. Und mit diesem Versprechen transformieren wir ein Unternehmen nach dem anderen.

Jetzt kann ich sehen, dass VERMÄCHTNIS der Ort ist, an dem wir uns befinden. Wie kann ich mein Unternehmen so aufstellen, dass es bis in die

Ewigkeiten Menschen berührt, ohne dass es von mir abhängt? Ich konnte Folgendes erkennen:

Auf der Basis der Fragen in der Grafik, haben wir die folgenden Auffassungen, das folgende Verständnis von unserem VERMÄCHTNIS:

- Wir erfüllen den ersten und den fünften Punkt auf dem VERMÄCHTNIS-Level (Kontinuität der Community und Laufende Anpassung).
- Wir sind bei dem zweiten, dritten und vierten Punkt von VERMÄCHTNIS so einigermaßen auf Linie, aber wir sehen hier die Möglichkeit, uns zu verbessern – insbesondere mit Blick auf die Klarheit bei der Bewussten Führungsplanung, die Community derer zu vergrößern, die uns voranbringen möchten und unsere Zukunftsvision zu schärfen.

Es bestätigte das, was wir bereits wussten. Zusätzlich konnten wir auf dem VERMÄCHTNIS-Level viel deutlicher erkennen, welche Unterkategorien wir bereits gut erfüllen, und bei welchen wir gute Chancen für eine Verbesserung haben. Mit Hilfe dieser konzentrierten Klarheit werden wir jetzt einen Plan entwickeln, den wir gnadenlos umsetzen werden, um die drei fehlenden Teile zu ergänzen. Und wir beginnen mit dem ersten existenziellen Bedürfnis, das ich auf dem VERMÄCHTNIS-Level identifiziert habe.

Mir ist zudem klargeworden, dass dies keine Leiter ist, sondern eine Schleife. Wir werden daran arbeiten, das VERMÄCHTNIS-Level in seiner Gesamtheit vollständig zu erfüllen. Dann habe ich erkannt, dass die zukünftigen, größeren Versionen unseres Unternehmens bei weiterem Wachstum möglicherweise Kursanpassungen auf jedem Level brauchen werden, während wir auf allen Stufen, Umsatz, Gewinn, Ordnung, Einfluss und Vermächtnis, skalieren. Wenn wir also unsere Größe verdoppeln, werden wir wieder in jede Nische zurückkehren, in der wir aktiv sind (die jeweils für gewöhnlich etwa 3 bis 5 Millionen US-Dollar erwirtschaften), um sicherzustellen, dass wir noch immer auf Kurs sind und dass wir jede Gelegenheit auf jedem Level wahrnehmen.

Ich habe endlich das Gefühl, eine einfache, lebendige und atmende Strategie zu haben. Ich werde täglich darauf schauen. Und ich werde vermutlich zusehen, wie du 15 weitere Reden dazu hältst. Ich brauche deine Keynote dazu auf unserer nächsten Veranstaltung. Unternehmer müssen das hören und, ganz ehrlich, ich möchte mir weitere Notizen machen."

Ich sehe Frank Minutolo kaum noch. Er war mein allererster Businesscoach und half mir, das Wachstum und den Verkauf zweier Unternehmen durchzuziehen. Er bietet kein Businesscoaching mehr an und im Herbst seines Lebens hat er sich darauf verlegt, Kindern in Not zu helfen. Ich war in der Lage, mich mit ihm Anfang des Jahres 2019 in einem Diner zum Frühstück zu treffen. Während des Essens sprachen wir über die bisherige Reise seines Lebens. Er brachte die japanische Firma Konika in die USA und begleitete ihr Wachstum auf 100 Millionen US-Dollar Jahresumsatz. Er coachte dutzende Unternehmer. Er hatte eine fantastische Frau als besten Freund.

Ich sagte, „Frank, du warst so erfolgreich. Das muss dich mit Freude erfüllen."

Er sah mich an und sagte, „Erfolg hat mich stolz gemacht. Die Arbeit mit Kindern in Not ist es, was mich mit Freude erfüllt." Dann machte er eine Pause und fügte hinzu, „Du magst vielleicht erfolgreich sein – aber hast du eine Bedeutung?"

An jenem Tag öffnete er meine Augen – und mein Herz. Das ist es. Erfolg, wie ich ihn anstrebe, erschafft etwas, das einen Einfluss auf andere hat, und ist in der Lage diesen Einfluss weiter auszuüben, lange nachdem es mich nicht mehr gibt. Das ist meine Definition von Vermächtnis. Vielleicht wählst du die gleiche Definition. Tu etwas, das eine Bedeutung hat und richte es so ein, dass es lange nach dem Herbst deines Lebens weiterläuft.

Schluss
Du kannst und wirst

Tomas Gornys Geschichte ist eine der American Dream-Geschichten, die einen guten Film abgeben würden. Geboren in Zabrze, Polen, ging er schon mit gerade 20 Jahren in die USA, um seinen Traum zu verfolgen. Tomas hatte kein Geld und einen starken polnischen Akzent, durch den manche Menschen annahmen, er sei „langsam". Er verlor bei einigen englischen Worten den Faden und sprach andere falsch aus, so dass Vorurteile und Fehleinschätzungen an der Tagesordnung waren. Trotzdem nutzte Tomas diese Vorurteile und Fehleinschätzungen zu seinem Vorteil.

„Nur weil ich langsam spreche, bedeutet das nicht, dass ich langsam denke", erklärte er mir.

Tomas stellte sich einfach dumm. Konkurrenten verkannten Tomas' Fähigkeit gleich gute oder bessere Angebote zu machen und verrieten ihm aus Überheblichkeit ihre „Geheimnisse". Wenn der andere dachte, er hätte den „langsamen" Tomas abgehängt, legte dieser Konditionen vor, die ihm selbst zum besten Deal verhalfen.

Tomas gründete mehrere Unternehmen, die viele hundert Millionen US-Dollar Umsatz machten und verkaufte sie. Er entwickelte sich von pleite zum Milliardär und jetzt konzentriert er sich auf sein Vermächtnis. Er möchte etwas beweisen: Der amerikanische Traum lebt und ist für uns alle erreichbar.

Zurzeit betreibt Tomas *Nextiva*, eine VoIP-Telefonie-Firma. Wenn du die Flure des Unternehmens mit 350 Millionen-Dollar Jahresumsatz entlang läufst, dann siehst du ein entspanntes Umfeld mit vielen bescheidenen Mitarbeitern ... manche mit starkem Akzent ..., die richtig, richtig clever sind. Sie hätten das Recht, ihr Ego vor sich her zu tragen. Doch sie orientieren sich an Tomas und konzentrieren sich nur darauf, den besten Deal zu erreichen: Sie machen sich keine Gedanken darum, was andere Leute von ihnen denken mögen.

Tomas und sein Team haben etwas verstanden, auf das ich deine Aufmerksamkeit lenken möchte: Die BHN ist keine Leiter, die du emporsteigst. Sie funktioniert eher wie Fahrradpedalen. Du trittst die Pedale, die das Rad antreibt, und mal musst du in die eine Pedale treten und mal in die andere. Manchmal bremst du, manchmal lässt du es einfach rollen, aber du musst in die Pedalen treten, um voranzukommen.

So funktioniert die BHN für Nextiva:

Umsatz

- Tomas hat ein Produkt identifiziert, das kleine Unternehmen voranbringen könnte: Telefonanlagen. Dies war in seiner Mission verankert: Der kleine Mann (der „langsame" Typ) brauchte eine Möglichkeit, mit den Großen (dem Tyrannen) mitzuhalten. Ja, es gab VoIP-Telefonie, doch eine ausgeklügelte Telefonanlage, die genauso gut oder besser war als die Anlagen der Großkonzerne, war eine ernsthafte Hilfe.
- Als Nextiva an den Start ging, leitete es Tomas aus einem Büro in der Größe eines Minivans. Seine gesamte Energie setze er dafür ein, seinen ersten Kunden zu bekommen. Tipp: Für jedes neue Unternehmen ist der erste Kunde fast immer am schwierigsten zu bekommen, doch Nextiva gewann die Kunden, die das Unternehmen brauchte, um loszulegen.

Gewinn

- Mit nachhaltigem Umsatz konnte Nextiva sicherstellen, dass die Rentabilitätsstrukturen stabil waren. Darauf hatten sie vom allerersten Geschäft an geachtet. Doch als das UMSATZ-Level erreicht war, vertiefte sich Tomas intensiver in das GEWINN-Level, um sicherzugehen, dass er die Preisgestaltung optimiert hatte, um wettbewerbsfähig zu sein und dauerhaften Gewinn einzuspielen. Nextiva konkurriert mit all den großen VoIP-Anbietern wie Verizon und Ring-Central. Während ich dies niederschreibe, sind sie mittlerweile der drittgrößte VoIP-Anbieter in den USA.
- Selbst während sie sicherstellten, dass das GEWINN-Level stark war, gingen sie wieder daran, das UMSATZ-Level zu verbessern, um einen neuen Markt zu erobern. Nextiva ging Partnerschaften mit Systemintegratoren (Computer- und Telefonfirmen) ein, wo eine starke Beziehung dutzende, wenn nicht hunderte neuer Kunden bringen konnte.

Ordnung

- Als Nextiva sich an das ORDNUNG-Level machte, führten sie in der ganzen Organisation effizientere Strukturen ein. Eine meiner Lieblingsdinge geschah im Vertrieb. Wenn du in die Vertriebsetage kommst (ja, es gibt ein ganzes Stockwerk mit Leuten, beinahe zweihundert, als ich das letzte Mal gezählt habe), hängen dort riesige Monitore an den Wänden, die die Kennzahlen in Echtzeit präsentieren. Wer führt die Umsätze des Tages an? Wie schlagen sich die Teams? Wer hat den letzten Abschluss erzielt? Anstelle von Managern, die Meetings einberufen und den Leuten erzählen, wie sie sich an diesem Tag geschlagen haben, sind die Berichte automatisiert und die Leute bleiben motiviert und auf dem richtigen Weg.

Einfluss

- Dies bezieht sich auf die Mission von Nextiva. Ich weiß das, weil ich seit zehn Jahren Nutzer ihrer Telefonsysteme bin und ein paar Mal im Jahr in ihr Büro komme, um über meine Erfahrungen mit ihren Telefonen zu berichten. Ich bin jetzt Teil des kleinen Beirats dieses Unternehmens.
- Es gibt konstant Rückmeldungen. Tomas und das Team bei Nextiva möchten dem kleinen Mann immer helfen. Warst du jemals kurz davor, auf dem Schulhof in eine Auseinandersetzung mit Achtklässlern verwickelt zu werden, bei denen der brutale Tyrann dich ins Visier genommen hatte, und dann kommt der richtig kräftige Junge aus der Zehn dazu? Du weißt schon, der eine Typ, der schon so richtig in der Pubertät ist mit definierten Muskeln und dem Bart … auf seiner Brust? Dieser Typ kommt rüber, klopft dir auf den Rücken und sagt, „Das übernehme ich." Dieser Typ. Er sagt dem Tyrannen, er möge sich besser verpissen und dass er ihn nie wieder in deiner Nähe sehen möchte, und der Tyrann rennt davon. Das ist es, was Nextiva für kleine Unternehmen macht.

Vermächtnis

- Nextiva wird weiterarbeiten, lange nachdem Tomas auf dem Weg zu anderen Dingen ist, weil sie nach Möglichkeiten suchen, sich selbst Konkurrenz zu machen. Während ich dies schreibe, ist Nextiva dabei, die nächste Generation seines NextOS aufzulegen, einer Kombination aus Telefonanlage und CRM. Telefon und CRM sind komplett integriert. E-Mail, Telefon, SMS, Social Media – die gesamte Kommunikation ist mit dem Kundenprofil verknüpft, sodass eine Beziehungsgeschichte mit dem (potenziellen) Kunden geschrieben wird. Und eine künstliche Intelligenz bestimmt, wohin diese Beziehung sich weiterentwickelt und wie sie am besten zu managen ist.

Vielleicht hast auch du Vorurteile in der Geschäftswelt erlebt. Vielleicht haben Menschen falsche Vermutungen über dich und deine Fähigkeiten angestellt. Vielleicht hast du welche über dich selbst. Wie Tomas wirst du nicht durch die Wahrnehmung anderer Leute definiert. Und schon gar nicht definiert dich deine eigene Angst davor, ob du es schaffen kannst, den American Dream für deine Familie, dein Team und dich selbst Wirklichkeit werden zu lassen.

Ich bin hier, um dir zu sagen: Du kannst das. Und du wirst es tun.

Jetzt hast du das Werkzeug an der Hand, das dir helfen wird, nachhaltiges, gesundes Wachstum zu ermöglichen. Das Werkzeug, das es dir leicht machen wird, genau herauszufinden, auf welchen Bereich deines Unternehmens du dich zuerst konzentrieren musst und genau welches Problem du als nächstes angehen solltest. Die BHN ist das Werkzeug, der Kompass, der Meisterschaft *unvermeidlich* macht – so lange du es einsetzt.

***

Ob du dein Unternehmen seit Monaten, Jahren oder Jahrzehnten betreibst: Diese Zeit ist der Beweis dafür, dass du hunderte von Elementen gemeistert hast (oder dabei bist zu meistern), die ein erfolgreiches Unternehmen ausmachen. Du hast Interessenten angesprochen und sie in Kunden verwandelt. Du hast Produkte oder Dienstleistungen abgeliefert. Du hast Geld eingenommen und Lieferanten bezahlt. Du bist erfolgreich mit schwierigen Mitarbeitern umgegangen, mit schwierigen Kunden und schwierigen Tagen. Du hast die Konkurrenz ausgestochen und gefeiert und du hast Kunden an die Konkurrenz verloren, bist wieder aufgestanden und hast dein Unternehmen weiter vorangetrieben.

Ich bin sicher, dass du die Fähigkeit und Motivation hast, dein Unternehmen durch jeden Engpass zu manövrieren. Die Tatsache, dass du erreicht hast, was du erreicht hast, macht dich in meiner Welt zu einem Superhelden. Wenn ich im sprichwörtlichen Dschungel feststecke, dann glaube ich, ich würde dich als meinen Survival-Kumpel haben wollen. Du hast den Antrieb, die Flaute der Umsatzrückgänge zu überstehen. Du hast die Kraft, den dichten, dunklen Wald der Ablenkung zu durchdringen. Du hast die Energie, die Berge zu besteigen und den Mut, jedem Monster die Stirn zu bieten, das sich uns entgegenstellt.

Es gibt unendliche viele Herangehensweisen, um Probleme im Unternehmen zu lösen – das ist deine Aufgabe. So lange du weißt, in welche

Richtung du gehen musst, wirst du dein Ziel erreichen. Du wirst einen Weg finden. Ich weiß, dass du das in dir hast.

Stell dir vor, du nimmst deine Kraft und bündelst sie in eine bestimmte Richtung, anstatt zurückzuhopsen und das Gleiche zu machen wie gestern. Stell dir vor, welche Entfernung du zurücklegen kannst. Stell dir vor, was du auf deiner Reise entdecken kannst, wenn du nur das Werkzeug hättest, das dir konstant die Richtung weist.

Dein Unternehmen ist die großartigste Bühne für deine Selbstverwirklichung und dafür, anderen zu Diensten zu sein. Es ist eine machtvolle Kraft, die, wenn sie gebündelt wird, die wundervollsten Erfahrungen für dich bereithält. Ich hoffe, dass das Wissen, das du dir in diesem Buch angeeignet hast, das zuverlässigste Navigationsgerät für dein Unternehmen wird. Es möge dir für viele Jahre zu Diensten sein und dem Vermächtnis deines Unternehmens für Generationen ebenfalls. Und wie mein Freund Dave Rinn, den ich dir zu Beginn vorgestellt habe, hoffe ich, dass du das einfache Blatt mit der BHN über deinen Schreibtisch hängst. Oder es bloß auf ein Stück Papier schreibst und es in deiner Nähe behältst. Und wenn du dich wieder einmal in den unzähligen Anforderungen des täglichen Unternehmensmanagements verlaufen solltest, dann kann es dich daran erinnern, innezuhalten und herauszufinden, wo dein existenzielles Bedürfnis steckt, um das als Nächstes anzugehen.

Ich bin stolz auf dich, mein Unternehmerfreund. Und ich fühle mich sehr geehrt, dass du mir erlaubt hast Teil deiner Reise zu sein – und sei es nur ein klitzekleines Bisschen.

Danksagungen

AJs E-Mail lautete. „Wir brauchen ein ordentliches Wochenende zusammen, um das Konzept von „Prio 1“ zu schreiben. Ich habe uns ein „stilles und zurückgezogenes“ Apartment im Staat New York gebucht.“

Als wir ankamen, öffneten mein Schreibkumpel AJ Harper und ich die Tür zum Horrorhaus. Die Holzpaneele aus den 1970ern waren das einzig gemütliche. Aber vielleicht war das beabsichtigt. Das Design (oder dessen Fehlen) und die Angst davor, nach draußen zu gehen, zwang uns zur Konzentration auf nur eine Sache: dieses Buch zu schreiben.

AJ war gnadenlos in ihrem Engagement dafür, „Prio 1“ zum bestmöglichen Buch zu machen. Sie wiederholte „Wie können wir das einfacher ausdrücken?“ und „Wie können wir das besser machen?“ Das Buch ist nicht nur das Ergebnis von fünf Jahren Forschen und Schreiben, es ist das Ergebnis einer 13-jährigen Partnerschaft von AJ und mir. Ich kann mir keinen besseren Schreibkumpel wünschen und ich kann mir keine bessere Freundin vorstellen. Danke, AJ.

„Es ist Einfluss.“ Diese einfachen Worte lösten das Problem des fehlenden Levels in der BHN. Das war nicht meine Eingebung, sondern Kelseys. Kelsey „KRE“ Ayres ist Präsidentin von Obsidian Launch LLC, der Holding der Marke Mike Michalowicz. Kelsey hat sich dem Ausmerzen unternehmerischer Armut verschrieben. Sie führt unser Team, wie nur Kelsey es kann, durch Freundlichkeit, Großzügigkeit und Wertschätzung. Es ist mir eine Ehre, mit dir zu arbeiten, Kelsey.

Die Erfahrung, „Prio 1“ zu schreiben, war außergewöhnlich, mit einer kleinen Ausnahme: Der Tag, an dem mein Lektor, Kaushik Viswanath, mich anrief, um eine private Neuigkeit zu verkünden. Nachdem er mit mir an „Profit First“, „Clockwork“ und „Prio 1 “ gearbeitet hatte, beschloss Kaushik eine neue Stelle bei einer anderen Firma anzutreten. Das ist ein harter Verlust für Penguin, ein schrecklicher für mich. Erwarte ein Dutzend rosa Rosen von mir in deiner neuen Bleibe. Teils, weil ich dich vermisse, teils, weil ich dich gern blamieren möchte.

Danke Liz Dobrinska, meine Grafikerin und Website-Designerin. Sie arbeitete am Cover der Originalausgabe, dem Design meines Internetauftritts und ist seit über 15 Jahren meine exklusive Markenberaterin. Danke, dass du durch Dick und Dünn zu mir stehst, Liz. Du bist weltklasse.

Paul „2JU“ Scheiter kam in unser Team als System- und Prozessberater. Er ist nicht nur ein meisterlicher Ingenieur, er ist die Definition des ultimativen Freundes. Er konfrontiert mich mit meinem eigenen Scheiß, weil er sich mit verantwortlich fühlt. Ich liebe dich, Paul, du verrückter, kluger Redneck.

Danke, Jeremey „J-Kablown“ Smith, der andere bekloppte Redneck, dafür dass du den Quatsch am Laufen hältst und dafür sorgst, dass unsere Botschaft zum Ausmerzen unternehmerischer Armut auf immer neuen Wegen in die Welt kommt.

Danke, Amy „Billy Ray Gumpersome“ Cartelli, für dein Engagement bei was auch immer, um unserem Unternehmen zu dienen. Du wirst immer das coolste und tollste Mädel sein, die ich je in der Highschool kannte, auch wenn du mich „Mi-cal-low-shits“ genannt hast.

Du bist ein Rockstar, Jenna „Jememma“ Lorenz. Danke dafür, dass du die ganze Kommunikation mit unseren Lesern organisierst. Ich kann mir nicht vorstellen, dass irgendein anderer Mensch diesen Job besser durchführen könnte. Dein Geheimnis? Es ist dir wichtig, sehr sogar! Übrigens, ich weiß, dass du deinen Spitznamen hasst, und deshalb bleibt er auch stehen.

Danke Lisa Pilazzi, dass du all meine Vortragstermine, Podcasts, Webinare, Fernsehauftritte und Interviews koordinierst. Gut gemacht, Feuerwehrmann.

Amber Vilhauer! Oh, mein Gott. Du bist der Hammer! Ich bin vollkommen beeindruckt von deiner Hingabe an den Erfolg von „Prio 1“. Mein Dank aus tiefstem Herzen. Ich kann deine eigene Buchpräsentation kaum erwarten.

Danke Patti Zorr dafür, dass du die „große Dokumentatorin“ des Marketingplans für „Prio 1“ warst. Du hast uns alle auf der Spur gehalten und uns fantastische Marketingideen serviert.

Danke, Lilian Ball, meine PR-Frau bei Penguin. Deine Bereitschaft nach unserem verrückten Marketingplan zu arbeiten hat mir unglaublich viel bedeutet.

Am wichtigsten: So viel Dankbarkeit gilt meiner Frau, Krista Michalowicz. Danke dir dafür, dass du meinen Traum unterstützt, ein Autor zu sein, und dass du mich auf der Reise begleitest. Meine jüngste Bitte lautete: „Hey,

Babe, ich möchte ein Haus anschauen, dass irgendwie 200 Zimmer hat. Die Frau, die es gebaut hat, hat versucht vor bösen Geistern wegzulaufen. Ich brauche eine Geschichte dazu in meinem Buch. Ich fliege morgen. Kommst du mit?" Ihr Antwort: „Teufel, ja!", ist eine weitere Bestätigung für mich, dass ich meine beste Freundin geheiratet habe. Ich lebe dich (kein Schreibfehler).

Die Gründer-Fixer[22]

	Name des Unternehmens	Internetadresse
Dr. Sabrina Starling	Tap the Potential LLC	https://www.tapthepotential.com/
Dean Carlson	Fit For Profit	https://fitforprofit.com/
Lee Collins	Repeat Profits, LLC	https://repeatprofits.com
Alison Beierlein	Alison Beierlein Small Business Consulting	https://www.alisonbeierlein.com/
Mark Coudray	Coudray Growth Technologies	http://www.coudray.com/
Ron Allen	Exigo Business Solutions	https://www.exigobusiness.com/
Shawn Walsh	Encore Strategic Consulting, LLC	https://encoresc.com/
Christeen Era and Dave Rinn	Core Growth Strategies	https://www.coregrowthstrategies.com/
Rob Foncannon	Foncannon CPA Group	https://www.foncannontax.com/
Brenda Batista-Mollohan	Inspiring Company Culture	https://www.inspiring companyculture.com/
Stuart Bryan	AutoCorrect Consulting, LLC	https://www.auto correctconsulting.com/
Azim Sahu-Khan	Business Performance Tuning	http://www.business performancetuning.com.au/
Billy Bush	Recode Strategy	https://recodestrategy.com
Linda Brown	Spire Business Inc.	https://spirebusiness.com/

22 Die „Fix This Next"-zertifizierten Profis nennen sich „Fixer" – was im Englischen bedeutet, dass sie Dinge in Ordnung bringen; nicht dass sie sich von einem High zum nächsten spritzen (A.d.Ü.).

	Name des Unternehmens	Internetadresse
Stacie Hays	Grace Ridge Finance	https://www.grace ridgefinance.com/
Karen Dellaripa	Beyond Your Books	http://beyondyour books.com/
Jillian Verdun	JMV Financial Services	https://www.jmv financialservices.com/
Kasey Anton	Spark Business Consulting	http://www.spark businessconsulting.com/
Toni Turner	The Business Planner	http://www.theb planner.com.au/
Alicia Laursen	Alicia's Accounting Associates, Inc	http://www.alicias accounting.com/

FTN-Glossar

Bedürfnispyramide des Unternehmens (BHN = Business Hierarchy of Needs): Die BHN ist angelehnt an die Bedürfnispyramide von Maslow und besteht aus den fünf Stufen der Bedürfnisse eines Unternehmens. Jedes Level muss das jeweils darüber liegende Level mit dessen Bedürfnissen angemessen unterstützen. Die Stufen in der Reihenfolge von den grundlegendsten zu den übergeordneten Bedürfnissen: UMSATZ, GEWINN, ORDNUNG, EINFLUSS und VERMÄCHTNIS.

Clockwork: Ein Buch, das den Prozess detailliert ausführt, um ein Unternehmen auf Autopilot laufen zu lassen, ohne dass der oder die Eigentümer aktiv involviert sein müssten. Das Buch dokumentiert den Prozess, eine Organisation effizient aufzustellen und betrachtet einen vierwöchigen Urlaub als den Lackmus-Test, um festzustellen, ob ein Unternehmen ohne den Unternehmer funktioniert.

Doppelhelix-Falle: Ein Begriff, der vom Business-Autor Barry Moltz bekannt gemacht wurde. Er bezeichnet die Situation, wenn der Fokus deines Unternehmens zwischen Umsatz und Ablieferung hin- und herschwankt. Das Unternehmen ist nicht in der Lage, beides gleichzeitig zu erhöhen. Im Ergebnis stagniert das Unternehmenswachstum.

Einfluss-Level: Als vierte Stufe der BHN erschafft EINFLUSS für die Kunden des Unternehmens und selbst seine Mitarbeiter und Lieferanten eine Transformation. Auf diesem Level geht das Unternehmen über die reine Transaktion hinaus, die auf den drei vorhergehenden Stufen notwendig ist, um eine Transformation und das Einbetten in ein großes Ganzes für Kunden, Mitarbeiter und Lieferanten zu ermöglichen.

Existenzielles Bedürfnis: Das wichtigste Hindernis, das dein Unternehmen im Augenblick vor der Nase hat. Dies ist das Element deines Unternehmens, um das du dich als nächstes kümmern musst, um gesundes, schnelles

Wachstum zu ermöglichen. Sobald ein existenzielles Bedürfnis vollständig erfüllt ist oder auf dem kontinuierlichen/vorhersagbaren Weg der Erfüllung ist, kannst du die FTN-Analyse nutzen, um das existenzielle Bedürfnis zu identifizieren, das dein Unternehmen als nächstes angehen muss.

FTN (Fix This Next): Ein System, um die Bedürfnisse eines Unternehmens zu identifizieren und zu erfüllen und zwar in einer Reihenfolge, die es erleichtert, das schnellste und gesündeste Wachstum hinzulegen.

FTN-Analyse: Ein vierstufiger Prozess, der eingesetzt wird, um das existenzielle Bedürfnis eines Unternehmens zu identifizieren. Sobald ein existenzielles Bedürfnis vollständig befriedigt ist, oder ein kontinuierlicher/vorhersagbarer Pfad zu seiner Befriedigung eingeschlagen ist, wird die FTN-Analyse wiederholt, um das nächste existenzielle Bedürfnis zu identifizieren.

Geben-Stadium: Dies sind die beiden oberen Stufen der BHN – EINFLUSS und VERMÄCHTNIS. Auf diesen beiden obersten Stufen positioniert das Unternehmen sich selbst, um auf lange Sicht etwas zur Gesellschaft beizutragen.

Gewinn-Level: Auf dem zweiten Level der BHN geht es beim GEWINN darum, Geld einbehalten zu können, dass über den Umsatz ins Unternehmen gelangt. Gewinn bringt einem Unternehmen Stabilität.

Maslows Bedürfnispyramide: Ein Konzept, das ursprünglich 1943 von Abraham Maslow eingeführt wurde als „Theorie der menschlichen Motivation". Es unterscheidet fünf Kategorien menschlicher Bedürfnisse. Von der grundlegendsten zur höchsten Stufe sind dies: Physische Bedürfnisse, Sicherheit, Zugehörigkeit, Wertschätzung und Selbstverwirklichung.

Nehmen-Stadium: Das sind die drei unteren Stufen der BHN – UMSATZ, GEWINN und ORDNUNG. Auf diesen drei Basis-Levels produziert das Unternehmen Geld, Stabilität und Effizienz, um nachhaltig zu arbeiten.

Not macht erfinderisch – Der Klopapier-Unternehmer: Ein Buch für Startups oder Unternehmen in Not, das erklärt, wie knappe Ressourcen zu deinem größten Vorteil werden können. Zu wenig Geld, zu wenig Erfahrung und zu wenig Kunden sind der beste Weg, innovative und Branchen-verändernde Chancen aufzuspüren.

Old-Fashioned: Mein neuster Opfertrank – und vielleicht auch deiner. Wer hätte gedacht, dass es etwas gibt, das einer Margarita oder einem Tequila Gimlet Konkurrenz machen könnte? Genieße einen Old-Fashioned oder ein Getränk deiner Wahl jedes Mal, wenn du ein existenzielles Bedürfnis befriedigt hast.

OMEN: Eine Technik, zum Definieren, Überwachen und Anpassen von Zielen. OMEN ist ein Akronym und steht für vier Schritte:

1. *Ziel* (Objective) – Du legst fest, welches Ergebnis du erzielen möchtest.
2. *Messen der Kennzahlen:* Du legst fest, auf welchem Weg oder welchen Wegen du den Fortschritt in Richtung auf dein Ziel messen willst.
3. *Evaluation:* Du setzt fest, wie häufig du die Kennzahlen überprüfst.
4. *Anpassungen (Nurture):* Du führst aus, wie du das Ziel und/oder die Kennzahlen und/oder die Evaluation anpassen wirst, falls du noch nicht das erreichst, was du dir vorgenommen hast.

Ordnung-Level: Das dritte Level der BHN, ORDNUNG, sorgt für Effizienz in der gesamten Organisation. Das Unternehmen ist nicht mehr von Einzelnen abhängig, um dauerhaft und gesund zu funktionieren.

Profit First: Ein Buch und eine Methode des gleichen Namens, die einen Unternehmer dazu bringen, einen vorher festgelegten Prozentsatz der Einnahmen als Gewinn festzusetzen, diesen Gewinn aus dem Unternehmen zu entnehmen und das Unternehmen auf Basis dessen zu führen, was übrigbleibt. Es ist das Prinzip des Bezahl-dich-selbst-zuerst auf das Unternehmen angewandt.

Pumpkin Plan, Der: Ein Buch, das den Prozess explosiven organischen Wachstums erläutert. Mit der Analogie zum Anbau gigantischer Kürbisse, erläutert es, wie das Entfernen irritierender Kunden (schlechter Kürbisse) und die Konzentration auf spezifische Angebot für spezifische Nischen zu einem starken und gesunden Wachstum führen.

Surge: Ein Buch, das den Prozess erläutert, um Marktführer in einer Nische zu werden. Unternehmen, die Nischen identifizieren, die Bewegungen in diesem Bereich beobachten und Angebote entwickeln, bevor die wachsende Nachfrage sichtbar wird, erwischen die Welle in diesem Bereich. So kann das Unternehmen sich als die kommende Branchen-Autorität positionieren.

Überlebensfalle: Wer nur auf das Offensichtliche und Dringliche reagiert, während unabsichtlich die Dinge ignoriert werden, die das Unternehmen kontinuierlich in Richtung seiner Vision bringen können, landet in der Überlebensfalle. Die Überlebensfalle findet sich idealtypisch in dem Gefühl, zwei Schritte vorwärts und drei zurück zu machen.

Umsatz-Level: Auf dem Basis-Level der BHN ist UMSATZ notwendig, damit ein Unternehmen Einnahmen hat.

Unbefriedigtes Zentrales Bedürfnis: Ein Bedürfnis, das nicht ausreichend befriedigt wird. Ein Unternehmen wird zu jedem beliebigen Zeitpunkt zahlreiche unbefriedigte Zentrale Bedürfnisse vorweisen. Aus diesen muss das existenzielle Bedürfnis bestimmt werden, also das dringlichste Unbefriedigte Zentrale Bedürfnis auf dem untersten Level der BHN.

Unternehmer-Geißens: Unternehmer, von denen andere Unternehmer sich angestachelt fühlen, mitzuhalten (selbst dann oder auch ganz besonders dann, wenn es finanziell ungesund ist).

Vermächtnis-Level: Als das oberste Level der BHN schafft das VERMÄCHTNIS Dauerhaftigkeit. Die Unternehmensstruktur wird so ausgebaut, dass das Unternehmen über die Eigentümer der Organisation hinaus „weiterlebt“ und sich dynamisch an einen sich verändernden Markt anpasst.

Zentrale Bedürfnisse: Eine Summe von 25 Bedürfnissen, die sich über die fünf Stufen der BHN verteilen; sie repräsentieren die grundlegendsten Bedürfnisse, die jedes Unternehmen hat.

Zertifizierter FTN-Coach: Ein professioneller Coach, der oder die ein Training für Fortgeschrittene absolviert hat und im Anschluss jährliche Prüfungen in FTN besteht. Ein zertifizierter FTN-Coach ist mit den fortgeschrittenen Abläufen der FTN-Methode vertraut und dafür qualifiziert, mit Unternehmern den FTN-Prozess durchzuführen. Mehr Informationen findest du auf FixThisNext.com.

DIE FTN-ANALYSE

1. SCHRITT: befriedigte Zentrale Bedürfnisse abhaken

2. SCHRITT: grundlegendstes existenzielles Bedürfnis identifizieren

3. SCHRITT: existenzielles Bedürfnis befriedigen

4. SCHRITT: ist dieses existenzielle Bedürfnis befriedigt, Prozess wiederholen

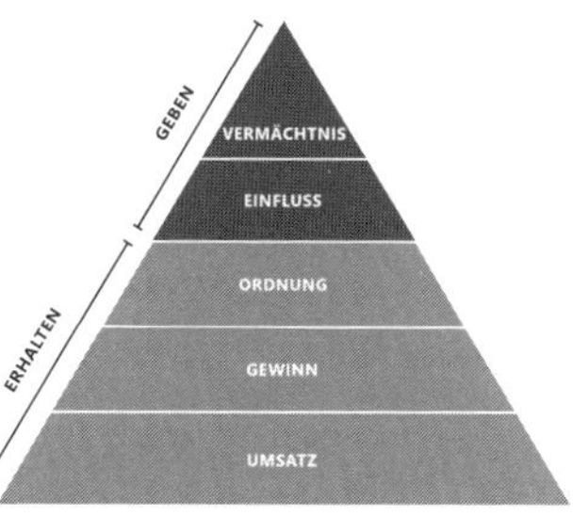

1	**UMSATZ**	❑ Angemessener Lebensstil ❑ Neukundengewinnung ❑ Abschlüsse ❑ Versprechen einhalten ❑ Versprechen einfordern
	GEWINN	❑ Schuldentilgung ❑ Gesunde Marge ❑ Transaktionsfrequenz ❑ Rentabilitätshebel ❑ Liquiditätsrücklagen
	ORDNUNG	❑ Minimale Verschwendung ❑ Rollenpassung ❑ Ergebnisverantwortung ❑ Vertretungsregeln ❑ Meisterhafte Reputation
	EINFLUSS	❑ Transformationsorientierung ❑ Motivation durch Mission ❑ Traumpassung ❑ Feedback-Integrität ❑ Unterstützernetzwerk
	VERMÄCHTNIS	❑ Kontinuität der Community ❑ Bewusste Führungsplanung ❑ Gefühlsgeleitete Unterstützer ❑ Quartalsdynamik ❑ Laufende Anpassung

2

Das aktuelle Level ist: ____________________

Mit dem existenziellen Bedürfnis: ____________________

3

Ziel: ____________________

____

Kennzahl(en): ____________________

____

Evaluation: ____________________

____

Anpassung: ____________________

____

4

Wiederhole diesen Prozess, sobald das existenzielle Bedürfnis vollständig befriedigt ist.

Nutze die kostenlose Evaluation auf FixThisNext.com (auf Englisch)

DIE 25 ZENTRALEN BEDÜRFNISSE NACH FTN

Erfüllt **UMSATZ**

☐ 1 – **Angemessener Lebensstil:** Weißt du, wie hoch der Umsatz deines Unternehmens sein muss, damit es deinen persönlichen Lebensstil unterstützen kann?

☐ 2 – **Neukundengewinnung:** Ziehst du ausreichend viele hochwertige Interessenten an, um ausreichend Umsatz zu generieren?

☐ 3 – **Abschlüsse:** Werden ausreichend viele Interessenten der richtigen Sorte zu Kunden, damit du den benötigten Umsatz erreichen kannst?

☐ 4 – **Versprechen einhalten:** Hältst du deine Zusagen deinen Kunden gegenüber ein?

☐ 5 – **Versprechen einfordern:** Halten sich deine Kunden an Zusagen dir gegenüber?

Erfüllt **GEWINN**

☐ 1 – **Schuldentilgung:** Tilgst du kontinuierlich deine Schulden und nimmst keine neuen auf?

☐ 2 – **Gesunde Marge:** Hast du gesunde Gewinnmargen in all deinen Angeboten und suchst du beständig nach Wegen, sie zu verbessern?

☐ 3 – **Transaktionsfrequenz:** Kaufen Kunden wiederholt eher bei dir als bei der Konkurrenz?

☐ 4 – **Rentabilitätshebel:** Wenn du Schulden einsetzt, dann um eine prognostizierbar höhere Rentabilität zu erreichen?

☐ 5 – **Liquiditätsrücklagen:** Hat dein Unternehmen ausreichende Rücklagen, um die Kosten von mindestens drei Monaten zu decken?

Erfüllt **ORDNUNG**

☐ 1 – **Minimale Verschwendung:** Hast du laufende und funktionierende Prozesse, um Engpässe, Schwachstellen und Ineffizienzen zu reduzieren?

☐ 2 – **Rollenpassung:** Entsprechen die Rollen und Verantwortlichkeiten im Team den jeweiligen Stärken?

☐ 3 – **Ergebnisverantwortung:** Sind die Leute, die einem Problem jeweils am nächsten sind, befugt, es zu lösen?

☐ 4 – **Vertretungsregeln:** Ist dein Unternehmen so organisiert, dass es auch dann unvermindert weiterläuft, wenn wichtige Teammitglieder nicht verfügbar sind?

☐ 5 – **Meisterhafte Reputation:** Bist du dafür bekannt, dass du mit dem, was du tust, der Beste deiner Branche bist?

Erfüllt	EINFLUSS
☐	1 – **Transformationsorientierung:** Verhilft dein Unternehmen den Kunden zu einer Transformation über die Transaktion im engeren Sinne hinaus?
☐	2 – **Motivation durch Mission:** Sind alle Mitarbeiter (die Führung eingeschlossen) eher dadurch motiviert, dass sie die Mission erfüllen, als durch ihre je individuellen Rollen?
☐	3 – **Traumpassung:** Sind die individuellen Träume deiner Mitarbeiter mit der großen Vision deines Unternehmens vereinbar?
☐	4 – **Feedback-Integrität:** Sind deine Mitarbeiter, Kunden und deine Community in der Lage sowohl kritisches als auch positives Feedback zu geben?
☐	5 – **Unterstützernetzwerk:** Sucht dein Unternehmen nach der Zusammenarbeit mit Partnern (inklusive Konkurrenten), die den gleichen Kunden dienen, um das Kauferlebnis zu verbessern?

Erfüllt	VERMÄCHTNIS
☐	1 – **Kontinuität der Community:** Verteidigen, unterstützen und helfen deine Kunden deinem Unternehmen mit großem Eifer?
☐	2 – **Bewusste Führungsplanung:** Gibt es einen Plan zum Übergang der Führungsaufgaben und dazu, die Führung lebendig zu halten?
☐	3 – **Gefühlsgeleitete Unterstützer:** Wird die Organisation von Einzelnen innerhalb und außerhalb der Organisation unterstützt, ohne dass diese Menschen angeleitet werden müssen?
☐	4 – **Quartalsdynamik:** Hat dein Unternehmen eine klare Vision für die Zukunft und wird es quartalsweise daraufhin ausgerichtet, sich der Vision anzunähern?
☐	5 – **Laufende Anpassung:** Ist das Unternehmen so organisiert, dass es beständig angepasst und verbessert wird, was auch einschließt, dass das Unternehmen selbst Wege findet, immer besser zu werden?